U0127348

技術分析精論［第四版］下冊

Technical Analysis Explained:

The Successful Investor's Guide to Spotting Investment Trends and Turning Points

[4 Edition]

Martin J. Pring／著

黃嘉斌／譯

寰宇出版股份有限公司

【上冊目錄】

序 5
謝詞 9
導論 10

第 I 篇 趨勢判定技巧 25

第 1 章 市場循環模型 26
第 2 章 金融市場與經濟循環 39
第 3 章 道氏理論 51
第 4 章 中期趨勢的典型參數 68
第 5 章 價格型態 83
第 6 章 規模較小的價格型態 123
第 7 章 單支或兩支線形的價格型態 138
第 8 章 趨勢線 165
第 9 章 移動平均 185
第10章 動能原理 213
第11章 個別動能指標 I 250
第12章 個別動能指標 II 280
第13章 陰陽線 305
第14章 圈叉圖 326
第15章 趨勢判定的其他技巧 337
第16章 相對強度概念 356
第17章 技術指標整合討論：道瓊運輸指數1990～2001 376

【下冊目錄】

序 5
謝詞 9
導論 10

第 II 篇 市場結構 25

第18章 價格：重要市場指數 26
第19章 價格：類股輪替 52
第20章 時間：較長期循環 67
第21章 循環的實際辨識 100
第22章 成交量：一般原理 107
第23章 成交量擺盪指標 121
第24章 市場廣度 153

第 III 篇 市場行為的其他層面 185

第25章 利率爲何會影響股票市場？ 186
第26章 人氣指標 212
第27章 反向理論的技術分析 240
第28章 股票市場主要峰位／谷底辨識概要 259
第29章 自動化交易系統 275
第30章 全球股票市場的技術分析 307
第31章 個別股票的技術分析 318

後記 340
附錄 艾略特波浪理論 342
名詞解釋 348
參考書目 353

任何人都理當可以在金融市場賺大錢，但有很多理由讓絕大多數人實際上沒辦法辦到這點。就如同生命中的許多嘗試一樣，成功的關鍵在於知識和行動。本書宗旨是希望就市場內部運作提出某些說明，藉此擴展知識的成份。至於行動的部分，則有賴各位投資人的耐心、紀律和客觀判斷。

1980年代中期到末期之間，不論現貨市場或期貨市場，都出現許多全球化的投資和交易機會。1990年代，隨著通訊產業的創新發展，任何人只要願意的話，很容易取得盤中資料，運用於相關的分析。目前，網際網路上有無數提供繪圖服務的網站，幾乎任何人都可以進行技術分析。科技方面呈現的革命性突破，促使投資交易的時間刻度變得愈來愈短，我不確定這究竟是不是好現象，因爲短期趨勢蘊含著更多雜訊。這意味著技術指標不再那麼有效。《技術分析精論》第四版爲了因應這些變化，內容篇幅和結構都做了重大調整，增添本書第三版發行以來的許多創新技巧，以及我個人想法的演變。

本版每章內容都徹底重新整理和擴增。基於效率考量，有些內容被刪掉，有些被取代。討論重點仍然擺在美國股票市場，但很多範例涉及國際股市的股價指數、外匯、商品和貴金屬。另有章節專門談論信用市場和全球股票的技術分析。書中的範例說明，多數做了更新，但少數仍然引用先前版本的例子，目的是讓本書呈現歷史深度。這些歷史案例也凸顯一項事實：過去100多年來，很多東西實際上並沒有什麼變化。眞理禁得起時間考驗，目前跟過去沒有什麼兩樣，眞理同樣適用。我相信將來還是會繼續如此。

所以，技術分析理論適用於1850年的華爾街，也同樣適用於1950年的東京，相信也會適用於2150年的莫斯科。爲什麼呢？因爲金融市場的價格行爲，所反映的是人性，而人性基本上不會隨著時間經過而出現重大差異。凡是自由交易的股票，不論時間架構如何，技術分析原理都一體適用。對於相同的技術指標，5分鐘走勢圖上呈現的反轉訊號，基本上和月線圖上的訊號相同；差別只在於訊號的重要性不同。短期時間架構反映的是短期趨勢，因此比較不重要。

本版增添了一些新的章節。首先是一個是我愈研究，愈覺得有價值的兩支線型反轉排列。這個概念對於當日沖銷與波段交易者都有幫助。因此，本版針對這部份內容專闢一章。其次，由於陰陽線運用愈來愈普及，所以我把這部份內容由先前的「附錄」轉移到正文而做更完整的討論。動能部份也新增添一章，讓我們有足夠篇幅可以討論趨向系統（Directional Movement System）、錢德動能擺盪指標（Chande Momentum Oscillator）、相對動能指數（Relative Momentum Index）與拋物線指標（parabolic，不是眞正的動能指標，但還是很有討論價值）。另外，動能部份新增一些篇幅，讓我可以討論一些動能解釋上的新概念，譬如：極端擺動（extreme swings）、極端超買（mega-overboughts）與極端超賣（mega-oversolds）等。成交量部份也增添一章篇幅，用以討論需求指數（Demand Index）、柴京資金流量（Chaikin Money Flow）等概念。本版更強調成交量動能指標的概念。相對強度的概念很重要，一般技術分析書籍很少深入討論這個領域；本版專闢一章篇幅處理這方面內容。最後，有關相反觀點理論，我們也另闢一章篇幅做討論，主要是探索交易與投資的心理議題。

1970年代以來，幾乎所有投資人的時間架構都大幅縮短。因此，技術分析經常被運用於判定短期時效，這種運用方式可能導致嚴重失望：根據我個人的經驗，技術指標的可靠性與所觀察的期間長短之間，存在顯著的關連。所以，本書討論主要是以長期和中期趨勢爲導向。即使是持有時間爲1～3星期的短期交易者，他們也需要瞭解主要趨勢的發展方向和階段。投資與交易上的很多失誤，經常是因爲部位方向背離了主要趨勢；換言之，訊號如果發生反覆，通常都是逆趨勢的訊號。

想要成功的話，技術分析應該被視爲一種評估特定市場之技術狀況的藝術，然後配合幾種由科學角度研究的指標。本書探討的許多機械性指標，雖然都能可靠顯示市況變動，但它們都具備一種共通特性：效果可能、實際上也經常令人不滿意。對於紀律嚴格的投資人來說，這種特性不至於構成嚴重威脅，因爲只要掌握金融市場主要趨勢的根本知識，再配合整體技術情況的平衡觀點，便足以建構成功運作的卓越架構。

然而，沒有任何東西可以取代獨立思考的功能。技術指標雖然可以顯示市場的根本性質，但如何把種種資訊拼湊成為可以實際運作的假說，則是技術分析者的責任。

這方面的工作絕不簡單，因為初步的成功可能導致過份自信與傲慢。技術分析之父道氏（Charles H. Dow）曾經說過，「執著觀點在華爾街導致的失敗，多過其他觀點的總和。」確實如此，因為市場基本上是反映人類的行為。一般來說，這種市場行為的發展，會按照可預期的途徑進行。然而，由於人們可以——也確實會——改變心意，所以市場價格趨勢可能意外偏離當初預期的途徑。為了避免發生嚴重虧損，當技術面狀況發生變化，投資人與交易者也必須調整立場。

除了金錢報酬之外，對於市場的研究也可以讓我們進一步瞭解人性，包括觀察他人的行為，以及自身發展的省思。一旦踏入金融市場，投資人無疑必須不斷接受挑戰與考驗，並做出適當的反應，這使我們得以更瞭解自己的心靈。

華盛頓・歐文（Washington Irving）曾經說過，「膚淺的心靈將因為遭受打擊而變得消沈，偉大的心靈卻會因此而昇華。」這句話應該非常適用於市場技術面的挑戰。

—— Martin J. Pring

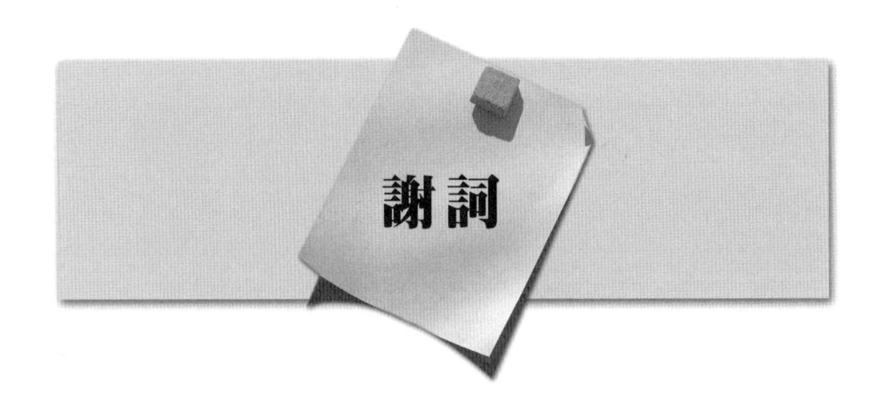

謝詞

本書出版至今，已經有20多年了，篇幅由第一版的不足250頁，演變爲目前的600多頁。

本書第四版的資料取自很多來源，我非常感謝許多機構允許我採用它們提供的圖形與表格，若沒有這方面的協助，本書絕對不能完成。我尤其要感謝Tim Hayes與Ned Davis Research，因爲有關市場人氣與資金流量指標的圖形大多由其提供。

我要感謝Danny Pring幫本書第一版取了很適當的書名，而沿用至今。

我也希望感謝Pring Research的同事，包括Jimmie Sigsway，她非常有效率的貢獻，使我得以在寧靜而不受干擾的環境下，完成本書的寫作。任何人如果想要重新整頓家園或辦公室，就知道我是什麼意思。

另外，她也是我的偉大岳母！

最後，我要特別感謝內人Lisa，她負責整理本書使用的大部分走勢圖與圖形，而且要兼顧家庭，照顧我們的兒子Thomas，而且還要隨時更新我們的網站（pring.com）。

導論

對於願意買進並長期持有普通股的投資人來說，股票市場長久以來提供絕佳的績效報酬，包括股息成長和資本增值在內。投資人如果願意透過技術分析，學習如何掌握循環時效（cyclical timing）的藝術，市場可以提供更多的挑戰、成就與報酬。

技術分析方法優於買進-持有策略的現象，在1966年到1982年期間尤其明顯。這16年期間內，就道瓊工業指數衡量，股價雖然幾乎全無進展，但其間曾經出現巨幅的價格波動。道瓊指數在1966年到1982年之間雖然沒有成長，但總共出現5波段重大漲勢，總計有1500點。因此，如果能夠掌握市場漲跌時效，潛在報酬是非常可觀的。

假定投資人在1966年拿著$1,000進場（換言之，道瓊指數每點代表$1），如果他很幸運可以分別在1966年、1968年、1973年、1979年和1981年的行情頭部賣出股票，並且分別在1966年、1970年、1974年、1980年和1982年的行情谷底買進，那麼在1983年10月的時候，總投資將成長爲$10,000（不考慮交易成本和資本利得稅）。反之，投資人如果採用買進-持有策略，這段期間所能夠實現的獲利大概只有$250。即使是在1982年8月展開的大幅漲勢過程，技術分析也是很有用的，因爲不同產業類股之間的績效表現差異很大。

類似如1980年代和1990年代發生的大多頭行情，可謂一輩子一次的事件。事實上，在美國長達200年的股票發展史上，這創下一項紀錄。這意味著第21世紀的最初10年，投資人恐怕將面臨深具挑戰而困難的期間，如何拿捏市場時效將變得更重要。

由實際層面考量，我們當然不可能在市場循環的每個轉折點，都正確地買進或賣出，但這種方法所具備的獲利潛能，容許有犯錯的餘地。甚至把佣金成本和稅金考慮在內也是如此。所以，如果可以辨識市場的主要轉折點，並且採用適當的行動，獲利潛能是非常可觀的。

技術分析最初是運用於股票市場，後來逐漸延伸到商品、債券、外匯和其他國際市場。過去，投資人的眼光都放得很長，投資期限往往是好幾個月或好幾年。市場上雖然始終都有些短線玩家和帽客，但通訊科技的革命性發展，顯著縮短了投資人的時間刻度。投資期限如果很長，就可能採用基本分析，但時間架構一旦縮短，時效往往就代表一切。處在這種環境之下，技術分析會自成一格。

爲了獲致成功，技術分析方法所採取的行動，往往必須和群眾的預期相互對立，這需要具備耐心、紀律和客觀的態度。當經濟低迷、行情悲觀的時候，投資人必須勇於買進金融資產，然後在市場極端樂觀、投資人在陶醉的時候賣出。至於悲觀或樂觀的程度，則取決於轉折點的個別狀況。相較於長期峰位或谷底，短期轉折點呈現的情緒相對溫和。本書宗旨是解釋這些行情重要轉折點所普遍存在的技術特質，協助投資人做客觀的評估。

技術分析定義

本書講解過程中，如果要強調某特定論點的重要性，就會透過下列方式呈現：

主要技術原則：技術分析所處理的，永遠是相對機率，不是絕對明確。

技術分析投資方法基本上是反映一種看法：價格將呈現趨勢發展，而這些趨勢是取決於投資人根據經濟、貨幣、政治、心理……等因素而調整的態度。技術分析的藝術——而且正因爲是藝術——是在相對初期階段辨識趨勢反轉，並運用該趨勢進行操作，直到有足夠證據顯示該趨勢已經反轉爲止。

人類的天性相當固定；對於類似的情況，通常會有類似的行爲反應。所以，研究過去市場轉折點所呈現的各種現象，可以協助我們辨識行情主要頭部和谷底的某些共通特質。因此，技術分析是建立在一個基本假設之上：人類會重複犯錯。

人類的行爲反應很複雜，絕對不會重複完全相同的行爲組合。市場是反映人類行爲的場所，其呈現的人類行爲模式不會完全相同，但這些行爲具備的類似性質，已經足以讓技術分析者據以判斷行情的主要轉折點。

因爲沒有任何單一技術指標，可以或能夠預示每個市場循環的轉折點，所以技術分析發展出一系列的工具，協助判斷這些關鍵點。

技術分析三大領域

技術分析可以被劃分爲三個基本領域：人氣（sentiment）、資金流量（flow-of-funds）和市場結構（market structure）指標。就美國股票市場來說，這三個領域都有充分的資料和指標可供運用。至於其他金融市場，相關統計數據大致侷限在市場結構指標方面。以美國爲據點的期貨市場，則是一個重要例外，這些市場也有短期人氣資料可供運用。以下針對人氣和資金流量所做的評論，是就美國股票市場而言。

人氣指標

人氣（sentiment）或預期（expectational）指標是追蹤與反映不同市場參與者（例如：內線、共同基金經理人、場內專業報價商）的行爲。猶如鐘擺在兩個端點之間來回擺盪，人氣指數（衡量投資人的情緒）也是擺動在兩個端點之間，一是空頭市場底部，一是多頭市場頭部。人氣指標所根據的假設是：在市場主要轉折點上，被劃歸某類的投資人，通常會呈現相當一致性的行爲。舉例來說，內線（企業高級主管和大股東）和紐約證券交易所會員，他們在行情重要轉折點的整體行爲反應，大致上都是正確的；原則上，他們在市場底部是居於買方，在市場頭部是居於賣方。

另一方面，投資顧問的情況剛好相反，他們在行情重要轉折點所做的判斷，經常是錯誤的，因爲他們總是在市場頭部看多行情，在市場底部看空行情。根據這類資料推演出來的技術指標，其中的某些讀數對應市場頭部，另一些讀數對應市場底部；因此，我們能夠根據人氣指標讀數，判斷行情的轉折。在市場轉折點上，我們發現，當時的公認看法或大多數人意見通常都是錯的；所以，這些反映市場心理或人氣的指標，通常可以做爲建構反向觀點（contrary opinion）的有效根據。

資金流量指標

這個領域的技術分析，我們將它們統稱爲資金流量（flow-of-funds）指標，藉以分析各種投資團體的財務資金部位，試圖衡量他們買賣股票的潛能。我們知道，每筆股票交易都必定有買方和賣方；所以，由事後（ex post）的角度來看，股票交易實際換手金額所代表的供、需力量必然相等。

股票交易的買方和賣方適用相同的成交價格，任何一筆交易造成的市場流入和流出資金數量必定相等。因此，資金流量指標所關心的，是供、需達到平衡之前的狀態，也就是交易實際發生之前的所謂事前關係（ex ante relationship）。在某特定價位上，如果事前的買方力道大於賣方，事後的價格必定會上升，如此才能使得買賣雙方的供需力道維持平衡。

舉例來說，資金流量分析所關心的，是主要金融機構現金部位呈現的趨勢，包括：共同基金、退休基金、保險公司、外國投資人、銀行信託帳戶與客戶帳戶的現金餘額，這些資金代表股票市場買方的資金來源。由供給面來看，資金流量分析關心的，包括新股承銷、次級市場批股與融資餘額。

資金流量分析也有缺失。所衡量的資料，雖然代表股票市場可以運用的資金（例如：共同基金的現金部位，或退休基金的現金流量），但「可以」運用不代表實際「會」運用；換言之，指標不能反映市場參與者運用這些資金購買股票的態度，也無法顯示市場參與者在某價位賣出股票的意願。

至於其他重要的金融機構和海外投資人，這方面資料的詳細程度還不足以供做實務運用，而且數據公布有嚴重的時間落差。不過，話說回頭，雖然有種種缺失，資金流量數據畢竟還是可以做爲背景資料。

資金流量分析的較適當方法，是研究銀行體系的資金流動趨勢，這種方法所衡量的資金供需關係，不僅適用於股票市場，也適用於整體經濟。

市場結構指標

這也是本書探討的主要領域，包括市場結構（market structure）或市場性質（character of the market）指標。這是追蹤各種價格指數、市場廣度（market breadth）、循環、成交量……等的發展趨勢，藉以判斷既有趨勢的健全程度。

追蹤價格發展趨勢的技術指標，包括移動平均、峰位-谷底分析、價格型態和趨勢線等。這類分析技巧也可以運用於先前討論的人氣指標和資金流量指標，因爲這些指標也會呈現趨勢發展。當人氣指標的趨勢發生反轉時，價格發展也很可能改變方向。

多數情況下，價格與市場內部衡量（譬如：市場廣度、動能或成交量）會呈現同時上升、同時下降的走勢，但在趨勢轉折點附近，這類指標經常會與價格背離。這種背離現象往往預示著市場既有發展轉強或轉弱。技術分析者謹慎觀察這類盤勢轉強或轉弱的潛在訊號，可以察覺價格趨勢本身反轉的可能性。

價格是群眾心理或群眾行爲反映出來的現象，這是技術分析方法根據的理論。這套分析方法認爲，群眾心理將擺盪於兩種心態之間，一是恐慌、害怕與悲觀，一是信心、貪婪和樂觀；所以，我們能夠觀察這些心理所驅動的特殊行爲，藉此預測未來的價格走勢。

由於這些情緒的發展，需要時間醞釀，所以技術分析有機會在早期階段辨識這些心理現象的變化。研究這些市場趨勢，使得技術分析者很又信心地買進或賣出，因爲趨勢一旦形成，通常都會持續發展很長一陣子。

價格走勢的分類

價格走勢可以歸納爲三大類：長期、中期和短期。長期趨勢（經常又稱爲主要〔primary〕或循環〔cyclical〕趨勢）涵蓋的期間通常爲1～3年，反映投資人對於經濟循環的看法。中期趨勢涵蓋期間通常爲3週到數個月。這種趨勢雖然不是頂重要，但辨識其發展方向，對於投資人仍然有助益。舉例來說，某波跌勢究竟是屬於多頭市場的中期折返，或是屬於另一個空頭市場的開始，此兩者之間的辨別，往往會決定投資的成敗。短期趨勢涵蓋的期間通常短於3、4週，具有濃厚的隨機性質。極長期趨勢（secular trend）則會涵蓋好幾個長期趨勢，盤中趨勢（intraday trends）則只會延續幾分鐘或幾個小時。

市場的預先反映機制

所有價格走勢都有一種共通性質：它們都是反映市場參與者之如期待、恐懼、知識、樂觀、貪婪……等等情緒，這些情緒將綜合反映在價格水準上。如同加菲·德魯（Garfield Drew）強調的，股票價格所顯示的「絕對不是它們本身的價值，而是人們認爲它們具有的價值[1]。」

《華爾街日報》的某篇社論，很精闢地說明股票市場所做的這種評估程序[2]：

> 股票市場包括某特定時刻「在市場中」買進或賣出股票的人，以及當時「不在市場中」而在情況適當時，可能進場的人。由這種角度來說，任何擁有積蓄的人，都是股票市場的潛在參與者。
>
> 由於這種參與和潛在參與的基礎廣大，使得股票市場具有成爲一種經濟指標的力量，並且是稀有資本的配置者。資金進出某支股票或進出市場，都是由每位投資人根據最新資訊所做成的決定。這使得市場可以綜合所有可供運用的資訊，在性質上絕對不是任何單一個人所能夠辦到的。由於這種判斷是由所有的人共同達成，其力量通常會壓過任何單一個人或團體的意見……。

1. 請參考Garfield Drew,《New Methods for Profit in the Stock Market》, Metcalfe press, Boston 1968, 第18頁。
2. 1977年10月20日的《華爾街日報》。

> 「市場」衡量所有上市公司的稅後盈餘，並衡量截至目前爲止與未來（或許是無限未來）所可能出現的累計盈餘。然後，就如同經濟學家所說的，這些累計稅後盈餘將被市場「折算爲現值」。如某人購買較貴的刮鬍刀片，也是基於前述的盤算：這片高價刮鬍刀未來可以提供較高的方便性，所以，他是把這種方便性折算爲現值，藉以評估價值。

全球各地的經濟狀況，最終都會影響企業未來的盈餘流量。全世界與美國的資訊，會一點一滴不斷流入市場，市場反映這些資訊的效率，將遠勝過政府公布的統計數據；市場會根據這些資訊，評估美國企業的未來盈餘能力。原則上，股票市場的整體股價水準，可以反映美國資本存量的現值。

主要技術原則：市場絕不會針對相同事件重複反映。

這意味投資人或交易者會針對預期之中的消息做評估，準備採取行動，等到事件確實發生時，他們可以按照較高價格賣出股票。如果實際發展較當初預期的程度更好或更壞，投資人可能因此而延後或提前採取行動。所以，有句大家耳熟能詳的說法「趁著利多消息賣出」，這句話適用在「利多消息」剛好符合或不如市場（投資人）預期的情況。

如果消息很好，但程度不如市場預期，那麼投資人會很快重新做評估，結果——假定其他條件不變——導致行情下跌。如果消息較市場預期得好，將有利於行情。至於壞消息，情況當然剛好相反。這種程序可以解釋一種看似矛盾的現象：股票市場的價格峰位總是發生在經濟情況很好的時候，行情谷底則總是發生在經濟情況非常惡劣的時候。這種預先反映的機制，並不侷限於股票市場，而是普遍適用於所有自由交易市場。

市場對於消息事件的反應方式，往往具有重要的啓示作用。市場如果忽略一項原本屬於利多的消息，行情反而下跌，這代表市場已經預先反映該事件，也就是說該事件已經預先反映在價格上了；這種現象應該視爲偏空的徵兆。

反之，市場對於利空消息的反應如果優於預期，應該解釋爲有利徵兆。「已知的空頭因素，就是已經反映的空頭因素」，這句話蘊含著無限智慧。

金融市場與經濟循環

債券、股票和商品的主要趨勢，是取決於投資大眾情緒上認定的長期趨勢。這些情緒反映了投資人對於未來經濟活動的預期水準和成長狀況，也反映投資人對於這些經濟活動的態度。

舉例來說，股票市場的主要趨勢和經濟體系的景氣循環之間，存在著明確的關連，因爲公司獲利能力的趨勢，也代表著景氣循環的重要環節。股票行情如果只受到經濟基本因素的影響，我們就相對容易判定股票市場主要趨勢的變化。可是，因爲受到幾種因素的影響，實際情況並非如此。

第一，經濟狀況的變化，需要時間醞釀。在經濟循環的發展過程，股票市場可能受到其他心理因素的影響，例如：政局變化或股市內部因素變動（譬如投機性買盤增加，或追繳融資引發賣壓等）。這些因素可能造成5％或10％的漲跌走勢，它們並不能由經濟基本面做解釋。

第二，股票市場的變化，通常會領先經濟景氣長達6～9個月，不過領先的時間可能更長或更短。以1921年和1929年爲例，經濟景氣的變化，反而領先股票市場。

第三，經濟循環發展過程，即使景氣已經處於復甦階段，人們往往會懷疑經濟復甦的持續力道。這種懷疑立場，如果又配合政治或其他不利事件，股票市場經常會呈現顯著的逆循環走勢。

第四，企業獲利能力即使增加，投資人對於這些獲利的看法可能不同。舉例來說，1946年春天，道瓊工業指數的本益比爲22倍；1948年，根據1947年盈餘計算的本益比爲9.5倍。這段期間內，企業獲利雖然成長一倍，但因爲本益比下降，股價水準反而更低。

債券和商品價格的變動，它們和經濟活動之間的關連程度，更甚於股票；即便是如此，心理因素對於這些價格的影響還是很重要。外匯價格顯然不適合採用經濟循環分析。雖然幾個月之後公布的經濟數據，往往能夠有效解釋先前的外匯走勢，但由事前角度來說，技術分析比較適合及時預測外匯走勢，在早期階段判定趨勢。

主要技術原則：技術分析基本原理適用於所有證券，以及各種時間架構，包括20分鐘到20年的趨勢。

技術分析：判定趨勢

我們知道，預測經濟趨勢，或評估投資人對於經濟趨勢變化之態度，涉及許多困難而主觀的問題，但技術分析研究的是市場行爲，所以不需直接處理這些難題。技術分析試圖辨識市場對於前述因素之評估的轉折點。技術分析適用於股票、大盤指數、商品、債券、外匯或其他任何由交易的對象，因此我經常藉由證券做爲統稱，避免不必要的累贅。本書採用的說明方式，不同於一般技術分析書籍。

本書（上冊）第I篇「趨勢判定技巧」將討論趨勢判定的種種技巧，說明如何辨識趨勢反轉。這部分將處理價格型態、趨勢線、移動平均、動能……等主題。

本書（下冊）第II篇「市場結構」主要分析美國股票市場，但也經常引用其他股票市場的範例做爲說明，藉以凸顯相關原理具有的普遍適用性。市場結構分析所需要的，只是適當的資料而已。這部分內容將詳細解說各種指標與指數，說明如何藉此建立分析架構，用以判定市場內部結構的素質。

市場特質的研究，是技術分析的關鍵所在，因爲在大盤指數的趨勢發生反轉之前，市場結構的強弱程度，幾乎必定會預先呈現徵兆。

如同謹慎的汽車駕駛，不會只根據速度儀表判定汽車的運行狀況一樣，技術分析者也不會只關心大盤指數的價格趨勢。投資人的信心狀況會反映在價格走勢上，我們將由4個角度或維度，探索情緒層面：即價格、時間、成交量與寬度（breadth）。

價格變動所反映的，是投資人態度的變動，而價格——第1個維度——顯示這方面的變動。

第2個維度是時間，衡量投資人心理循環的週期長度和發生頻率。投資人的信心變化，會呈現顯著的循環，擺盪於極度樂觀和極度悲觀之間，有些循環的週期較長，有些較短。價格走勢程度經常是時間的函數，投資人看法由多轉空所經過的時間愈長，對應的價格走勢幅度往往也較大。

本書將用兩章篇幅專門處理時間議題，相關討論主要是以美國股票市場爲範例，但其原理也同樣適用於商品、債券和外匯。

第3個維度是成交量，反映投資人態度變化的強度。譬如說，就特定價格漲勢而言，如果配合的成交量不大，其蘊含的走勢強度將不如大成交量。

第4個維度是寬度，衡量情緒涵蓋的範圍大小。這是很重要的概念，當股票市場呈現全面性的漲勢，有利的情緒趨勢散佈到大多數股票和產業，代表經濟復甦的普遍性和健全性，使得投資人普遍看好股票。反之，如果股票漲勢僅侷限於少數藍籌股，這會降低上升趨勢的素質，多頭行情的持續性也值得懷疑。

技術分析透過許多不同方式衡量這些心理維度。多數技術指標會同時追蹤兩種或以上的維度，就一般的價格走勢圖來說，它同時衡量價格（縱軸）和時間（橫軸）。同理，騰落線（advance/decline line）則同時衡量寬度和時間。

本書（下冊）第III篇「市場行爲的其他層面」，處理比較特殊的議題，包括：利率與股票市場的關係、人氣心理、自動化交易系統、選股、技術分析運用於全球市場。

結論

投資人對於經濟循環的態度和預期，其變化會導致金融市場呈現趨勢性發展。每個經濟循環的特定階段，投資人會持續重複相同型態的行爲，所以研究大盤指數和市場指標之間的歷史關係，將有助於判斷趨勢轉折。

沒有任何單一指標能夠顯示所有的趨勢反轉，所以我們需要運用多種指標進行綜合評估。

這種處理方法絕非萬無一失，但只要秉持著謹愼、耐心和客觀的態度運用技術分析原理，投資人或交易者還是能夠掌握相當高的勝算。

第II篇

市場結構

第18章 價格：重要市場指數

關於整體市場結構的分析，價格應該是最理所當然的起點。任何價格指數都不可能絕對理想，不可能充分而精準地反映「市場」的走勢。雖然多數股票通常都會呈現相同方向的走勢，但總有一些個股或類股會朝相反方向發展。關於一般股價水準的衡量，方法基本上有兩種。第一種是所謂的非加權指數（unweighted index），直接計算指數成分股的平均價格；第二種也是計算指數成分股的平均價格，但計算過程分別採用每支成分股的總市值（發行股數乘以每股市價）做爲權數。第一種方法可以追蹤多數掛牌股票的走勢，但因爲第二種方法給予大型公司較大的權數，所以根據這種方法計算的指數，比較能夠反映市場價值結構的變化。基於這個緣故，「行情」通常是以加權指數表示。至於指數成分股的挑選，可以根據大眾的參與程度、市場領導地位、產業重要性等原則決定。

美國股票市場有許多價格指數，藉以衡量各個市場部門的表現。觀察這些指數之間的相互關係，可以判斷整體市場的技術狀況。本書第3章曾經討論道瓊工業指數和道瓊運輸指數之間的關係，但此外還有很多有用的股價指數，譬如：道瓊公用事業指數，另有非加權股價指數，以及一些具有指標性質的類股。本章將討論這些股價指數對於美國整體市場之技術結構的影響。

綜合股價指數

道瓊工業指數是普遍最受重視的美國股價指數，這是以30支成分股的股價總和，除某特定的除數。該除數定期刊登在《華爾街日報》和《拜倫雜誌》，每隔一段時間便可能調整變動，主要是因爲股票分割、股息分派或成分股更換等理由引起。嚴格來說，道瓊工業指數並不是「綜合」指數，因爲該指數並不包含銀行、運輸與公用事業等類股。可是，道瓊工業指數成分股的總市值，佔了紐約證交所（NYSE）掛牌股票總市值的很大比例，通常可以代表整體股票市場的表現。

最初，股價指數的成分股種類不多，主要是考量計算方便起見。多年以前，指數計算必須完全仰賴人工。自從電腦發明之後，股價指數應該不難納入更多的成分股，使之更具代表性。

道瓊工業指數在結構上存在一項缺失——某股票的價格很高，如果不進行分割的話，該股票對於股價指數將產生重大影響，尤其是其他股票同時進行分割的話。雖然存在這項缺失與其他問題，但就市值加權指數來說，道瓊指數的表現非常具指標性。

另一種普遍受到重視的股價指數，是標準普爾的S&P 500綜合股價指數。這是由500支成分股構成，市值超過紐約證交所（NYSE）總市值的90%。計算上，S&P500是把成分股的「股價」乘以「發行股數」，然後表示爲指數形式。

多年以來，S&P 500都是專業基金經理人操作績效的評估基準。另外，S&P 500也是交投最活絡的股價指數期貨契約。

多數情況下，道瓊工業指數與S&P 500的走向大致相同，但當其中某指數創新高或新低時，另一指數未必會給予確認。原則上，兩種指數之間的這種背離程度愈大，當既有趨勢反轉之後，新趨勢的走勢幅度也愈大。請參考走勢圖18-1，1968年底，S&P 500創歷史新高價，但道瓊工業指數未能超越1966年的高點。這個背離現象使得隨後的空頭走勢出現高達40%的跌幅。

另一方面，在1973年到1974年的空頭行情底部，兩個指數雖然都呈現雙重底型態，道瓊指數的第二個谷底（1974年12月）低於第一個谷底（同年10月），但S&P 500的第二個谷底，並沒有創新低。結果，在隨後兩年半期間內，道瓊指數大漲80%左右（請參考走勢圖18-1）。

走勢圖18-1 主要市場股價指數，1965～1978（資料取自www.pring.com）

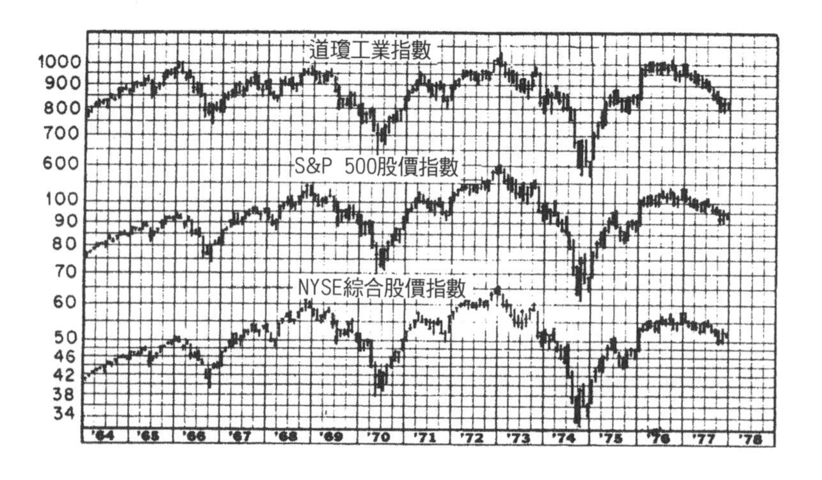

走勢圖18-2比較道瓊工業指數與S&P 500在上世紀末的情況。道瓊工業指數的多頭行情頭部發生在2000年1月，S&P 500則出現兩個價格大致相當頭部，分別在2000年3月和9月。這意味著兩個指數之間出現背離走勢。同年稍後，兩個指數都跌破趨勢線，多頭行情正式反轉。

那斯達克綜合股價指數（NASDAQ Composite）是由500支股票構成的市值加權指數。由於其成分股涵蓋多數大型科技股（譬如：微軟、思科、英特爾等），所以走勢基本上取決於科技類股的表現。關於這項指數，本章稍後會詳細討論。

NYSE也根據其掛牌股票彙編一種股價指數，稱爲紐約證券交易所綜合股價指數（NYSE Composite）。由某種角度觀察，這是相當理想的指數，因爲成分股涵蓋NYSE的全部掛牌股票，並且每

走勢圖18-2 道瓊工業指數vs.S&P 500，1998～2001，背離現象
（資料取自www.pring.com）

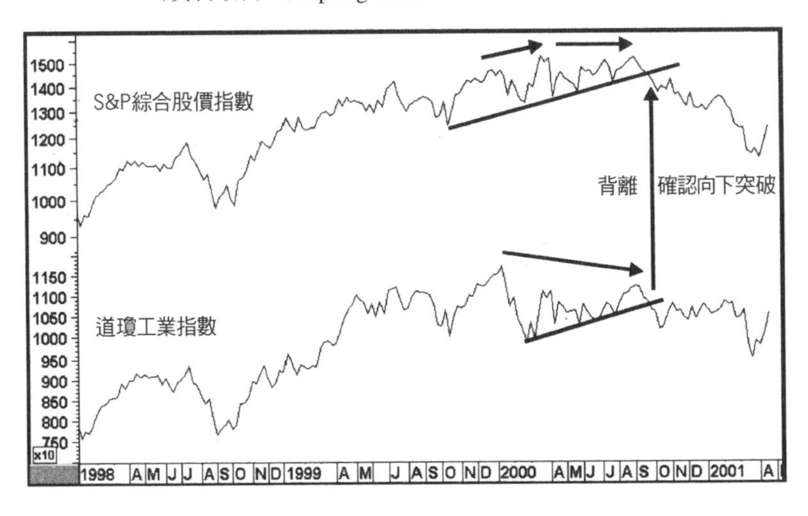

支成分股都根據資本市值做加權計算。NYSE綜合指數、道瓊工業指數與S&P500，三者的走勢通常相當一致，但偶爾也會產生背離，後者可以提供有關整體市場技術結構的進一步資訊。

威雪爾5000種股價指數（Wilshire 5000 Equity Index）是涵蓋範圍最廣的股價指數，成分股包括全美國交投熱絡的所有普通股，屬於市值加權指數。最初，該指數的成分股有5000支左右，到了本世紀初，成分股數量已經大約成爲6500支。就理論上來看，這是評估整體股票市場最理想的指數，但因爲投資界存在的惰性，以及其他指數既得利益者的干擾，這項指數並沒有得到應有的重視。

走勢圖18-3比較威雪爾5000和道瓊工業指數。兩種指數的走勢，多數時候是彼此一致的，情況就如同道瓊指數和S&P 500。股價指數之間如果發生背離走勢，往往是趨勢即將反轉的徵兆。我們看到1997年曾經出現背離，不過隨後沒有發生趨勢變動。碰到背離的情況，通常最好等待某種趨勢反轉的確認訊號。就目前這個例子來說，兩個指數都沒有跌破40週移動平均，雖然道瓊指數曾經相當逼近。不久，在1998年的底部，我們看到兩種指數之間產生正向背離。結果，兩個指數都向上突破移動平均。最後，在2000年的頭部，兩種指數又產生負向背離，因爲道瓊指數的頭部發生在1月份，威雪爾5000的頭部發生在3月份（換言之，道瓊指數當時沒有創新高而產生背離）。

對於這個例子來說，跌破均線並不是可靠的確認訊號，不過威雪爾一旦跌破爲期2年的趨勢線，情況就無庸置疑了。事實上，這條趨勢線是向上傾斜之頭肩頂排列的頸線。

走勢圖18-3　道瓊指數vs.威雪爾5000，1995～2001，背離現象
（資料取自www.pring.com）

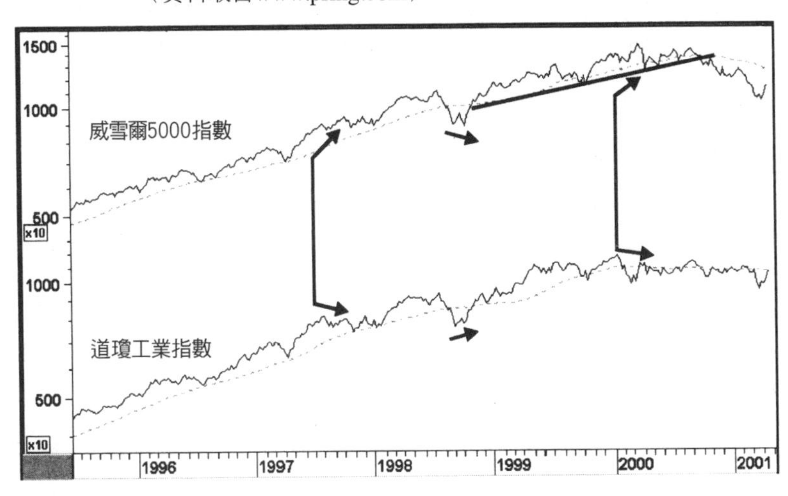

大盤指數與移動平均

若由趨勢判斷的立場運用移動平均，首先必須決定所希望評估的循環類型。近十年來，爲期4年的股票市場循環，大致對應著經濟景氣循環。由於股票行情主要是受到經濟循環發展影響，所以這個爲期4年的循環（嚴格來說，應該是41個月），對於趨勢判斷最重要。爲了反映這類的價格波動，我們需要挑選適當長度的移動平均。移動平均的期間長度，應該小於循環期間（換言之，41個月），因爲移動平均期間如果涵蓋循環期間，則整個循環的起伏會相互抵銷，使得移動平均成爲水平狀直線（至少理論上是如此）。由實務上來看，這種移動平均還是會呈現起伏波動，因爲循環期間未必剛好等於41個月，而且價格上漲和下跌的幅度也不太可能完全相同。根據電腦檢定的研究資料顯示[1]，由1910年到1990年之間，S&P 500採用12個月移動平均最為可靠。當然，這指代表整段期間的測試結果而言，並非每段期間都是如此。

威廉・哥登（William Gordon）在《股票市場技術指標》（The Stock Market Indicators）一書內，運用40週移動平均穿越訊號測試，道瓊指數在1897年到1967年的資料，其中出現29個買進與賣出訊號[2]。多頭訊號（換言之，介於買進訊號和賣出訊號之間的指數漲幅）的平均獲利為27%。如果依此法則進行投資，在29個多頭訊號中，有9個訊號發生虧損，但最大損失不超過7%。1967年以來，這套操作法則的績效仍然不錯，但在1970年代末期產生許多錯誤的假訊號。如同一般情況，在持續出現假訊號之後，1982年的買進訊號非常理想。這個方法讓投資人掌握1982年到1987年的第一波大行情，其中的第二次訊號發生在1984年底，然後一直持續到1987年崩盤為止。

請參考走勢圖18-4。下側小圖是道瓊工業指數與其40週移動平均，上側小圖則是採用40週移動平均穿越訊號的帳戶淨值曲線。這套穿越系統只建立多頭部位，空手期間（換言之，指數位在移動平均下方）假定資金可以賺取4%利息。另外，不採用融資

1. 請參考Robert W. Colby and Thomas A. Meyers, The Encyclopedia of Technical Market Indicators, Dow Jones-Irwin, 1988。

2. Investors Press, Palisades, N. J., 1968。實際運用的買進訊號如下：「當200天（40週）移動平均由下跌趨於平坦，或是處於上升狀態，如果指數由下往上穿越移動平均，這代表主要買進訊號。」

走勢圖18-4　道瓊工業指數，1990～2001。
（資料取自www.pring.com）

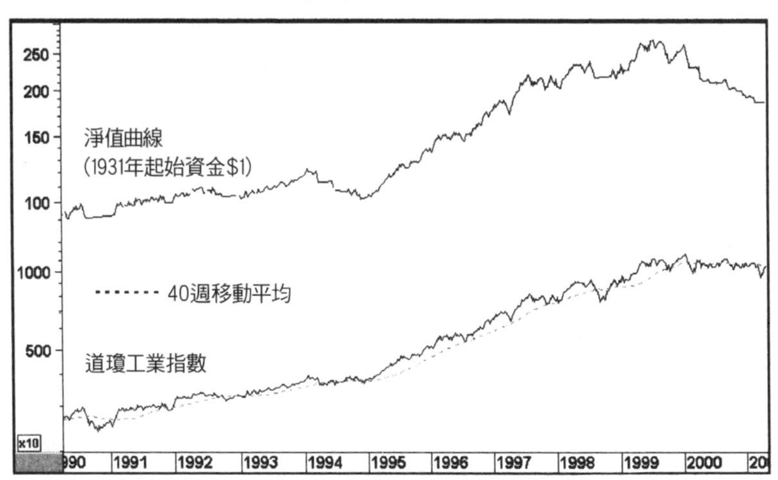

交易，每筆交易的佣金費用假定是1%。除了1994年和1999～2001年期間之外，這套系統的表現相當不錯。所以，投資人有理由採用順勢交易系統，例如：移動平均穿越系統配合擺盪指標。

就中期走勢而言，13週和10週移動平均穿越系統最具代表性，但因爲均線的涵蓋期間相對短暫，反覆假訊號的發生頻率也相對偏高，可靠性不如40週移動平均。至於更短期的走勢，30天（6週）移動平均的效果不錯，但不少技術分析者偏愛採用25天移動平均。

大盤指數與ROCs

有關本書第10章討論的各種技巧，能夠透過很多方式運用於大盤股價指數。舉例來說，請參考走勢圖18-5與18-6，其中顯示S&P綜合股價指數與9個月ROC，兩個走勢圖分別涵蓋不同期間。我們發現，每當ROC觸及－20％超賣水準或進入－20％超賣區，然後重新折返中性區，通常都代表中、長期趨勢的底部排列完成。同樣地，每當ROC進入＋20％超買區域而重新折返中性區，通常都代表相當不錯的中期峰位或空頭賣出訊號。當然，相關訊號並不是絕對完美的，但結果已經相當可靠了。走勢圖內利用橢圓標示一些最明顯的錯誤訊號。首先，1929～1930的賣出訊號顯然太早發生，其次是1990年代末期出現幾個反覆訊號。當行情走勢特別強勁或特別疲軟，擺盪指標往往會過早發出訊號，所以最好還是要等價格本身穿越9個月或12個月移動平均作為確認訊號。

走勢圖18-5　S&P綜合股價指數，1900～1950，9個月ROC
（資料取自www.pring.com）

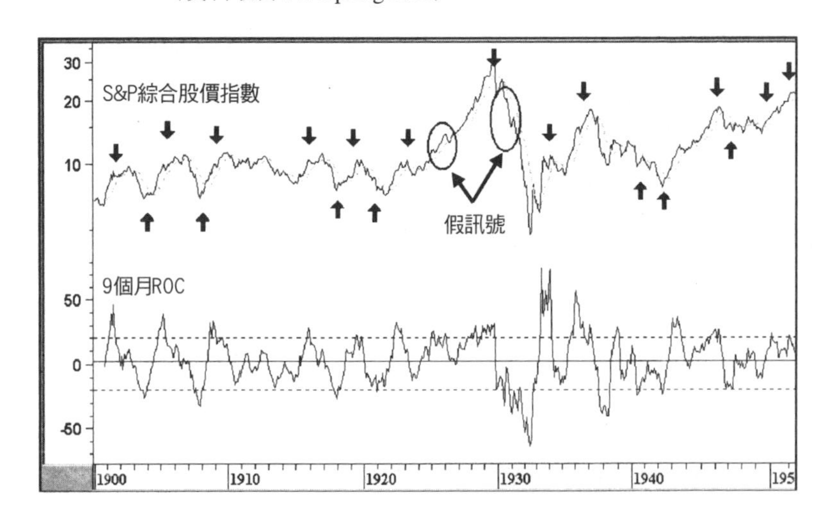

走勢圖18-6　S&P綜合股價指數，1950～2001，9個月ROC
（資料取自www.pring.com）

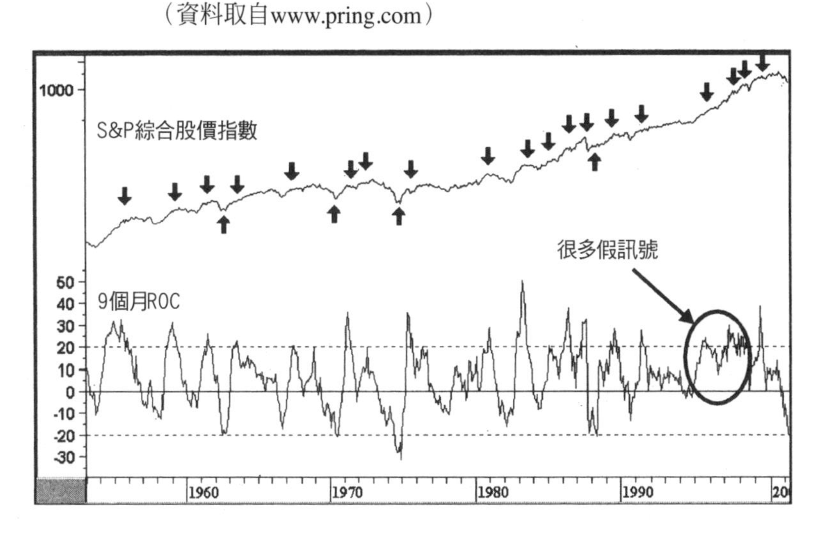

另一個方法是銜接先前空頭市場低點與多頭市場第一個中期折返走勢低點而繪製的上升趨勢線。然後，配合12個月ROC與其趨勢線或價格型態作判斷，一旦有值得留意的訊號，就特別標示出來。走勢圖18-7與18-8就是透過這個原則繪製趨勢線。某些情況下，趨勢線可能會太陡峭；這種情況下，可以考慮繪製第二條趨勢線（請參考1990年代初期的狀況）。如果兩條趨勢線都被貫穿，應該意味著多頭行情已經告一段落。多數情況下，賣出訊號應該相當接近多頭市場的峰位。可是，就1982年和1987年的例子來看，趨勢線突破訊號顯然來得太遲。

主要技術原則：趨勢轉折點與趨勢線突破位置之間的距離如果明顯太大，通常應該忽略趨勢線而另外尋找其他證據。

走勢圖18-7 道瓊工業指數，1966～1983，趨勢線
（資料取自www.pring.com）

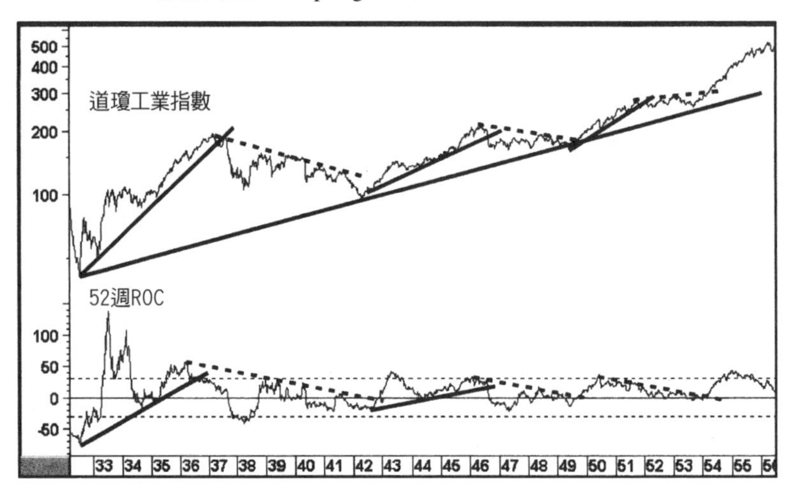

走勢圖18-8 道瓊工業指數，1984～2001，趨勢線
（資料取自www.pring.com）

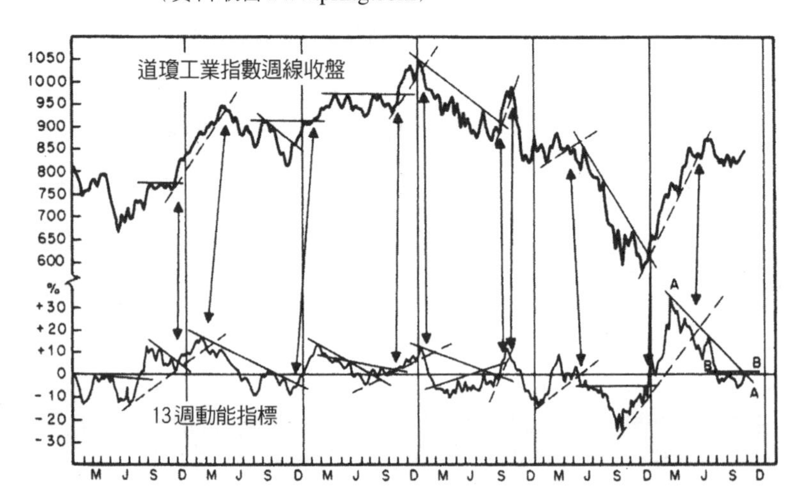

這套方法在整個20世紀都運作得相當不錯，不過還是有些失敗情況。1998年曾經出現一個例子，價格與動能指標都同時突破趨勢線，結果卻是反覆訊號。走勢圖18-9顯示相同的運作方法，但採用週線資料和52週ROC。

這套方法採用13週ROC，可以用來辨識中期趨勢反轉，請參考走勢圖18-10的例子。我們在道瓊指數週線圖與13週ROC上繪製趨勢線。只要某個走勢的趨勢線突破得到另一走勢的確認，既有趨勢通常都會反轉。走勢圖18-10的箭頭標示著這類的訊號。如同本書第10章說明的，這類分析還要配合S&P指數的價格型態分析和其他技巧。趨勢反轉未必會有趨勢線突破訊號，但趨勢線突破訊號只要出現，通常都很可靠，前提是趨勢線本身必須夠明確，至少要接觸3點或以上。

走勢圖18-9 道瓊工業指數，1931～1956，52週ROC
（資料取自www.pring.com）

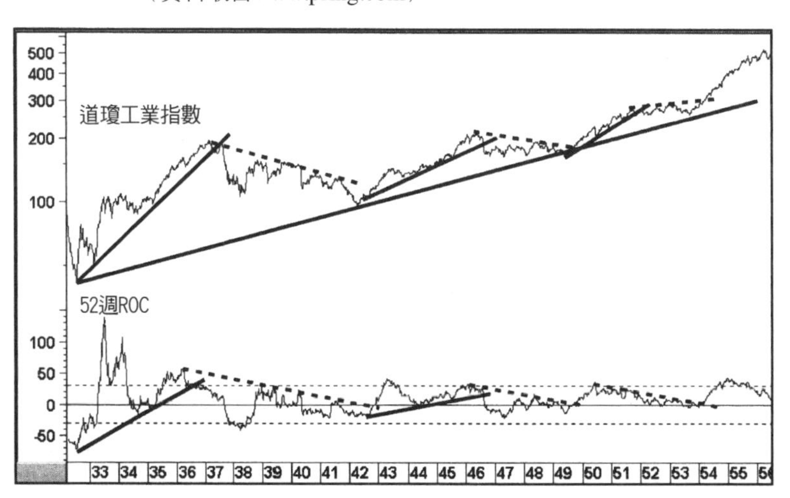

走勢圖18-10　道瓊工業指數，1970～1975，13週ROC
（資料取自www.pring.com）

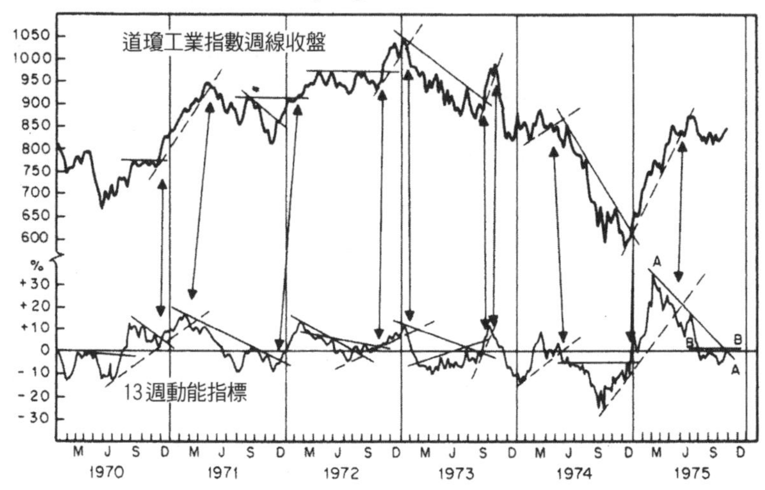

另一種可能的運用組合，是採用動能指標的超買／超賣穿越訊號，配合價格指數的趨勢突破或價格型態。請參考走勢圖18-11，垂直狀實線（箭頭）標示這套方法辨識的中期走勢頭部，虛線箭頭則標示沒有經過價格指數確認的動能指標超買穿越訊號。

道瓊運輸指數

19世紀後半與20世紀前半，鐵路是主要的交通運輸工具，所以由鐵路股構成的價格指數，可以充分反映運輸類股的情況。1970年，道瓊鐵路指數進一步涵蓋其他運輸產業，並改名爲道瓊運輸指數。運輸指數的表現，主要受到兩個因素影響：商業交易量與利率水準。就前者來說，經濟開始復甦時，產業界的存貨量

走勢圖18-11 道瓊工業指數，1990～2000，13週ROC
（資料取自www.pring.com）

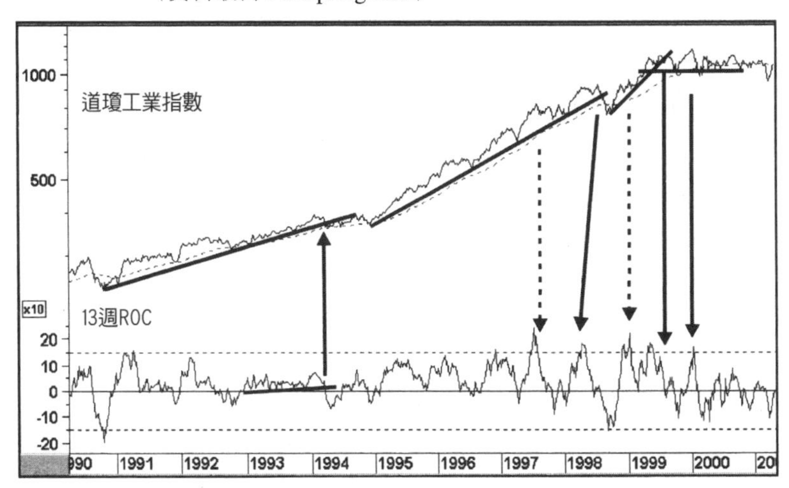

很低，而且需要物料做爲生產之用。這方面的運輸量增加時，投資人察覺相關變化的趨勢，於是開始推高運輸類股的價格。

到了景氣循環峰位，企業界通常會有過多的存貨，銷貨量也開始降低，所需要的生產原料減少。這個時候，運輸量會顯著衰退，運輸類股價格也隨之滑落。利率水準方面，運輸業者的信用擴張程度通常高於工業類股，所以其盈餘對於利率和景氣變化比較敏感。因此，在重要轉折點上，運輸指數通常會領先工業指數。

工業指數與運輸指數彼此之間必須相互確認，這是「道氏理論」強調的重要原則。我們現在不難瞭解這個原則之所以重要的理由。工業類股的營運量增加，必然會造成運輸量增加，所以兩種指數之間存在密切的關連。由另一方面看，當運輸量增加時，如果工業類股的生產與銷貨情況後繼乏力，則運輸類股的表現只能維持短暫期間。由於這兩個產業之間的相關密切，所以工業指數與運輸指數的長期循環大致相同。因此，運輸指數的移動平均、ROC等技術問題，考量上都與工業指數相同。

運輸指數可以採用工業指數通常不會運用的一種技巧：相對強度（RS）。當兩種指數不能相互確認時，這項技巧特別適用，因為RS經常會顯示兩者之間的背離將如何發展。1998年夏天曾經出現這類的例子，道瓊工業指數稍微創新高。當時，運輸指數雖然還停留在40週移動平均之上，但已經跌破重要趨勢線（請參考走勢圖18-12），市場顯露技術面弱勢。

當道瓊工業指數創新高時，運輸指數雖然向上反彈，但不足以超越先前跌破之趨勢線的延伸。然而，真正的麻煩是：運輸指數沒有辦法確認工業指數的走勢，因為其RS曲線在4月份就已經

走勢圖18-12　運輸指數，1996～1999，三種指標
（資料取自www.pring.com）

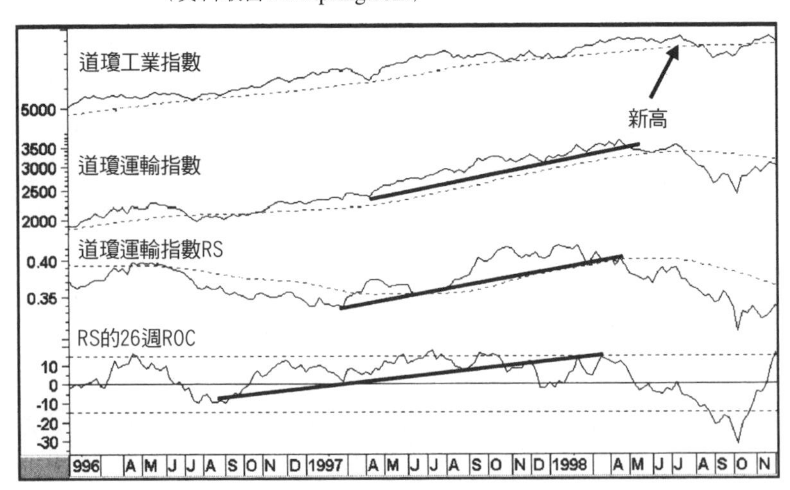

跌破移動平均和趨勢線。另外早在1997年底，運輸指數RS的26週ROC已經跌破趨勢線。所以，當工業指數在1998年7月創新高時，運輸指數RS曲線處於下降狀態，遠低於移動平均。最後，ROC沒有辦法反彈到零線之上，這是技術面條件轉弱的另一項證明。

道瓊公用事業指數

道瓊公用事業指數是由15支成分股構成，涵蓋電力、瓦斯、電話……等產業。由歷史角度看，這項指數是預示工業指數表現的最可靠指標之一。這是因爲公用事業對於利率變動非常敏感，理由有兩點：第一，公用事業需要龐大的資本，負債相對於股票淨值的比率偏高。利率上升，既有債務展延的利息成本也隨之上升，會造成盈餘的壓力。利率下降時，情況剛好相反，企業獲利會增加。第二，公用事業的獲利，大多透過現金股息方式分派，所以這類股票的投資人通常很重視股息殖利率。利率上升，債券——投資人也是基於殖利率考量而購買債券——的價格下跌，導致債券殖利率將相對優於公用事業的股息殖利率。反之，利率下降，資金會回流到公用事業股票，股價也隨之走高。

一般而言，當工業指數處於上升狀態，而公用事業指數由上升轉爲平坦或下降時，往往是工業指數即將反轉的徵兆。處在多頭市場峰位，公用事業指數領先工業指數的例子有：1937年、1946年、1953年、1966年、1968年、1973年和1987年。處在空頭市場底部，公用事業指數領先的例子有：1942年、1949年、1953年、1962年、1966年、1974年、1982年和1998年的底部。在其他重要行情轉折點，兩種指數大多呈現一致性走勢；可是，有些時候，公用事業指數也會發生落後的情況，例如：1970年的底部和1976年的頭部。

主要技術原則：由於利率趨勢的反轉，通常發生在股價反轉之前，所以不論是在行情頭部或底部，公用事業指數通常領先工業指數。

公用事業指數與工業指數之間的關係經常被忽視，因為這類訊號總是發生在最狂烈的行情之中。處在行情的頭部，即使公用事業指數已經下降，但投資人、分析師和傳播媒體，仍然陶醉在一片上漲的期待中。走勢圖18-13就是很典型的例子。1987年8月，工業指數創歷史新高，但公用事業指數當時已經明顯進入空頭市場。行情處在底部，市場瀰漫著景氣衰退、恐懼、甚至恐慌的氣氛中；這個時候，公用事業指數經常緩步翻升。

走勢圖18-13　道瓊工業指數與道瓊公用事業指數，1985～1987
（資料取自www.pring.com）

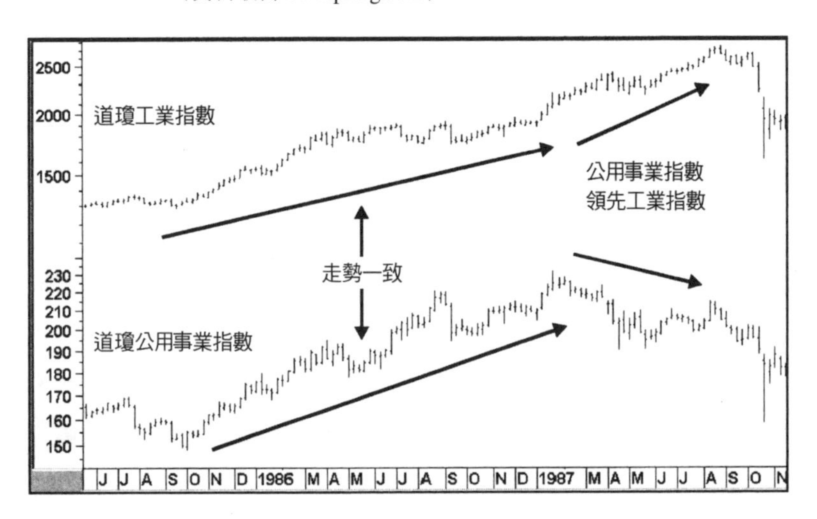

非加權指數

非加權指數的計算，是直接加總全部成分股的股價，然後除以成分股家數。這種指數是以價格——而不是市值——爲全數。價值線算術指數（Value Line Arithmetic）就是最典型的例子。

非加權指數可以適切反映個人所持之投資組合的「一般股票價格」，這與機構法人通常持有的績優股不同。另外，非加權指數也有助於分析市場的結構，因爲它們在行情頭部，通常會領先市場（例如：道瓊指數）。

道瓊指數與價值線指數之間如果持續發生背離現象，道瓊指數通常會受到拖累。一旦發生背離現象，就必須保持戒心，直到兩種指數都突破價格型態或趨勢線爲止。

大盤指數呈現持續性弱，如果非加權指數當時有相對強勢的表現，這通常代表空頭走勢即將結束，大盤將出現大幅的漲勢。1978年曾經發生這類的例子，價值線指數在1977年底出現低點，較道瓊指數提早幾個月。

走勢圖18-14顯示價值線指數和S&P 500之間的走勢比較，涵蓋1985年到1990年之間的行情。1985年底，價值線指數創該年的新低價，但S&P指數的對應低點並沒有創新低。這雖然是個負向背離，但始終沒有得到確認，因爲S&P沒有眞的跌破40週移動平均。這個現象又重複發生在1986年底，但當時的負向背離仍然沒有得到S&P指數的確認（換言之，沒也跌破移動平均）。可是，到了1990年，情況就迥然不同了，因爲S&P指數不只跌破移動平均，而且還跌破重要趨勢線。

走勢圖18-14　價值線指數vs.S&P綜合指數（資料取自www.pring.com）

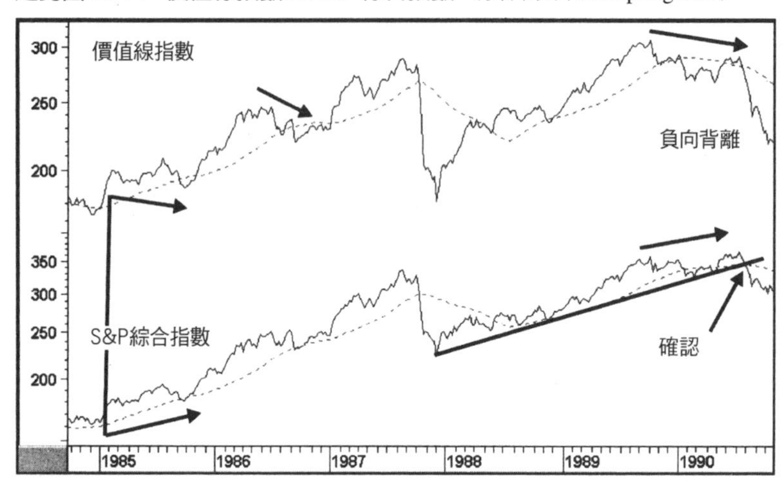

這些例子凸顯了我們不斷強調的重要原則：確認。當我們比較兩種不同的股價指數，經常會發現背離現象。就如同擺盪指標呈現的背離，需要經過價格行爲本身的確認一樣，股價指數之間的背離——不論是正向或負向的背離——也需要經過確認，然後才能判定趨勢是否反轉。

那斯達克指數

1990年代的科技榮景，讓那斯達克指數（NASDAQ）呈現前所未有的重要地位。這是一種市值加權指數，包括幾家舉足輕重的大型科技企業，頗能代表科技類股的整體表現。相較於一般股價指數，那斯達克指數沒有領先性質（這點不同於道瓊公用事業指數），但能夠運用於相對分析（RS）。

走勢圖18-15顯示那斯達克指數，以及該指數與S&P指數比較的RS。1991年上半年，兩者都突破下降趨勢線而從此展開一波重大漲勢。後來，到了1999年底，RS又向上突破趨勢線。不久，價格指數本身也向上突破，這是確認訊號。緊接著，那斯達克加速飆漲，創下歷史峰位。

通用汽車

有種說法：「對於通用汽車（GM）有利的事情，就是對於美國有利。」根據最近50年左右的紀錄顯示，這個說法仍然成立，至少對於美國股票市場而言是如此。通用汽車是一支典型的指標股。

走勢圖18-15　那斯達克綜合指數，1982～2001，相對強度分析
（資料取自www.pring.com）

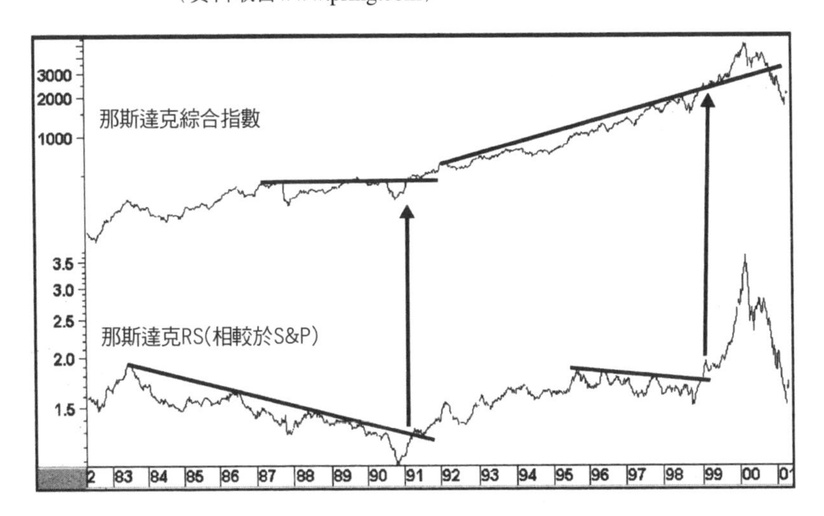

通用汽車有數以萬計的員工，股東人數超過百萬，所經營的事業對於信用狀況很敏感。通用汽車是美國最大的汽車製造商，而美國的就業市場有相當大成分，是直接或間接仰賴汽車產業。

因此，多數情況下，通用汽車與道瓊指數或S&P指數都會呈現一致性發展。處在行情頭部，通用汽車走勢通常會領先市場：當道瓊工業指數創新高，如果沒有得到通用汽車的確認，往往是趨勢反轉的徵兆。另一方面，處在行情底部，通用汽車則不具指標功能，因爲其走勢通常落後大盤。觀察通用汽車的長期走勢圖（走勢圖18-16），可以清楚說明這種現象。1928年到1929年之間，通用股價走勢形成龐大的頭肩頂排列；1964年到1966年之間，股

走勢圖18-16　通用汽車走勢，1924～1935 & 1948-1973
（資料取自M.C. Horsey）

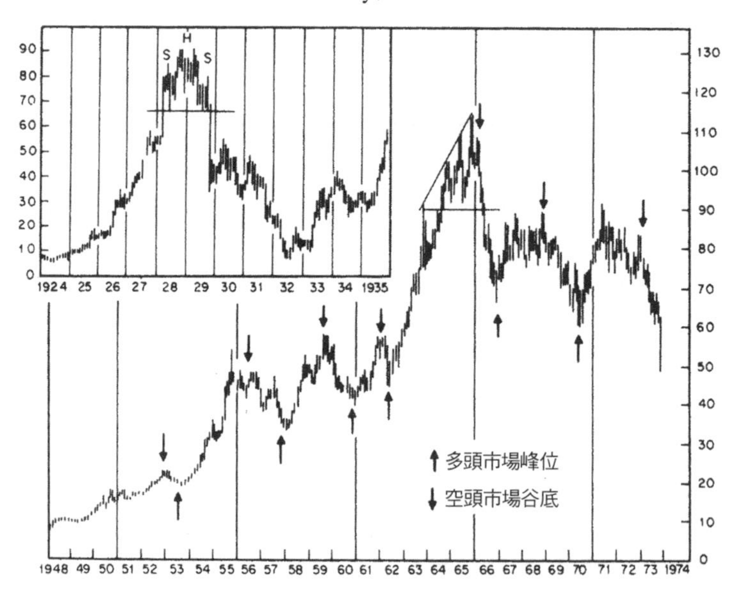

價行程直角擴張型態。當這兩個長期出貨型態完成時，股價大幅挫跌。

走勢圖18-17比較通用汽車與S&P指數在20世紀最後幾年的情況。垂直狀虛線顯示，通用汽車在底部經常落後大盤。就目前這個例子來看，通用成功測試低點（沒有創新低），S&P則在垂直線標示位置之後出現較高的底部。接著，在中期和長期多頭走勢的頭部，通用汽車都有領先大盤的狀況。1997年和1998年的下跌，通用汽車都先出現負向背離（參考圖形上的垂直狀實線和箭頭標示）。2000年春天，通用汽車也呈現負向背離。可是，對於發生在1999年和2000年的峰位，通用汽車的高點大約落在相同位置，但S&P的情況則非如此，2000高點明顯高於1999年。前述背離現象終於導致兩者都出現跌勢。

走勢圖18-17 通用汽車vs.S&P指數，1996～2001
（資料取自www.pring.com）

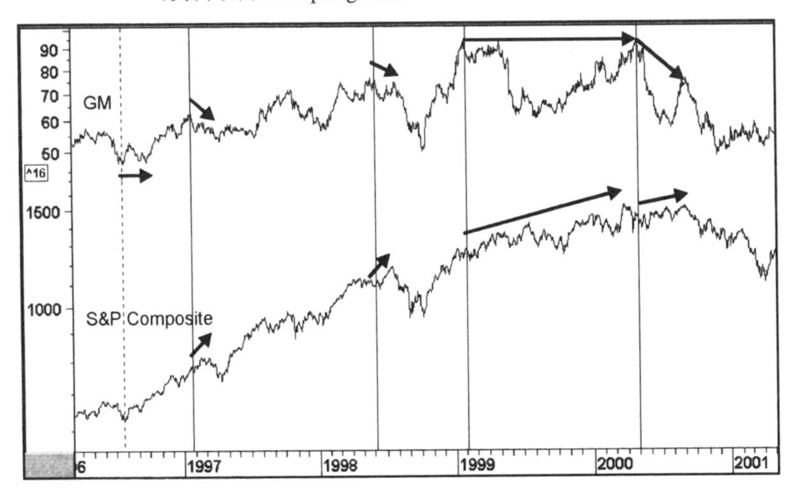

關於通用汽車對於整體大盤的指標作用，有個相當著名的原則：4個月法則（有些分析師則稱其爲19個月或21個月法則）。處在多頭行情中，通用汽車如果沒有在4個月份之內（譬如2月27日到6月27日，或3月31日到7月31日）創新高價，大盤多頭走勢即將反轉。空頭市場的情況也一樣，通用汽車如果沒有在4個月內創新低價，代表大盤空頭趨勢已經或即將反轉。這個通用汽車法則雖然不是萬無一失，但歷史資料證明該法則的表現很不錯。

事實上，通用汽車和道瓊工業指數或S&P綜合指數之間的關係，是另一種有用的技術分析工具。當然，這項工具不該單獨使用，而應該與其他指標或關係配合觀察。

羅素股價指數

法蘭克・羅素機構（Frank Russell）提供的各種資料中，包括三種重要股價指數：羅素3000、羅素2000和羅素1000。羅素1000是由美國1000家最大型企業爲成分股，而構成的市值加權指數。羅素2000則是最大型2000家企業構成的市值加權指數。至於羅素3000，則是其他股票構成的綜合指數；就2001年而言，其成分股大約涵蓋98%的美國投資等級股票。關於這三種指數的表現，請參考走勢圖18-18。

正常情況下，三種指數的走勢（上升或下降）是相當一致的，如果發生背離，通常是非常值得留意的現象。1999年10月，三種指數都突破下降趨勢線，聯袂展開多頭走勢。羅素2000通常被視爲小型股指數。2000年初，羅素2000爆發飆漲走勢，一直持

走勢圖18-18　三種羅素股價指數，1999～2001（資料取自www.pring.com）

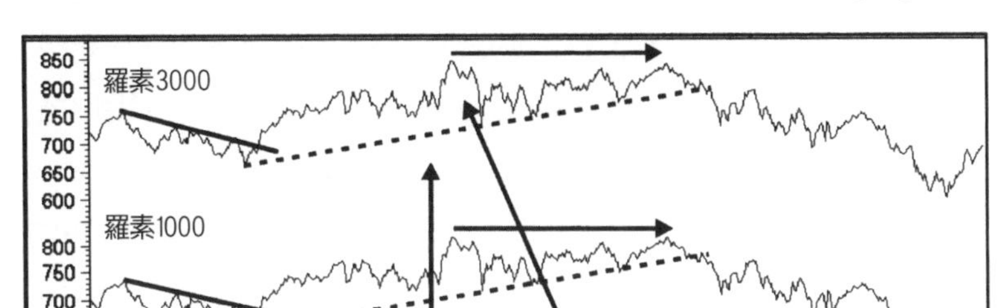

續到2月份。隨後，三種指數都回檔整理，但羅素2000沒能再創新高（與另外兩種指數的情況不同）。所以，原先居於領導地位的指數，已經不再呈現領導地位。這種喪失領導功能的現象，往往代表既有趨勢已經缺乏動力，趨勢很可能會反轉。就目前這個例子來說，4月份的漲勢也就是多頭市場的頭部。

> **主要技術原則**：關係密切的幾種證券，其走勢如果存在領導者，當該領導者不能確認股價所創的新高時（或空頭走勢的新低），通常代表既有趨勢喪失動力，隨後很可能發生反轉。

最後，2000年9月，羅素1000反彈到先前春季的高點附近，但羅素2000沒能提供確認。隨後，當三種指數跌破上升趨勢線，前述背離現象獲得確認，市場出現一波重大跌勢。

另外，羅素2000（小型股指數）與羅素1000（藍籌股／大型股指數）之間的關係，也有助於投資人分析不同類型股票的表現。走勢圖18-19顯示這兩種指數之間的關係，存在相當明顯的循環性質，這可以由長期KST呈現的4個明顯擺動看出來。有時候，我們也可以分析KST與其移動平均的穿越訊號，並配合RS本身的趨勢線突破，譬如1991年與1995年的情況（實線箭頭標示），但1990年代末期的RS變動太過急遽，沒有辦法繪製很好的趨勢線。

請注意，虛線箭頭標示的突破，其後雖然出現短暫的急漲走勢，但訊號很快就反覆，主要是因爲科技類股在2000年第一季的傑出表現，使得羅素2000有著相對優異的績效。稍後，到了2000年底，如果願意忽略先前的反覆訊號，RS比率向上突破（延伸）趨勢線。

走勢圖18-19　羅素2000／羅素1000比率關係，1988～2001，以及長期KST
（資料取自www.pring.com）

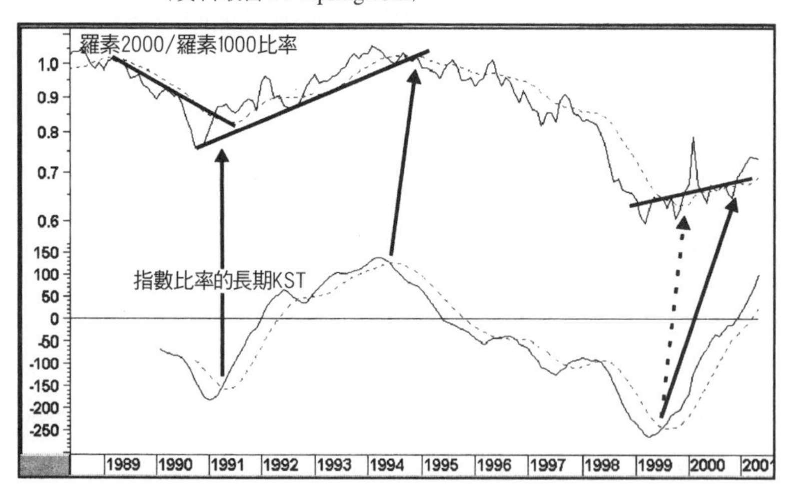

彙總

- 沒有任何股價指數能夠始終精準地反映「市場」。
- 股價指數計算基本上可以分為兩大類，一種是經過資本市值加權，另一種則否。
- 本書探討的技術指標，都可以運用於股價指數。
- 多數情況下，市場指數之間會呈現一致性的發展。反之，如果發生經過確認的背離現象，則代表趨勢反轉訊號。

第19章 價格：類股輪替

本書第2章曾經討論三個主要金融市場──債券、股票與商品──以及它們和經濟循環之間的關係。某些時候，這三個市場會呈現一致性走勢，但三者的趨勢更經常發生背離。三者之間展現的關係，取決於經濟循環的進展。請留意，在景氣循環初期階段，通貨緊縮是經濟的主導力量，而當經濟趨近復甦時，通貨膨脹的壓力會逐漸浮現。當然，任何兩個經濟循環的發展情況都不可能完全相同；對於每個不同的經濟循環，這三個金融市場的峰位與谷底位置，其領先／落後的關係都不盡相同。雖說如此，但就實務運用而言，債券、股票與商品等三個市場，其發展時間的先後順序，仍然存在著值得參考的固定模式。

產業類別與景氣循環

本章準備在時間先後順序的概念上，進一步延伸探討這種循環發展，根據各種產業類別對於通貨膨脹／通貨緊縮的敏感性（換言之，領先與落後的性質）加以歸類。由於循環本身會隨著通貨膨脹或通貨緊縮的外在環境而轉移，所以各種產業類股的表現會有輪替的現象。不幸地，這種歸類程序並不精準。首先，許多產業不能按照通貨膨脹／通貨緊縮的性質做明確的分類。其次，股價雖然會反映企業盈餘的變動，但更取決於投資人對這些變動的態度。對於利率變動敏感的股票來說，利率雖然是影響盈餘的重要因素，但未必是決定性因素；所以，股票即使對於利率很敏感，其價格表現偶爾還是會和債券市場脫節。

舉例來說，儲貸機構發生在1989年的下跌走勢，是與該產業的危機有關。正常情況下，儲貸機構股票當時應該上漲，因爲利率在1989年基本上呈現下降走勢。

類股輪替的理論雖然存在缺失，不過還是可以提供兩方面的功能。第一，做爲一種架構，藉以判斷主要趨勢的發展程度。舉例來說，如果技術性徵兆顯示，市場處於嚴重超賣情況而主要趨勢可能由空翻多。這種情況下，應該分析那些通常居於領先地位的類股，觀察它們在大盤指數創新低時，是否發生正向背離的現象。另一方面，當技術指標顯示大盤可能做頭時，可以觀察領先類股的頭部是否發生在幾個星期或幾個月之前，並分析強勢的RS是否集中在落後類股。

第二，類股輪替理論可以協助我們選股；換言之，決定應該買進或賣出哪些類股和股票。本書第31章會詳細討論這方面的議題。本章討論是以美國股票市場爲準，但類股輪替概念在原則上也可以運用到其他股票市場。每個國家都有經濟循環，義大利或日本的公用事業股票，它們對於利率變動的行爲反應，沒有理由不同於美國。我們甚至可以把這個概念做進一步延伸，推斷那些天然資源豐富的國家（例如：加拿大、澳洲與南非），其股票市場的表現在全球經濟循環的末期應該最理想，實際上的情況也經常是如此。

主要技術原則：多頭市場是一段相當長的期間，涵蓋期間通常介於9個月到2年，股票在這段期間內，大多處於漲勢。同樣地，空頭市場也是一段延伸期間，涵蓋期間通常介於9個月到2年，股票在這段期間內，大多處於跌勢。

類股輪替的概念

處在多頭市場，多數股票基本上都會呈現漲勢。同理，處在空頭市場，多數股票會與大盤指數同時創新低。當我們說公用事業屬於領先類股，或說鋼鐵類股屬於落後類股，不表示公用事業指數的低點必然發生在道瓊工業指數的低點之前，或鋼鐵類股指數的高點必然發生在道瓊工業指數之後，雖然實際情況經常是如此。由於公用事業對於利率變動很敏感，所以其相對於整體大盤的最佳表現，通常發生在經濟循環初期。同理，處在多頭市場初期，鋼鐵類股也會隨著大盤上漲，但其最佳相對績效通常發生在多頭市場末期，或空頭市場初期。

請參考圖19-1，實線部分的起伏，代表景氣循環的經濟擴張和衰退。虛線部分則代表股票市場的中期走勢。這份圖形也顯示其他金融市場的典型峰位和谷底。債券價格的谷底（利率的峰位）通常發生在景氣已經進入衰退期的數個月之後。由於股票市場主要是預先反映企業盈餘狀況，所以其谷底發生在景氣谷底之前的3

個月到6個月左右。黃金市場基本上是反映通貨膨脹的壓力，所以走勢由谷底翻升的時間，通常發生在經濟復甦的幾個月之後。對於每個不同的經濟循環，相關市場的領先／落後程度各自不同，所以這種方法只是一個架構，千萬不能死板地做延伸。

股票市場是由許多類股構成，這些類股又各自代表經濟系統內的不同部門。任何時候，經濟如果不是處於上升狀態，便是處於下降狀態（所謂「經濟」，是指GNP之類的某種總體指標）。雖然如此，經濟系統的每個部門很少會同時呈現擴張或衰退，因爲經濟系統不是同質性的個體，而是由許多異質性單位構成。某些產業比較能夠適應通貨緊縮的環境，這些產業在景氣循環初期的表現相對優異；另一些產業比較能夠適應通貨膨脹環境，它們在經濟復甦末期有相對理想的表現。

經濟復甦通常是由消費者支出帶動，其中以住屋產業最顯著。在經濟衰退期間，利率水準下降，住屋需求逐漸上升。所以，營建類股屬於領先類股。

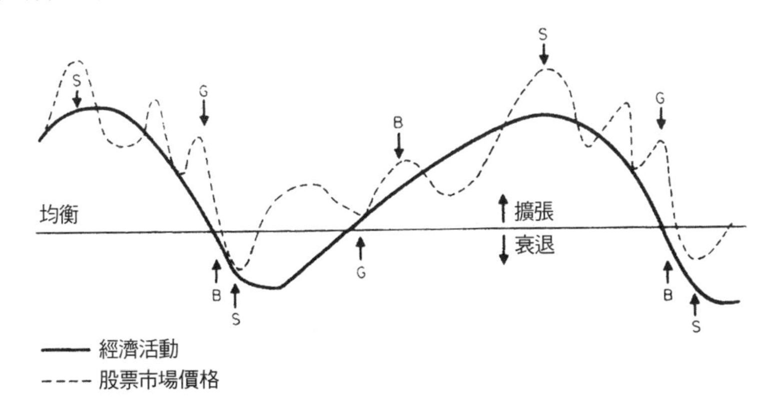

圖19-1　經濟活動與股票價格（B＝債券，S＝股票，G＝黃金）

經濟循環初期，市場預期消費者支出將增加，所以零售、餐飲、化妝品、煙草……等消費型類股將出現領先走勢；某些對於利率變動敏感的類股也是如此，譬如：電話、電力公司、保險、儲貸機構，以及提供消費貸款的融資機構。隨著經濟擴張，當初在衰退期間顯著降低的存貨將逐漸耗盡。這個時候，製造業（同時性類股）的股價將上漲，展現相對強勢。最後，在經濟復甦末期，製造業產能出現瓶頸，資本財類股將成爲市場的領導類股，例如：鋼鐵、礦產與某些化工類股。

信心是影響類股輪替的另一項因素。多頭市場的初期階段，由於投資人先前普遍發生虧損，態度謹慎而保守，而且消息面通常也不理想。所以這段期間內，財務健全而股息殖利率偏高的股票會展現相對強勢。隨著循環發展股票價格普遍上漲，消息面轉趨樂觀，投資人的信心也會轉強。最後輪漲會延伸到沒有本質的投機性股票。投機股的峰位，雖然通常都領先大盤峰位，但它們造成的急漲與大幅波動，通常發生在多頭市場第三波主要中期走勢。

某些股票不適合採用這種循環的分類。航空運輸便是典型的例子。處在空頭市場底部，該產業股票的表現往往會有同時或落後的傾向，但在多頭市場的峰位，則有明顯的領先性質。這可能是因爲該產業對於利率變動和能源價格都很敏感，而利率與能源價格上漲，通常發生在經濟復甦末期。另一方面，製藥類股的最佳相對表現，通常發生在多頭市場末期；就此來說，製藥類股屬於落後型股票。在行情底部，它們雖然也有落後的傾向（就RS而言），但程度上比較不明顯。另外，請注意，在中期的上漲與修正過程中，通常也有類股輪替的現象。

將經濟循環劃分爲通貨膨脹和通貨緊縮

關於類股輪替的理論，實務上的運用並不簡單，因爲每個經濟循環的性質都不盡相同。大致上來說，經濟循環可以劃分爲通貨膨脹和通貨緊縮兩個部分。首先，我們可以建立通貨膨脹／通貨緊縮的指標。指標讀數上升代表通貨膨脹，讀數下降代表通貨緊縮。

方法之一，是比較兩支個股的價格表現，一是對於通貨緊縮敏感的股票（譬如：公用事業），另一是對於通貨膨脹敏感的股票（譬如：礦產）。可是，個股價格可能受到非關經濟循環的內部因素影響。即使採用兩個類股指數做比較（譬如：公用事業指數與黃金價格），仍然會產生類似的問題。

舉例來說，當政府嚴格管制公用事業時，整個類股的價格都會下跌；同理，如果南非礦工發生罷工，黃金價格可能上漲。這些因素雖然都和經濟循環無關，但會影響通貨膨脹／通貨緊縮指標的讀數水準和發展趨勢。

比較理想的解決辦法，是根據幾個對於通貨膨脹敏感的產業編制一種通貨膨脹指標，並根據數個對於通貨緊縮敏感的產業編制另一種通貨緊縮指標。這種情況下，即使某個產業受到非循環因素影響，也不至於嚴重扭曲整體指標。

走勢圖19-1的最上端小圖即是這類的比率指標。此處採用的通貨膨脹指數（下端小圖），是取S&P黃金、其他金屬、國內石油、鋁業等指數的算術平均：通貨緊縮指數（中間小圖）則是取電力公司、儲貸機構、房地產與保險業等指數的平均值。兩項指數的比率，繪製於走勢圖19-1的最上端。當比率處於上升狀態，代表通貨膨脹敏感股票有著相對優異的表現，反之亦然。

走勢圖19-2又做更進一步延伸，比較通貨膨脹／緊縮比率與債券殖利率及工業物料價格之間的發展趨勢。這幾條曲線的走勢方向雖然未必一致，但彼此之間絕對具有相關性。垂直方向的實線，標示18個月變動率（ROC）由超賣區底部折返中性區位置（穿越界線）。一般來說，這大約對應著商品價格的底部。債券殖利率由於落後商品價格，所以其底部通常發生在ROC開始回升之後。走勢圖19-3顯示相同的資料，但垂直狀直線標示超買區的折返穿越位置。這些訊號比較適合分析公債殖利率的頭部。

走勢圖19-1　通貨膨脹vs.通貨緊縮敏感類股，1950～2001。上端小圖顯示兩者之比率，下側兩個小圖是計算該比率的兩個成份指數。當比率處於上升狀態，通貨膨脹敏感類股的表現相對優於通貨緊縮敏感股票，反之亦然。（資料取自www.pring.com）

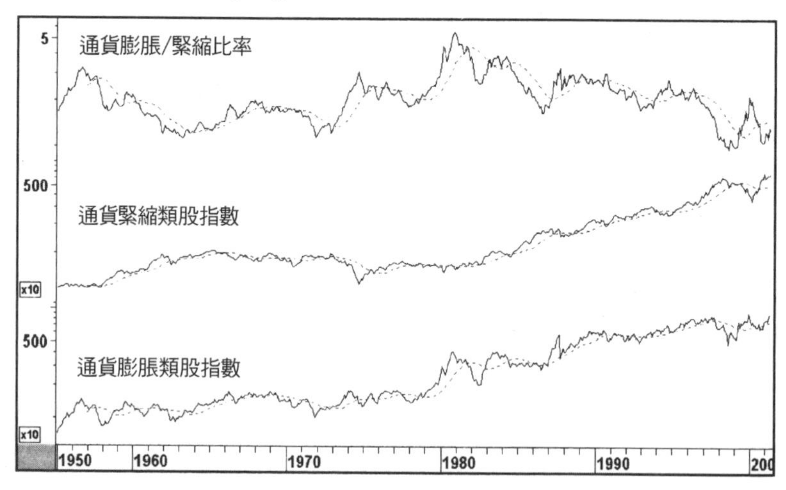

走勢圖19-2 通貨膨脹／緊縮比率、債券殖利率和商品價格，1966～2001。（資料取自www.pring.com）（底部）

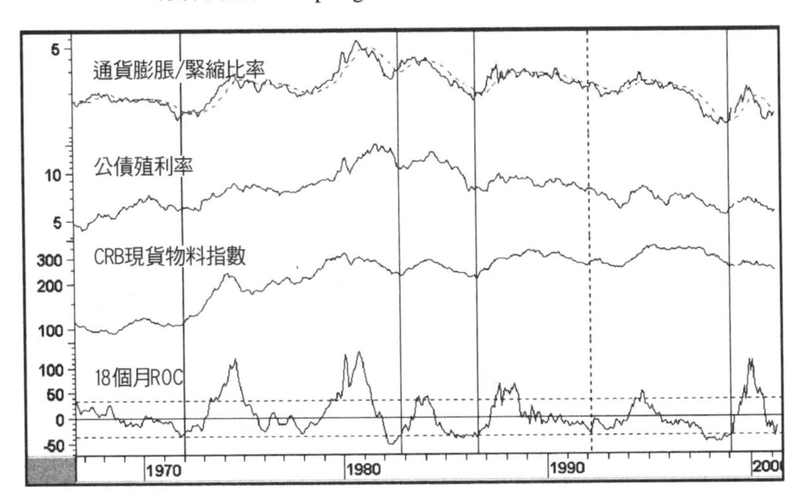

走勢圖19-3 通貨膨脹／緊縮比率、債券殖利率和商品價格，1966～2001。（資料取自www.pring.com）（頭部）

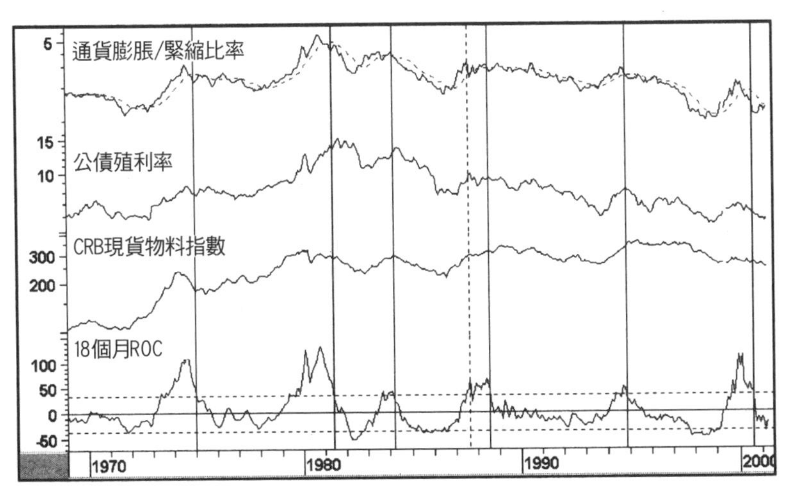

領先與落後類股的相對走勢通常呈現背離

走勢圖19-4顯示S&P能源和金融指數之RS的一些動能指標。相關計算當然也可以考慮其他機構的指數，譬如：道瓊、《投資人經濟日報》（Investors Business Daily）等，運用原則大體上都相同。請注意，這兩個系列的走勢方向通常都相反，意味著它們屬於兩個不同極端的輪替類股。

因此，我們或許可以考慮，當金融指數RS由谷底翻升時，投資重點應該擺在那些對於利率敏感的領先類股。反之，當能源指數由谷底翻升（金融指數由峰位下滑），則強調那些對於通貨膨脹敏感的類股。

走勢圖19-4　金融vs.能源的相對動能，1985～2001
（資料取自www.pring.com）

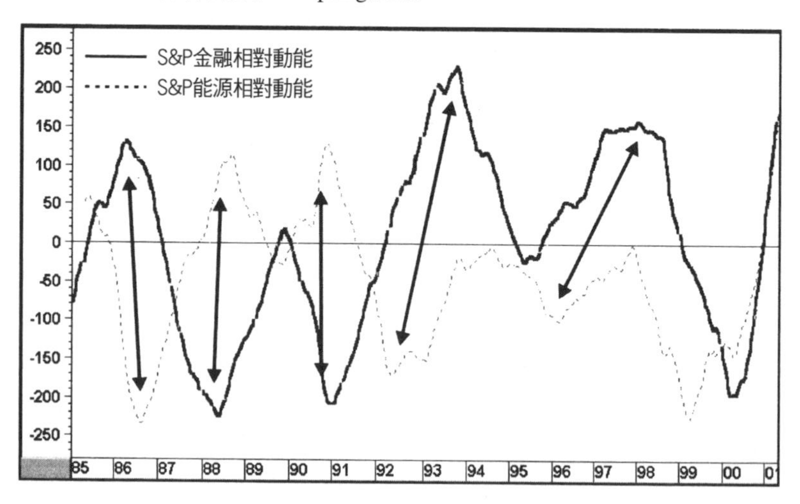

當然，投資人所買進或賣出的類股RS動能，必須確定是與能源指數或金融指數呈現之型態吻合。舉例來說，當能源RS由谷底翻升而黃金RS由峰位下降，這個時候去買進黃金，顯然沒什麼道理。記住，走勢圖19-4顯示的是RS。這些指標的上升或下降，只代表相對強度增加或減少，這跟絕對價格沒有直接關連，雖然絕對與相對價格的趨勢經常是朝相同方向發展。

走勢圖19-5仍然顯示同樣的分析，但此處是比較金融和科技類股。有些人認爲科技屬於領先類股。可是，這份圖形顯示的情況並非如此：當兩個系列背道而馳時，科技RS動能（虛線）有明顯的落後傾向。所以，具備不同循環性質的類股，可以在不同時候，提供不同的機會。

走勢圖19-5　金融vs.電腦的相對動能，1980～2001
（資料取自www.pring.com）

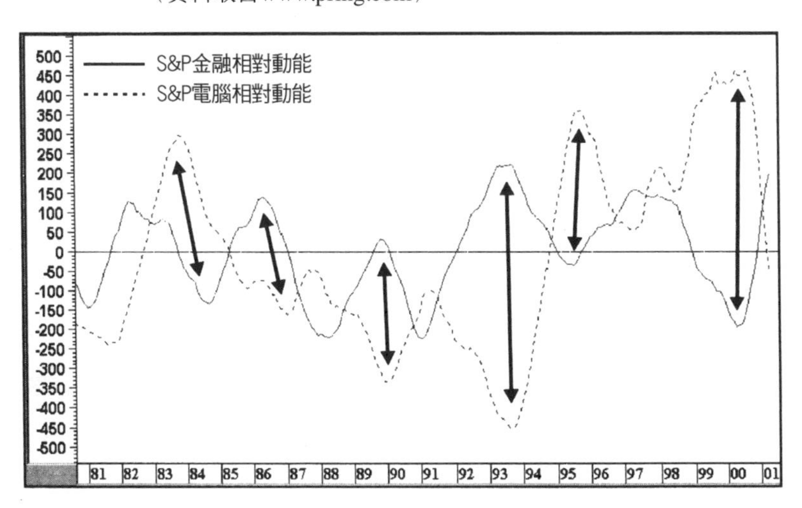

運用領先／落後比率

關於我們稍早談到的通貨膨脹／通貨緊縮比率，多數人可能懶得經常更新，雖然某些繪圖軟體可以隨時提供這方面的即時資料[1]。有個簡便的替代指標可供使用：計算 S&P 鋁業（落後）和銀行（領先）指數之間的比率，請參考走勢圖19-6。這個比率指標和先前討論的通貨膨脹／通貨緊縮比率，兩者軌跡並不完全相同，但所呈現的通貨膨脹、通貨緊縮擺動則大體一致。我們發現，這項比率指標與商品研究局現貨物料指數（粗線）的走向，多數情況下都彼此一致。下側小圖是該關係的KST指標。

走勢圖19-6　鋁業／銀行業比率指數，1972～2001
（資料取自www.pring.com）

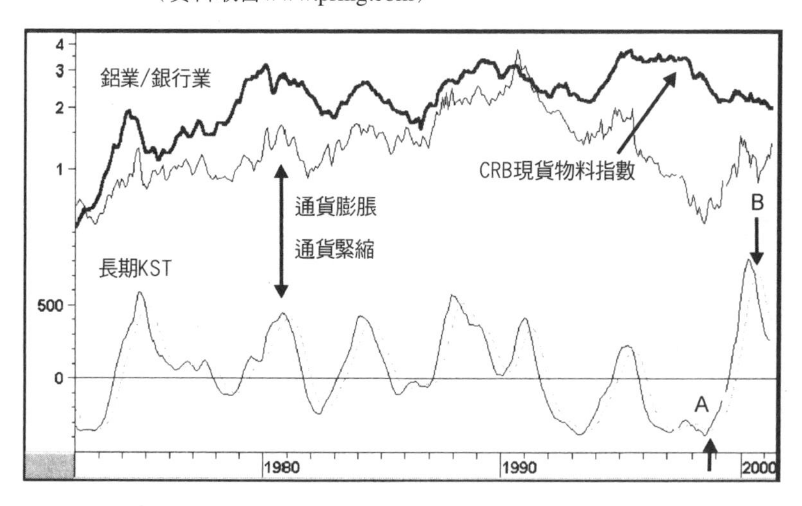

1. 請參考：Martin Pring's How to Select Stocks MetaStock Comparison所附CD。

我們當然還可以運用其他平滑化方法來處理動能，譬如：價格擺盪指標、MACD、隨機指標……等。KST的移動平均穿越訊號，可以用來顯示類股輪替的主要變動。舉例來說，請參考走勢圖19-6下側小圖標示的 A（1998年）與 B（2000年），它們代表通貨膨脹、通貨緊縮環境的輪替。

走勢圖19-7顯示S&P石油瓦斯鑽鑿類股在前述A、B兩點的情況。我們清楚看到，該類股起漲於1998年的通膨訊號（A）。通貨緊縮穿越訊號有點不及時，這是因為能源部門在通貨緊縮期間的整體表現相當不錯。這個例子說明了某特定產業的基本面狀況，可能顯著影響該類股的表現，使其截然不同於正常狀況。所以，我們絕對不該盲目遵從某特定比率呈現的類股輪替訊號；實際採取行動之前，必須謹慎評估相關產業的技術面狀況。

走勢圖19-7　S&P鑽鑿類股，1996～2001，相對強度
（資料取自www.pring.com）

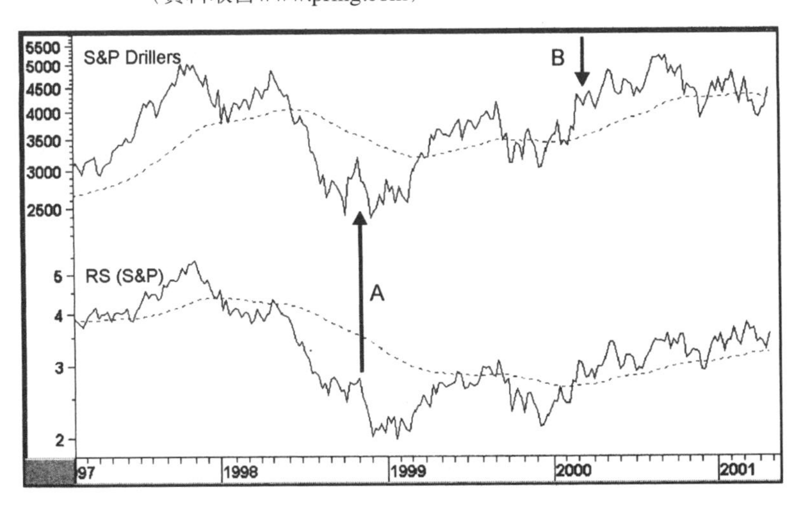

走勢圖19-8　S&P煙草類股，1996～2001，相對強度
（資料取自www.pring.com）

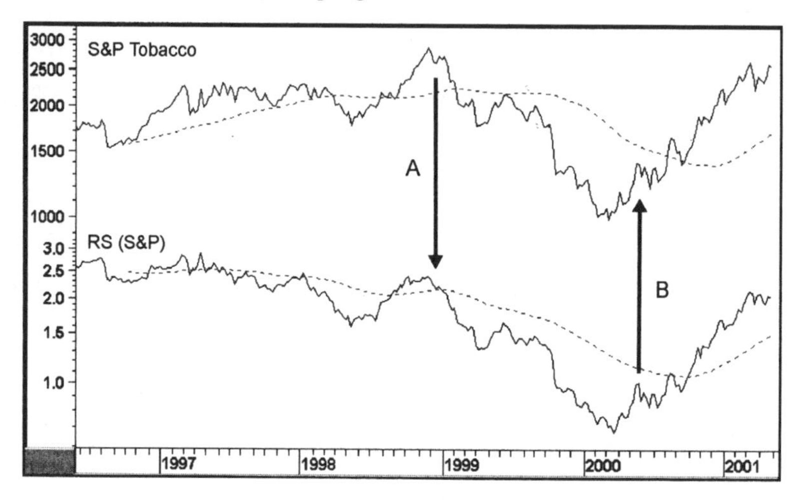

走勢圖19-8也是分析這段相同期間，不過考慮領先的煙草類股，兩處的訊號都相當及時。

分類：領先／中間／落後類股

表19-1概略劃分特定產業在經濟循環發展的時間位置。請注意，某些類股未必適合做這種分類。

表19-1 產業分類

領先（資金驅動）	**中間產業**
公用事業	零售
電力公司	製造
電話公司	醫療
天然瓦斯	消費者耐久財
金融	汽車與零件
經紀	家具與家居用品
銀行	營造
保險	包裝金屬與玻璃
儲貸機構	消遣娛樂
不動產資產信託	飯店
倉儲與包裝	廢棄物處理
消費者非耐久財	**落後（盈餘驅動）**
飲料	礦產
家居用品	石油
煙草	煤業
個人保養	鑽油
食物	基本工業
餐飲	紙類
鞋類	化工
紡織	鋼鐵
運輸	重機械
航空	科技
卡車	電腦製造
鐵路	電子業
空運	半導體

彙總

- 隨著經濟循環的進展，股票市場也會呈現相當明確的類股輪替型態。對於利率變動敏感的產業，其股價走勢通常會領先出現谷底和峰位，至於那些對於資本支出或通貨膨脹敏感的企業，其股價表現通常會落後大盤。
- 有些時候，某產業的基本結構如果發生重大變化，將導致該產業在特定經濟循環內，出現明顯較強或較弱的績效。所以，關於類股輪替的分析，最好是觀察一系列而不是特定產業。
- 瞭解類股輪替的循環發展，不只可以協助評估主要趨勢變化，也有助於擬定選股策略。

時間：較長期循環

時間的重要性

技術分析使用的圖形，座標橫軸通常都設定爲時間，縱軸則經常設定爲價格、成交量與市場廣度，藉以判斷股票市場的趨勢。另外，循環分析也可以單獨評估時間因素。

> **主要技術原則**：時間考慮的是「調整」，因為趨勢建構所歷經的時間愈長，人們在心理上的接受程度愈高，價格隨後所需要的反向調整也愈強。

截至目前爲止，本書對於時間所做的討論，只侷限於承接和出貨型態的時間長度，以及它們對於趨勢反轉的影響。承接或出貨的時間過程愈長，隨後的走勢幅度愈大，經歷的時間也愈長。某個承接型態如果經過長時間的醞釀，得以建立穩固的基礎，隨後才更有條件展開長期、大幅的漲勢；同理，某段行情或趨勢醞釀的投機心理如果非常強烈，隨後就需要經過對等的長時間修正來做調整。

1921年到1929年之間，曾經出現長達8年的大多頭市場，股價在這段期間大幅上揚，並因此醞釀強烈的信心和投機心理，所以隨後需要經過大幅、長期的調整，才能讓市場恢復均衡。

同樣地，股票市場在1966年出現頭部時，在先前的24年期間裡，股價大體上都處於漲勢，所以隨後需要經過漫長的整理，價格大幅向下修正。股票反映通貨膨脹的壓力，而在1965年出現價格峰位，然後陷入大空頭市場，嚴重程度幾乎可以比擬1929～1932年期間。

讓我們再看看另一個例子，黃金在1968年到1980年之間曾經出現大多頭市場，價格由每盎司$32上漲到$850。隨後的修正走勢，雖然不若1929年崩盤嚴重，但在20年內始終處於橫向盤整，價格甚至還不到先前高價的一半。

處在多頭市場，投資人已經習慣價格上漲，每波修正都被視爲暫時性拉回。當趨勢反轉最終來臨時，絕大多數市場參與者都不能察覺基本結構已經發生變化，並將空頭市場的第一波反彈視爲多頭市場的延續。投資人最初的反應往往是不可置信，告訴自己：「價格勢必還會漲回來」，或安慰自己：「我持有的是績優股，準備長期投資」。可是，隨著空頭行情的發展，價格持續下跌，市場的樂觀氣氛也逐漸消退。最後，心理鐘擺終於盪到另一個極端，醞釀出極度悲觀的心理。這個時候，歷經充分的時間和價格調整之後，市場又再度具備條件，得以發展另一個新的多頭循環。

這裡是把時間擺在情緒的範疇內處理，因爲投資人不切合實際的期待需要經由時間做調整。然而，投資人與交易者也應該要瞭解，時間是受到經濟循環的規範。就1921年到1929年期間爲例，長期而強勁的經濟擴張，使得投資人和企業家充滿信心，於是整個經濟運作明顯缺乏效率，存在著各種漫不經心、過份延伸的現象，隨後的調整（經濟衰退）自然非常嚴重。因此，股票價格將遭受兩方面的不利影響：(1) 經濟情況惡化，股票喪失根本價值；(2)先前長期經濟繁榮所孕育的不合理價值評估標準，將向下調整。同理，經過長期的空頭市場之後，情況發展剛好相反。

主要技術原則：技價格行為作用與反作用之間的對等性，稱為「比例原則」（principle of proportionality）。

循環的原理

將時間視爲自變數而做分析，是一種相當複雜的程序，因爲價格會呈現週期性波動，稱爲循環。循環的週期可能是數天或數十年。任何時刻內，隨時都有數種不同週期的循環同時存在，這些循環在不同時間點上產生作用，彼此之間的互動關係，將扭曲某特定循環的時間性質。

由較長期的立場來說，最重要的循環是4年期循環，由谷底到谷底的名目長度（nominal length）或平均長度是41個月。由於同時存在多種交互作用的循環，所以年期循環的實際長度可能有±6個月的誤差。

主要技術原則：任何兩個循環，實際長度不太可能相；所以，我們在分析上需要計算實際循環的平均長度，視其為名目週期（nominal period）。

藉由圖形表示，循環會成現正弦波浪（sine）形狀，請參考圖20-1。這些曲線通常是以變動率（ROC）或趨勢偏離指標（trend deviation）表示，並藉由平滑程序排除不規則波動。

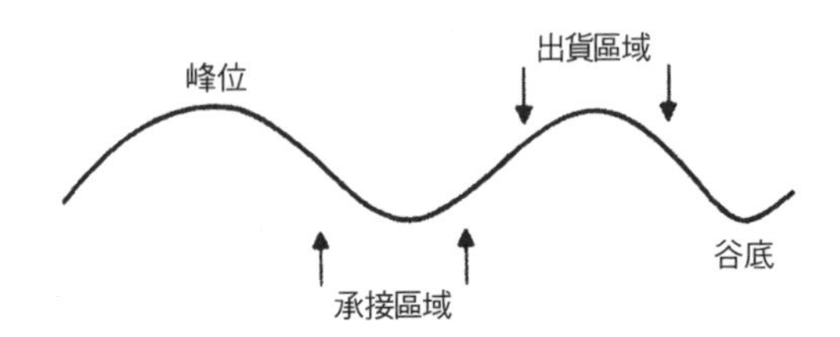

圖20-1　典型的循環

請參考圖20-2，其中的理想循環是以虛線表示，實際循環則以實線表示。箭頭標示理想循環的峰位與谷底。實際循環的價格趨勢反轉位置，很少會剛好落在理論性位置，尤其是峰位更經常有領先或落後的明顯傾向。雖說如此，理論性循環還是非常具有參考價值。

4年期循環不僅存在美國股票、債券和商品市場，也存在個別股票與國際市場。

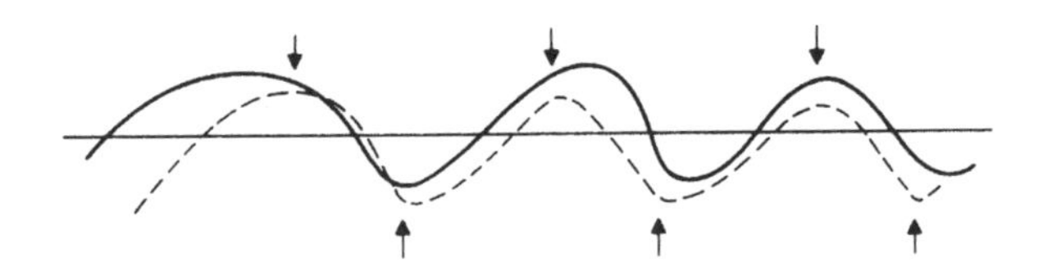

圖20-2　典型的循環

> **主要技術原則**：根據共通性原則（principle of commonality），所有個別股票、股價指數與市場都存在類似的循環週期。

舉例來說，如果2支食品股的價格走勢出現突破，這對於整體食品類股之影響的重要性，顯然不如10支食品股同時突破。

換言之，所有的股票、指數與市場雖然都呈現類似的循環，但其峰位與谷底發生的時間各自不同，價格的波動幅度（振幅）也不同。舉例來說，讓我們考慮利率敏感的股票，以及景氣循環股票，兩者雖然會呈現類似的循環，但因爲利率敏感股票（譬如：公用事業類股）通常領先市場，景氣循環股票（譬如：鋼鐵業）通常落後市場，所以兩個循環之峰位／谷底的發生時間會有所差異，請參考圖20-3。同理，對於利率敏感的股票，價格由谷底到峰位之間的漲幅可能是80％，景氣循環類股的漲幅可能只有20％，反之亦然。

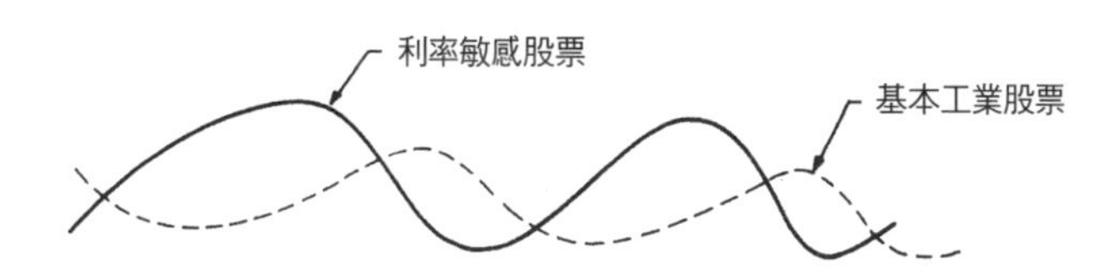

圖20-3　領先vs.落後的部門

走勢圖20-1顯示典型經濟循環之中，各種金融指數彼此互動的關係。每個循環的上升部分，通常是由三個階段構成，分別對應道氏理論的三個階段。正常情況下，價格在每階段都會創新高，但偶爾則不會，這稱爲振幅不足（magnitude failure），明顯代表弱勢的徵兆。振幅不足之所以發生，通常是因爲基本面狀況非常不理想，相當於循環的「心律不整」。

走勢圖20-1 典型的循環。價格是以漲跌百分率表示：經濟循環的機械性分析方法（資料取自L. Ayres, Cleveland Trust Co. 1939）

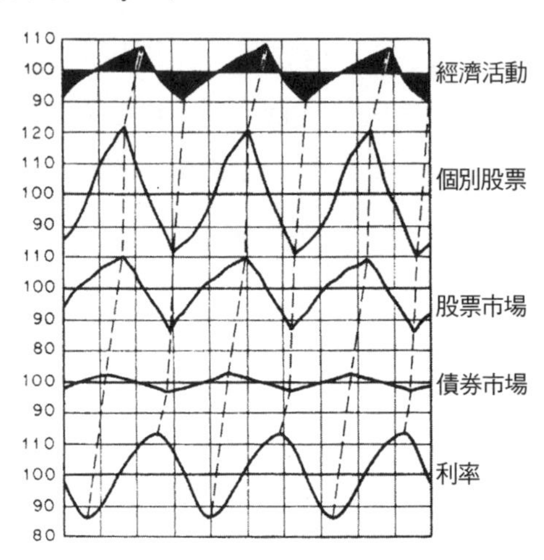

> **主要技術原則**：假定其他條件不變，價格朝相同方向發展的證券家數愈多，趨勢愈強。

> **主要技術原則**：根據變異性原則（principle of variation），所有股票雖然都會呈現類似的循環，但由於基本面和心理面的差異，名目循環的價格幅度和發生時間通常都不同。

當然，情況也可能剛好相反；經濟基本面如果非常強勁（或感覺非常強勁），可能造成第四階段，使得價格出現第四波漲勢。就股票市場來說，最後一波漲勢經常是配合利率長期下跌。這類強勁走勢通常是因爲4年期循環剛好位在更長期循環的峰位附近；所謂更長期循環，可能是「康德拉提夫循環」（Kondratief cycle，週期爲50～54年）或「賈格拉循環」（Juglar cycle，週期爲9.2

年），這兩種循環將在下文做詳細討論。

某市場的許多構成部分，其循環轉折點如果都發生在相同時間附近，通常會導致大幅的走勢。就股票市場而論，全球股票市場的轉折點通常會發生在不同時間，但在1982年夏天，多數市場同時處在循環低點。結果，幾乎所有市場隨後都出現爆發性漲勢。

這也是本書第12章討論之KST指標的根本概念。如果繪製為理想的循環，曲線呈現圖20-4的波浪形狀。

圖20-4 加總性循環

> **主要技術原則**：根據加總性原則，任何特定循環都是由許多次級循環構成。

每種時間序列的趨勢，隨時都會受到四種不同性質之循環的影響：極長期（secular）、景氣（cyclical）、季節性（seasonal）和隨機（random）。當我們分析主要多頭市場時，所考慮的基本上是景氣循環。更明確來說，這是為期4年的循環，又稱為季辛循環（Kitchin cycle）。極長期循環是由好幾個四年期循環構成。就股票、債券和商品市場來說，最主要的極長期循環是——週期50～54年的「康德拉提夫波動」（名稱用以紀念蘇聯經濟學家尼古拉·康德拉提夫 [Nicholai Kondratief]）。另外還有2個週期長度超過4年的重要循環：9.2年與$18\frac{1}{3}$年。

走勢圖20-2(a)與(b)是摘錄自約瑟夫・熊彼得（Joseph Schumpeter）的《經濟循環》[1]（Business Cycles），藉由單一曲線顯示三種循環綜合作用的結果。事實上，這是由加總性原則考慮三種較長期循環：50～54年的康德拉提夫循環、9.2年循環，以及41個月的季辛循環。建立這個模型的目的，不是用來預測經濟景氣與股

走勢圖20-2 (a) 熊彼得的19世紀經濟循環模型（資料取自Joseph Schumpeter,《Business Cycles》, McGraw Hill, New York, 1939）

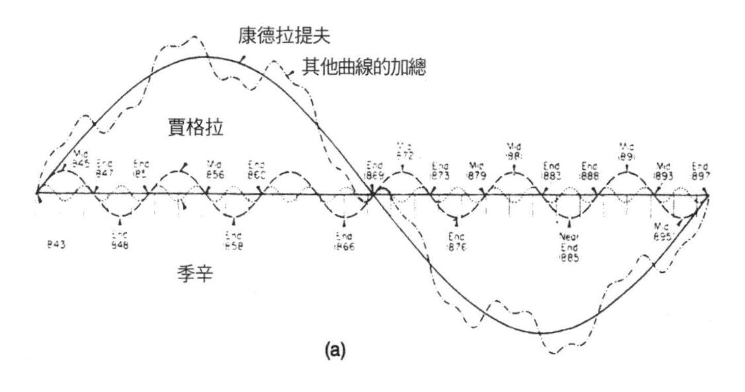

走勢圖20-2 (b) 20世紀經濟循環與危機點（經過計算的軌跡）

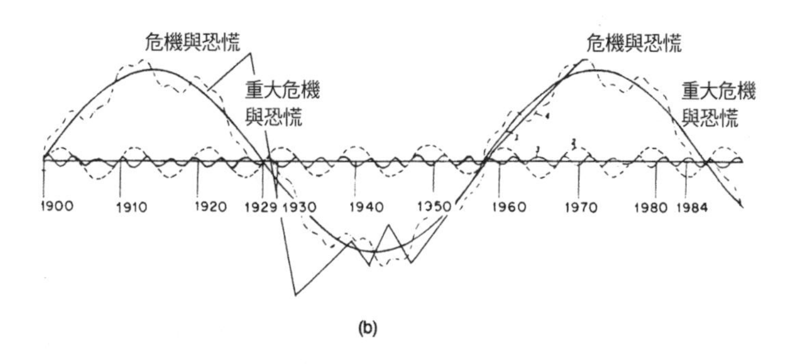

1. McGraw-Hill, New York, 1939.

票價格，而是用來說明較短期與較長期循環之間的互動關係。雖說如此，有個現象還是值得注意：康德拉提夫循環在1987年穿越到零線之下，也是股票市場發生崩盤的時間——這個模型是在1920年代初期建立的。比較這個模型與走勢圖20-3，我們可以發現，在1942年到1966年左右的長期循環上升階段，股票價格呈現上升的走勢，其中夾帶的修正相當溫和。

由於這個模型的根本基礎是54年期的康德拉提夫波動，所以我們也準備由此開始討論。

走勢圖20-3　美國股票價格走勢圖，1790～1976，顯示康德拉提夫循環的多頭市場（採用月份指數的年度平均值繪製）這份圖形是根據下列指數銜接而成：1970～1831年期間的Bank & Insurance Companies，1831~1854年期間的Cleveland Trust Rail Stocks，1854～1871年期間的 Clement-Burgess Composite Index，1871～1897年期間的Cowles / Commission Index of Industrial Stocks，1897～1976年期間的道瓊工業指數。陰影部分代表康德拉提夫循環高原期（資料取自www.pring.com）。

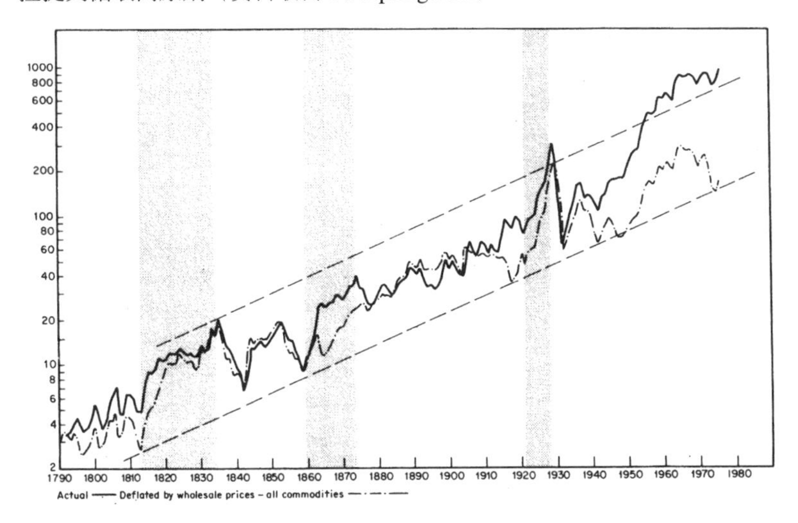

長期波動（康德拉提夫循環）

這個週期54年的波動，名稱是爲了紀念一位原本默默無名的蘇俄經濟學家，他在1926年發現，美國曾經出現三個經濟循環，每個循環的期間大約涵蓋50年到54年 [2]。美國雖然只出現三個這類的循環，但倫敦經濟學院的布朗（E. H. Phelps Brown）和霍普金斯（Sheila Hopkins）發現，英國在1271年到1954年之間，也存在這種週期介於50年到52年的有規律循環。根據這類模型的預測，最近期的循環高點應該落在1974年到1978年期間。就全球商品價格和債券殖利率來說，這個預測相當精準。利率也呈現類似的循環，請參考走勢圖20-4。

走勢圖20-4 英國與法國的利率，1815～1925（資料取自N. D. Kondratieff, The Long Wave of Economic Life）

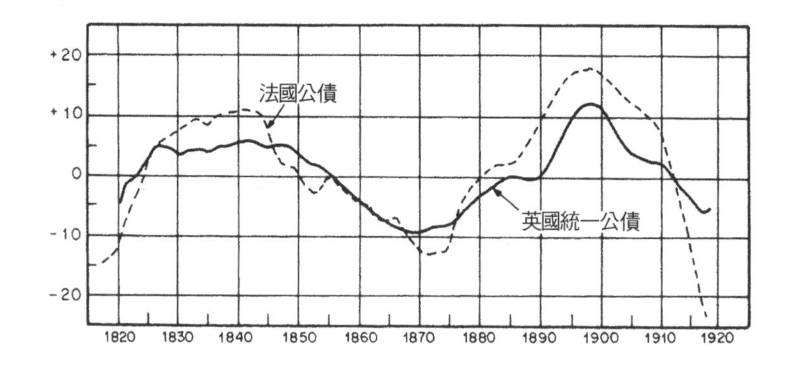

2. 19世紀後半，英國經濟學家William Stanley Jevons教授也察覺這類的循環。

康德拉提夫是以躉售物價爲觀察重點，請參考走勢圖20-5。我個人認爲，這類循環是反映長期通貨膨脹／通貨緊縮的力量起伏。就1980年代來說，當時無疑出現了嚴重的通貨緊縮壓力，但消費者物價指數卻上升。這種不正常現象，可以由政府先前採取的反緊縮政策來解釋。這抵銷了物價下跌的通貨緊縮壓力。康德拉提夫發現，每個循環波浪都包含三個階段：上升波浪大約持續20年，過渡期或高原期（plateau）大約是7～10年，下降波浪也大約持續20年。他又發現，戰爭通常發生在上升波浪開始或結束的期間。

循環開始的時候，經濟狀況很惡劣，由於體系內存在超額產能，所以資本投資缺乏誘因。在這種極度不確定的情況下，多數人寧可儲蓄而不願投資。經濟循環谷底發生的戰爭，稱爲谷底戰爭（trough war，請參考走勢圖20-5）。這類戰爭可以扮演推動經濟的催化劑，因爲當時的產能充裕，所以戰爭不會產生通貨膨脹壓力。隨著時間進展，每個景氣循環的上升波浪愈來愈強勁；信心逐漸恢復，產能也開始接近充分就業。

由於不存在通貨膨脹壓力，利率水準偏低。信用是任何經濟復甦的必要動力，而這段期間的信用不但充裕，而且廉價。這個階段內，企業界開始汰換機器設備，擴充產能，提高生產力，創造新財富。處在上升波浪，通常會普遍運用先前的科技，例如：1820年代與1830年代的運河、19世紀中葉的鐵路、1920年代的汽車、1960年代的電子等。隨著經濟擴張，過度投資將導致通貨膨脹。這方面的發展，通常會造成社會緊張和經濟不穩定。這段期間經常發生另一類型的戰爭，稱爲峰位戰爭（peak war）。

走勢圖20-5　康德拉提夫波浪，1789～2000年

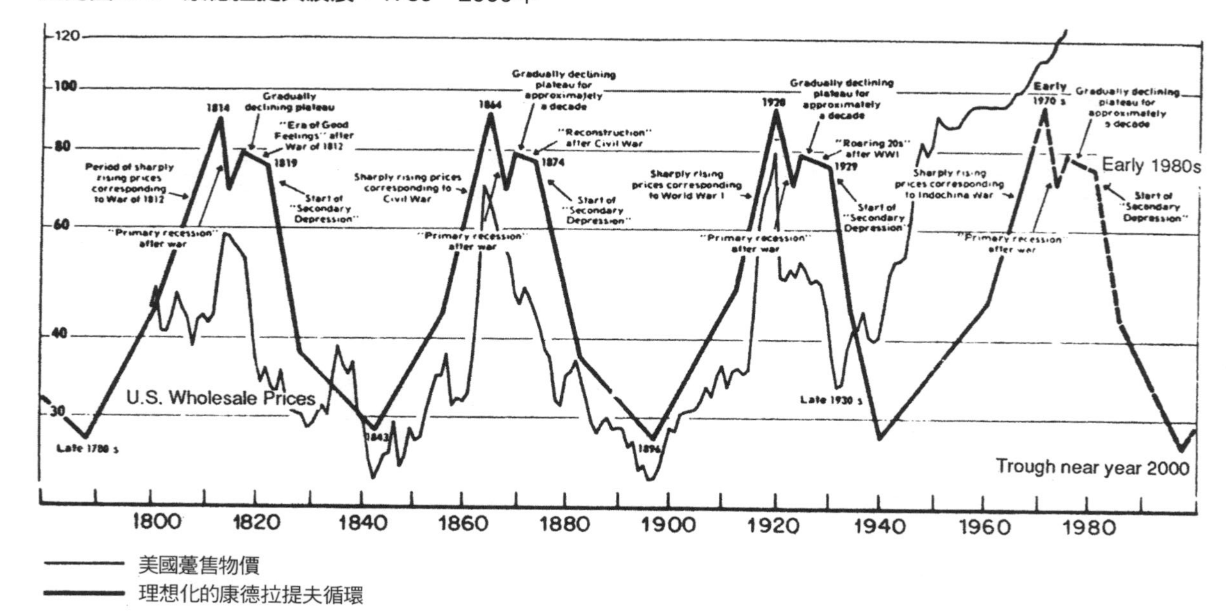

谷底戰爭是經濟復甦的動力，但充分就業情況下發生的峰位戰爭，則會帶來通膨壓力。1814年、1864年、1914年與1970年代末期便是如此。這種情環境下，商品價格和債券殖利率上升到20～25年的高點。這種極長期循環很重要，它們會影響金融市場的4年期循環。舉例來說，處在極長期的擴張階段，經濟衰退相對緩和，股票市場的空頭行情也相對溫和、短暫。當極長期循環處在高原階段，股票市場經常出現強勁的大多頭行情（例如：1820年、1860年、1920年與1982年）。最後，極長期下降階段經常出現嚴重的空頭市場。

同理，處在極長期擴張階段，商品多頭行情很長，空頭行情很短暫；債券的趨勢則剛好相反。反之，處在極長期下降階段，商品空頭市場漫長，債券的4年期循環經常呈現強勁的漲勢。技術指標的解釋，也應該隨著大環境不同而做調整。舉例來說，處在大循環的上升階段，假定股票空頭市場的期間可能是12個月，單月價格的年度變動率可能是－20%。不過若處在康德拉提夫循環下降波段，這些標準必須做調整，因為4年期經濟循環會愈來愈疲軟。處在這種大環境之下，空頭行情通常會持續更久，價格下跌幅度也較大。商品與債券也要做這類調整，尤其是康德拉提夫循環在這兩類市場特別可靠。

由於存在康德拉提夫循環，所以只根據2、3個4年期循環所做的價格預測，經常不精確。就美國來說，康德拉提夫循環只出現3次，而且每次情況都不同。因此，這個模型只可以做為一種架構，用以瞭解通貨膨脹／通貨緊縮力量之間的極長期互動關係，不該做為一種機械性預測工具。

18年期循環

一般來說，循環的振幅是週期長度的函數；換言之，循環涵蓋的期間愈長，擺動的振幅也就愈大。自從19世紀初以來，股票市場的18年——精確說，應該是$18\frac{1}{3}$年——循環便相當可靠。這項循環之所以可靠，是因爲它們也可以用在其他領域，譬如：房地產、放款與金融危機事件。

走勢圖20-6是股票價格的3年置中移動平均，涵蓋期間爲1840年到1974年。採用移動平均，可以消除不規律的波動，凸顯長期趨勢。每個18年循環都是由谷底起算。

走勢圖20-6 股票市場的$18\frac{1}{3}$年循環，1840～1974（3年期置中移動平均）
（資料取自www.pring.com）

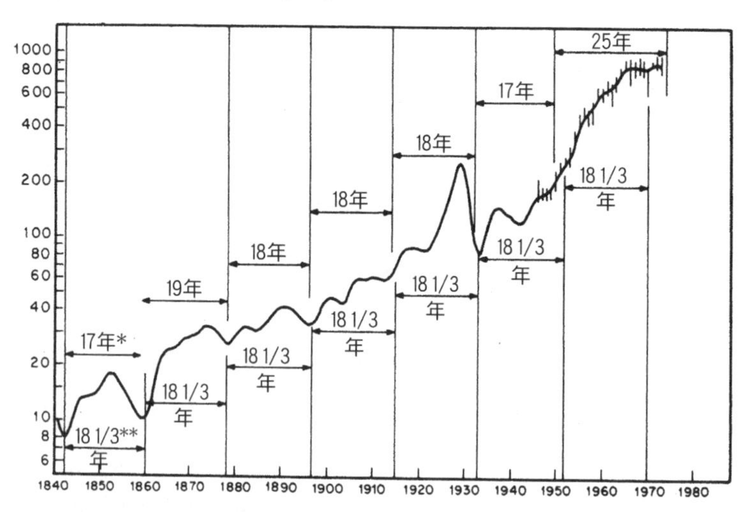

* 實際循環涵蓋的期間為17～25年
**理想化循環的平均週期為$18\frac{1}{3}$年

循環的平均長度雖然是$18\frac{1}{3}$年，但每個循環的實際長度往往會有2、3年的誤差。循環谷底標示在3年移動平均位置。由於凱因斯革命與戰後所強調的充分就業，政府干預對於1952年到1970年的循環產生兩方面的影響。第一，循環的期間長度由18年延長爲25年（1949年到1974年）；第二，延長上升階段的期間。這方面影響對於1949年谷底最爲明顯，在3年期移動平均資料上，幾乎不能察覺谷底的發生。

這個循環是否仍然有效，實在頗值得研究，因爲股票市場最近由谷底翻升，是發生在1988年，這與經濟循環的谷底配合。然而，由1974年到1975年的谷底來衡量，18年期循環低點應該發生在1992年到1993年期間。往後的低點應該在2006年和2024年。

這個18年期循環與康德拉提夫循環也相互配合，因爲每三個這類循環，剛好構成一個康德拉提夫波浪。在最近兩個康德拉提夫循環的高原期，剛好都對應著18年期循環的上升階段，結果產生爆發性的大多頭市場，其間的修正走勢相當溫和。1980年代的情況也是如此。

1840年以來，18年期循環進行得相當穩定。除了最後一個循環發生延長現象之外，似乎沒什麼理由懷疑這個18年週期循環，已經不存在。

9.2年期循環

走勢圖20-7顯示股票市場價格在1830年到1946年之間的9.2年期循環。虛線部分代表理想化循環，也就是股票價格在理論上應該出現的轉折點；實線代表實際的價格發展，把每年指數表示爲9年移動平均的百分率。

在1930年到1946年之間，這個循環總共發生14次，根據巴岱爾（Bartels）機率測試，這種事件發生的機會不超過五千分之一。這個循環的重要性，還可以由其他方面獲得驗證：生鐵價格與樹木年輪寬度也呈現這種9.2年循環週期。

走勢圖20-7採用的方法，價格指數表示爲9年置中移動平均的百分率。這意味著，唯有在事件發生的4年多之後，才可以知道實際的趨勢，所以在判斷9.2年循環是否還繼續有效時，時間上會有4年多的時間落後。雖說如此，但如果以1965年的理論性峰位爲基準[3]，而往前推算到1919年，則9.2年循環的峰位與股票市場的主要頭部相當吻合。

走勢圖20-7　股票市場的9.2年循環，1830～1946（資料取自Edward R. Dewey, Cycles: The Mysterious Forces That Trigger Events, Hawthorne Books, New York 1971, 第119頁）

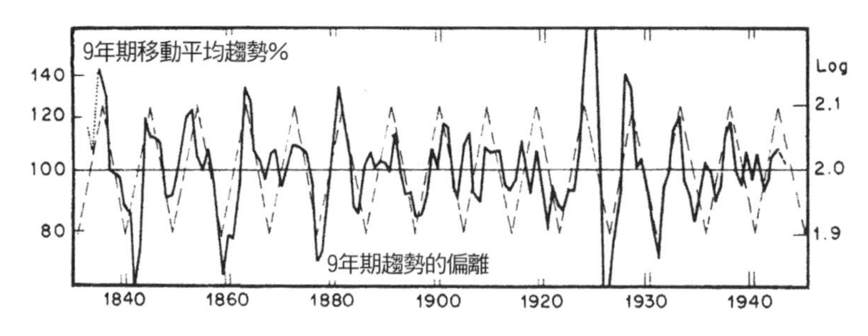

3. Macmillan, New York, 1939 (available in reprint from Fraser Publishing, Burlington, VT, 1989).

根據走勢圖20-8觀察，從上個世紀末期以來，這個循環似乎運作得相當不錯。圖形上的垂直線，標示著9年期循環低點。以55個月期ROC來看（55個月大約是9.2年週期的一半），箭頭標示著實際低點與理論低點之間的誤差。最主要的例外情況發生在1987年8月的頭部，但循環很快就在10月份做了彌補。

10年期模式

1939年出版的《人類機運》（Tides and the Affairs of Men）首先提到這種模式[4]，作者是史密斯（Edgar Lawrence Smith）。他在1920年曾經出本一本當時的暢銷書《普通股：長期投資工具》[4]

走勢圖20-8　S&P綜合股價指數，1900～2001，9年期股票循環
（資料取自www.pring.com）

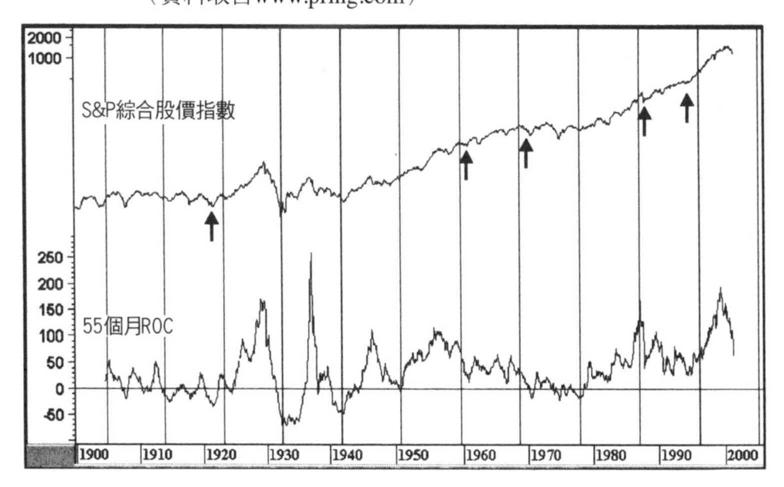

---

4. From Smith,《Tides and the Affairs of Men》.

（Common Stocks as a Long-Term Investment）。他研究1880年以來的股票價格行爲，發現一種10年期的模式或循環；在此58年期間內，股票價格大致上符合這個循環模式。他當時並沒有解釋這種10年期模式何以存在的理由，雖然稍後他認爲這種現象和降雨量或溫差之間有關。這個循環雖然相當可靠，但截至目前爲止仍然沒有合理的解釋。

史密斯是以每年最後一個數字做爲分析的依據。所以，他把1881、1891、1901……等年份歸類爲第1年，把1882、1892、1902……等歸類爲第2年，其他依此類推。他的研究靈感來自杭丁頓博士（Dr. Elsworth Huntington）與傑旺斯（Stanley Jevons），他們倆人都強調自然界普遍存在爲期9年到10年的循環。於是，史密斯把股價走勢圖切割爲每10年一段，然後相互比較，請參考走勢圖20-9。他由這些資料歸納出一項結論，每個典型的10年期模式，都是由三個循環構成，每個循環大約涵蓋40個月。

已經過世的戈德（Edson Gould）便是以這種10年期循環做爲研究基礎，而在1970年代中期頗享盛名，因爲他對於股票市場所做的預測相當精準。當他預測1974年的股票市場行情時，曾經寫道：「目前距離史密斯出版其作品的時間已經有35年。這段期間內，曾經發生戰爭、通貨膨脹，整個經濟架構和環境已經截然不同，但股票市場基本上還是呈現10年期的模式。」史密斯的發現，顯然禁得起時間考驗。

1980／1990年代vs.10年期循環

走勢圖20-10顯示1900年到1996年之間的10年期模式簡單移動

走勢圖20-9　工業股票價格的10年期模式（資料取自Edson Gould在1974年出版的《Stock Market Forecast》此處採用道瓊工業指數在1974年～1980年的走勢做爲循環基準。）

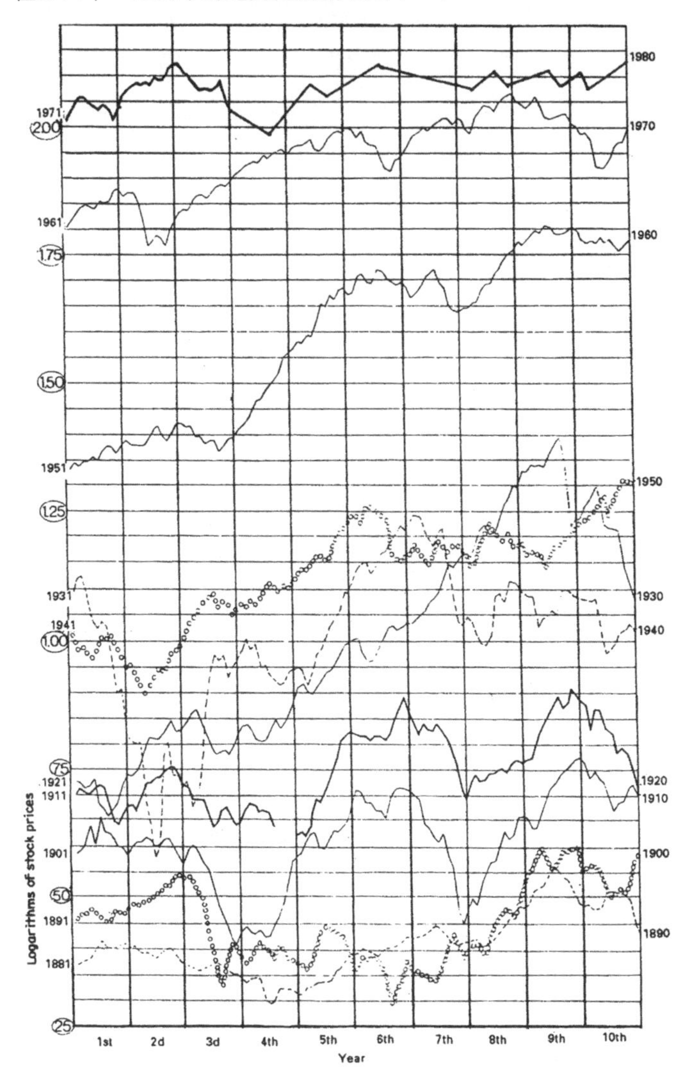

平均，每期的權數都相同。根據12個月期ROC的擺動，可以看出三個顯著的循環，谷底分別發生在第1年、第4年和第8年。我曾經根據其他其間的資料做計算，發現10年期第1個循環的低點，通常發生在第1年底到第2年的年中之間。同理，10年期第3個循環低點，通常是發生在第7年底，而不是第8年的年中。由於這份圖形顯示的是平均數，所以實際循環非常不可能呈現完全一致的行爲。

如果想根據10年期模式判斷股價強弱走勢發生的位置，並觀察其他技術指標的訊號是否吻合，則這個模式具有相當大的分析價值。舉例來說，在第9年的年中，典型循環的12個月ROC處於嚴重超買情況，所以該年底會呈現下跌或整理的盤勢，而循環谷底則發生在第10年（換言之，第0年）。可是，請注意1949年的情況，當時的12個月期ROC處於嚴重超賣狀況，顯然與典型的10年期模式不吻合。結果，1950年並未出現下跌走勢，實際是上漲。

走勢圖20-10　10年期型態，1900～1996（資料取自www.pring.com）

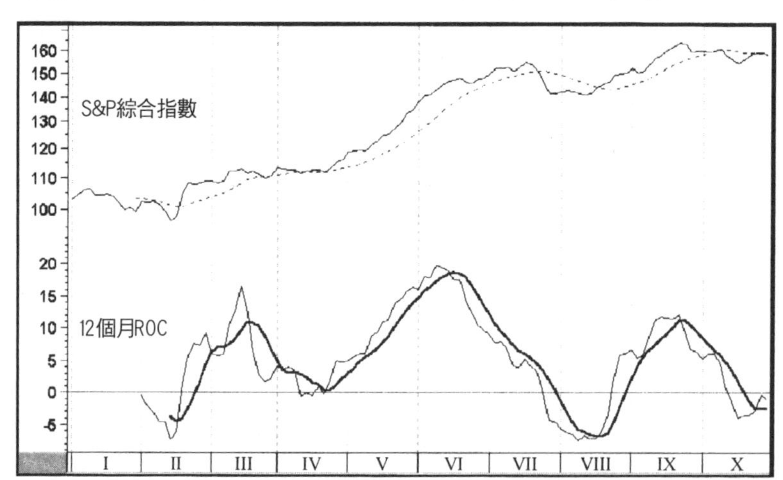

所以，10年期模式在運用上，應該配合其他技術指標，不應該單獨使用。

瞭解運用方法之後，請觀察走勢圖20-11，該圖顯示1981年開始的實際10年期股價走勢。下側小圖顯示12個月ROC與其6個月移動平均。整體而言，這份圖形與走勢圖20-10的典型模式相當類似，三個循環低點分別發生在1982年、1984年與1988年。1990年代的多頭市場走勢強勁，使得走勢圖20-12顯然不符合典型的循環模式，因爲股票市場呈現明確的上升偏頗。雖說如此，我們仍然可以看到ROC到了1994年呈現相對弱勢，1995年則呈現相對強勢。根據模型預測，第8年與第9年會出現激烈漲勢。就1990年代的情況來說，雖然這段期間的ROC移動平均已經超買，但還是有明確的漲勢。可是，到了2000年，ROC移動平均開始下滑，2001年（圖形沒有顯示）則跌破零線，這也符合模型的預測。

走勢圖20-11　10年期型態，1981～1990（資料取自www.pring.com）

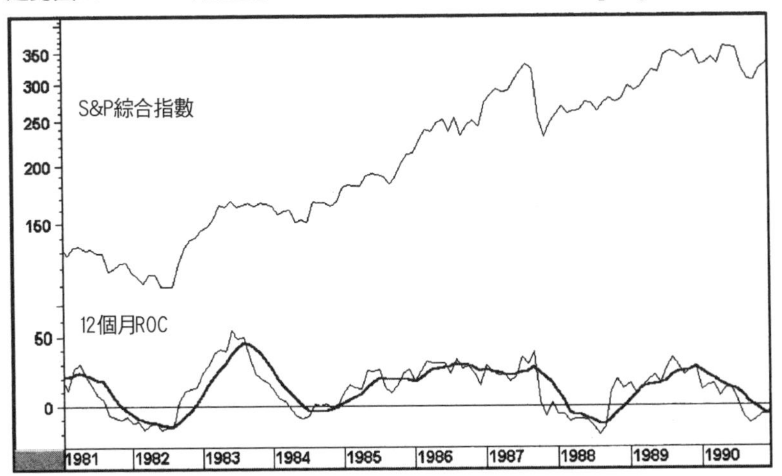

走勢圖20-12　10年期型態，1991～2000（資料取自www.pring.com）

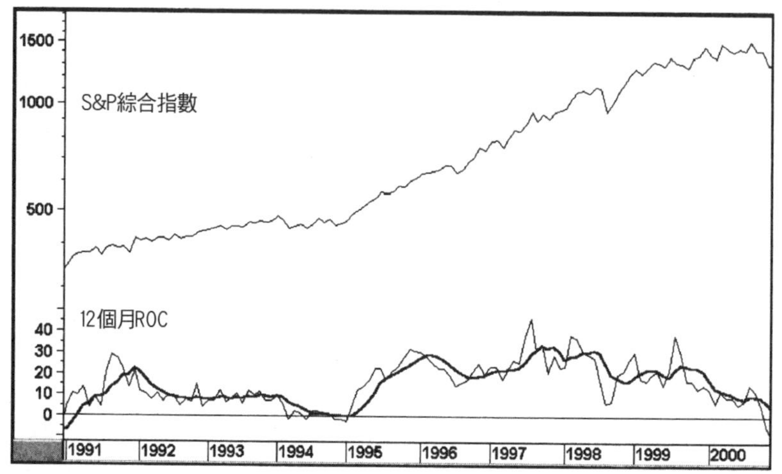

重要年份

就典型的10年期模式來說，第7年底或第8年的年中，有個明顯的漲勢，並延伸到第9年第3季。表20-1顯示1881年到2000年之間的資料；多頭走勢涵蓋73%的期間。根據資料顯示，股票市場表現最佳的年份是第5年；除此之外，表現較佳的年份還有第2年、第4年和第8年。

表現呈現弱勢的年份，包括：第1年、第3年、第6年、第7年與第0年，其中只有第7年呈現淨跌幅，所以也是最弱的一年。最理想的投資年份，是第2年、第4年，以及第7年底或第8年初。請留意，這些評論是就「一般」年份而言，所以只代表一種偏頗。投資決策還應該考慮類似如12個月ROC與其他技術指標。

舉例來說，如果ROC在第9年底出現嚴重超買，其「峰位」特

表20-1　10年期股票市場循環

道瓊工業指數每年價格變動百分率
10年期的年份

10年期	1st	2nd	3rd	4th	5th	6th	7th	8th	9th	10th
1881–1890*	3.0	−2.9	−8.5	−18.8	20.1	12.4	−8.4	4.8	5.5	−14.1
1891–1900	17.6	−6.6	−24.6	−0.6	2.3	−1.7	21.3	22.5	9.2	7.0
1901–1910	−8.7	−0.4	−23.6	41.7	38.2	−1.9	−37.7	46.6	15.0	−18.0
1911–1920	0.5	7.6	−10.3	−5.1	81.7	−4.2	−21.7	10.5	30.5	−32.9
1921–1930	12.7	21.7	−3.3	26.2	30.0	0.3	28.8	48.2	−17.2	−33.8
1931–1940	−52.7	−23.1	66.7	4.1	38.5	24.8	−32.8	28.1	−2.9	−12.7
1941–1950	−15.4	7.6	13.8	12.1	26.6	−8.1	2.2	−2.1	12.9	17.6
1951–1960	14.4	8.4	−3.8	44.0	20.8	2.3	−12.8	34.0	16.4	−9.3
1961–1970	18.7	−10.8	17.0	14.6	10.9	−18.9	15.2	4.3	−15.2	4.8
1971–1980	6.1	14.6	−16.6	−27.6	38.3	17.9	−17.3	−3.1	4.2	14.9
1981–1990	−9.2	19.6	20.3	−3.7	27.7	22.6	2.3	11.8	27.0	−4.3
1991–2000	20.3	4.2	13.7	2.1	33.5	26.0	22.6	16.1	25.2	
變動%總計	**7%**	**40%**	**41%**	**89%**	**369%**	**74%**	**−38%**	**222%**	**111%**	**−81%**
上漲年份	8	7	5	7	12	7	6	10	9	4
下跌年份	4	5	7	5	0	5	6	2	3	7

*1881～1885期間採用Cowles指數年度收盤

徵可能導致隨後出現弱勢行情。反之，如果像1949年一樣，ROC呈現嚴重超賣，那麼正常的弱勢行情可能不會出現。

41個月（4年）循環

關於前文提到的10年期模式，史密斯曾經表示：「每10年期循環又包含三個不同的循環，後者大約持續40個月[5]。」這種循環清楚顯示在走勢圖20-10的12個月期ROC內。他談到的40個月循環，與股票市場的4年期循環相互吻合；更精確說，4年期循環實

5. 摘錄自史密斯的《人類機運》（Tides and the Affairs of Men），第55頁。

際上是40.68個月（41個月）循環。1987年以來，這種循環已經存在。大約在1923年左右，約瑟夫・季辛教授（Professor Joseph Kitchin）發現，美國和英國的銀行結算、躉售物價和利率都存在這種41個月循環。從此之後，這個循環便冠上他的名字。

走勢圖20-13 (a) 股票市場的41個月循環，1868～1945（資料取自Edward R. Dewey, Cycles: The Mysterious Forces That Trigger Events, Hawthorne Books, New York 1971）

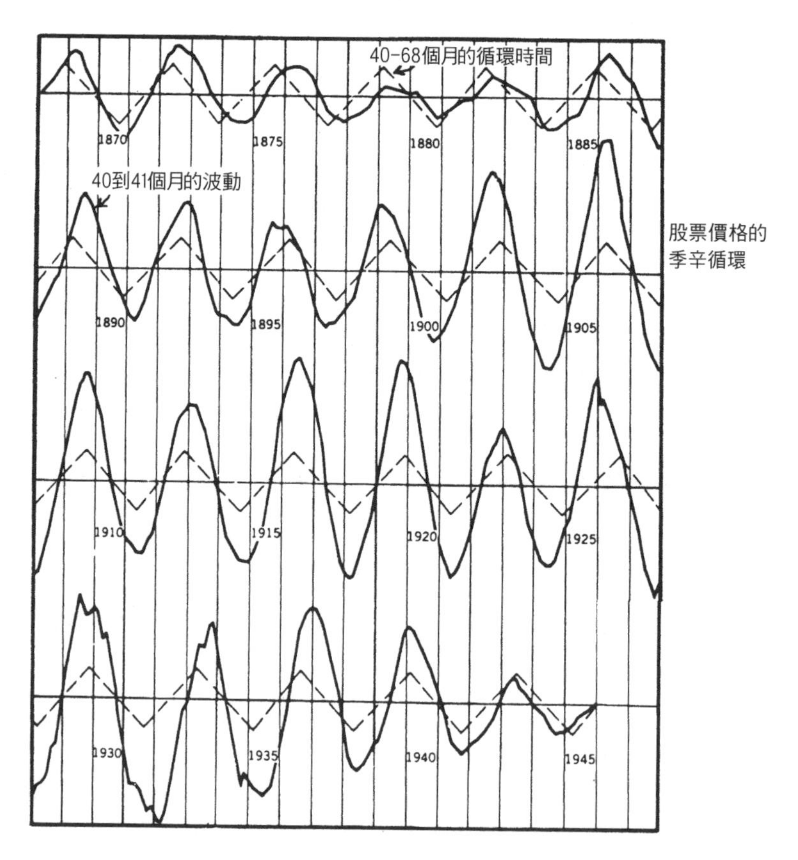

季辛循環運用在股票市場的情況，請參考走勢圖20-13(a)與(b)。1871年到1946年之間，22個循環幾乎呈現絕對一致的韻律。可是，到了1946年，猶如杜威（Edward Dewey）形容的，「似乎有隻巨大的手推了它一把，整個循環搖擺不定，等到恢復平衡繼續前進時，多年來維持的韻律已經不復存在了[6]。」

走勢圖20-13 (b) 41個月循環的反轉，1946～1968（資料取自Edward R. Dewey, Cycles: The Mysterious Forces That Trigger Events, Hawthorne Books, New York 1971）

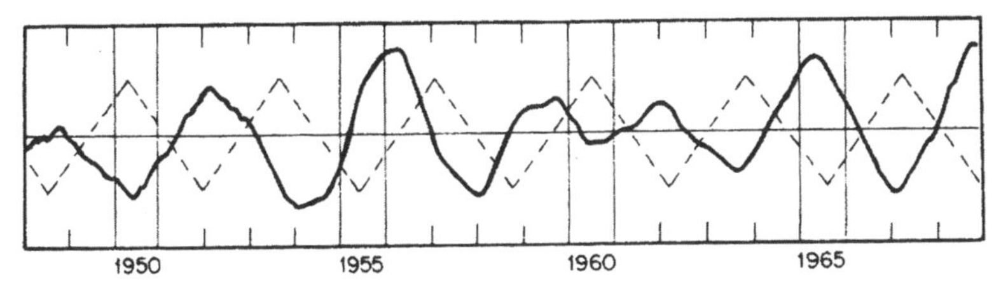

我們可以根據4年期循環尋找每4年的買進機會；關於這方面運用，4年期循環的可能是此處討論之各種循環中最可靠的。請參考走勢圖20-14，買進機會通常發生在下跌之後，譬如：1962年、1966年、1970年、1974年、1978年、1982年、1990年、1994年與1998年。有些時候（例如1986年），股票市場的表現相當強勁，所以買進機會是發生在一段橫向整理之後。

時序邁入21世紀，值得觀察的年份為：2002年、2006年、2010年與2112年。

6.《循環：引發事件的神秘力量》（Cycles: The Mysterious Forces That Trigger Events, Hawthorne Books, New York 1971）第121頁。

走勢圖20-14 S&P綜合指數，1959～2001，股票價格的4年期循環
（資料取自www.pring.com）

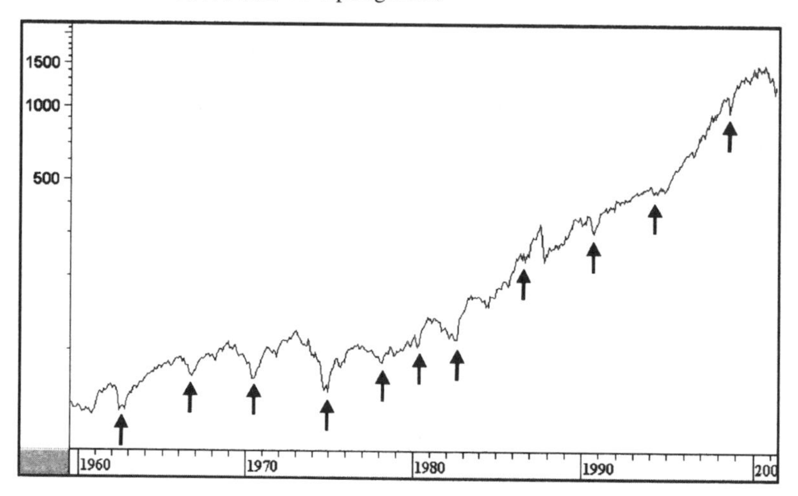

4年期循環在1940年代發生反轉，這種現象清楚告訴我們，一種長久以來穩定運作的循環，很可能無緣無故地突然喪失原有的韻律。所以，任何循環或技術指標，不論其過去是如何地穩定、可靠，都不能保證未來也將如此。

季節性型態

股票市場存在一些每年都重複發生的季節性價格型態。股票市場每年似乎都會在春天上漲，第二季末下跌，夏天上漲，秋天下跌。年底漲勢經常延續到隔年1月。如果在10月份買進股票，持有3～6個月，獲利機會頗大。

除了氣候的季節性變化會影響經濟活動和投資心理之外，金融活動通常也有季節性型態。舉例來說，7月與1月是分派股息最密集的月份，年底是每年零售業生意最旺盛的期間，還有其他等等。

走勢圖20-15顯示股票市場一年之內每個月份的價格漲跌型態。20世紀的機率資料計算，是由奈德・戴維斯研究機構（Ned Davis Research）提供。所有走勢都是相對性的，因爲任何月份呈現的強勁趨勢在多頭市場裡將顯得更明顯，反之亦然。另外，季節性型態呈現的趨勢方向，其重要性超過價位水準。

表20-2顯示道瓊工業指數在20世紀的月份表現。相關數據是由奈德・戴維斯機構提供，這些資料轉載於提姆・海伊（Tim Hay）

走勢圖20-15 股票市場的季節性型態（資料取自The Research Driven Investor, Timothy Hayes, McGraw-Hill, New York, 2000）

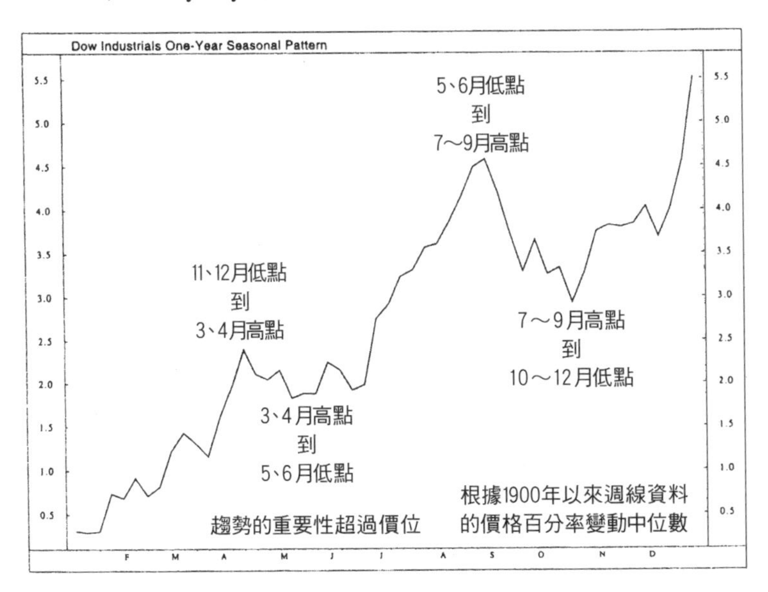

的《研究導向投資人》[7]（The Research Driven Investor），後者是最棒的投資書籍之一。

表20-2 道瓊工業指數月份平均績效，1900～2000

	1月	2月	3月	4月	5月	6月	7月	8月	9月	10月	11月	12月
平均漲跌	1.1%	−.1%	.7%	1.1%	−.1%	.5%	1.4%	1.1%	−1%	0%	.9%	1.5%
月份價格上漲的發生百分率	64	50	61	55	52	52	61	65	42	55	62	73

資料來源：Ned Davis Research

一般來說，股票市場在1月份的最初5天如果上漲，那麼漲勢很可能延伸到整年份。就1950年到2000年的紀錄觀察，市場發展似乎完全遵循這個原則，例外情況包括：1964年、1966年、1973年和1991年。後三者都與戰爭有關。「1月溫度計」（January barometer）則是更可靠的指標。根據1950年到2000年的資料觀察，1月份似乎可已精準反映整年份的表現。股票價格在1月份如果上漲，則該年份就會上漲。這個法則有90%的可靠性。

每年的年底、年初交替期間，小型股表現似乎經常會優於大型股。這可能是因爲股票市場在10月份的表現很差，那些缺乏本質的小型股受害往往最嚴重。這使得小型股成爲認賠節稅的最佳對象，這更加重其跌勢。節稅賣壓一旦減退之後，小型股在年底通常會呈現一波漲勢，並延續到隔年的年初。

7. 1900年以來的道瓊工業指數月份表現，資料來源：提姆・海伊（Tim Hay）的《研究導向投資人》。

多數情況下，11月份到1月份之間的股票市場表現，往往是全年最好的3個月份。這種績效特別優異的年底效應，似乎也適用於月底。

月底效應

截至1986年爲止的89年資料顯示，每個月最後交易日的股價表現特別好。這可能與月底的現金流量有關，譬如：發放薪資。

由每個月最後交易日到隔月第3個交易日的4天期間，股價呈現明確的額外漲勢。請觀察圖20-5，這4個交易日的每天平均報酬爲0.118%，一般交易日的每天平均報酬爲0.015%。股票市場創造的資本利得，可以完全由每個月的這4個交易日解釋。其他研究資料顯示，這種股價表現特別優異的現象，是發生在每個月倒數第2

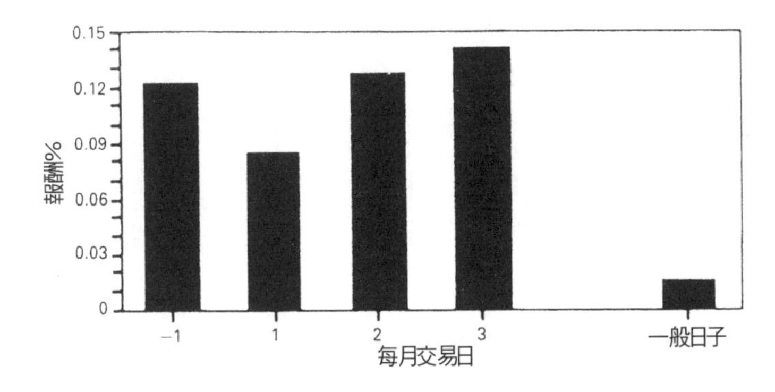

圖20-5 月底效應（每天平均報酬）（資料取自J. Lakonishok and S. Smidt, "Are Seasonal Anomalies Real? A Ninety Year Perspective", Johnson working paper 80-07, Cornell University, Ithaca, 1987）

天到隔月第3個交易日。不論這段期間有多長，或進出場點的位置在哪裡，顯然都不能否認月底效應確實存在。

請注意，有篇標題為「年度異常現象」（Calendar Anomalies）的文章[8]，作者傑可斯（Bruce Jacobs）和李維（Kenneth Levy）指出，這種現象在1980年代並不顯著，這又再度說明我們不該單獨採用某種特定指標。2001年的《股票交易者年鑑》（Stock Traders Almanac，季節性型態方面的必讀之書）中，耶魯・霍胥（Yale Hirsch）指出，這種季節性指標在1981年到2000年之間，轉移到每個月最後4天與隔月最初5天。

實務運用上，似乎應該把這種可靠的長期季節性型態整合到短期擺盪指標之內。顯然地，嚴重超賣現象如果持續到月底最後交易日，那麼行情向上反轉的可能性應該會提高。

一週內的型態

「憂鬱星期一」（blue Monday）是相當有根據的說法。自1929年到1932年的崩盤以來，星期一的弱勢特徵非常凸顯。整個經濟大蕭條期間，如果扣除星期一的話，行情甚至還處於漲勢呢！我們可以這麼說，這段期間的市場，股價下跌都發生在週末，也就是星期六到隔週星期一收盤之間。

圖20-6顯示1928年到1982年之間，一週內的每天漲跌資料。請注意，圖20-6的數據還包括1929年「黑色星期二」資料，但不

8. MTA Journal, winter 1989-1990。

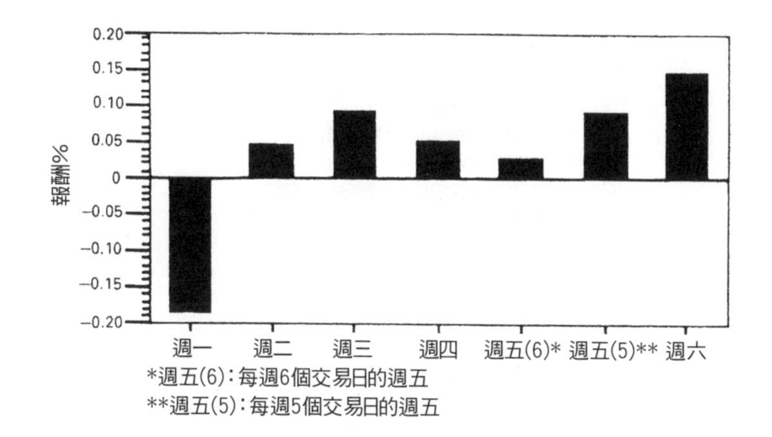

圖20-6　一週內的每天價格型態（每天平均報酬）（資料取自D. Klein and R. Stambaugh,"A Further Investigation of the Weekend Effect in Stock Returns," Journal of Finance, July 1984, pp. 819-837）

包含1987年「黑色星期一」大跌的500點。1990年代的大多頭市場，似乎改變了星期一的「憂鬱」性質，結果讓星期一變成整個星期表現最優異的日子，星期四的表現變得最差，當天只有48.9%的機會上漲。至於這些改變是否會成爲固定型態，則還有待觀察。這種現象也同時存在國際股市、債務工具，甚至是橙汁市場，但似乎無法找到合理的解釋。

假日前的上漲傾向

根據統計資料觀察，股票市場在假日之前明顯存在上漲的傾向，請參考圖20-7，涵蓋期間爲1963年到1982年。除了「總統就職日」之外，所有假日之前的表現都勝過平常交易日。

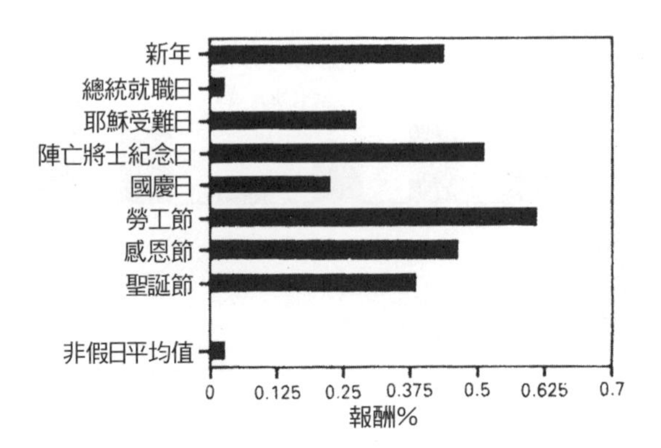

圖20-7 假日效應（每天平均報酬）（資料取自R. Ariel, "High Stock Returns Before Holidays," Sloan working paper, Massachusetts Institute of Technology, Cambridge, MA, 1984）

每天的型態

最近的研究資料顯示[9]，每天交易的價格行為也有明確的型態，情況如同圖20-8。除了星期一早盤之外，每天交易彼此之間沒有顯著的差別。可是，每天臨收盤前的半小時，則有顯著的上漲傾向。根據這份研究報告，每天最後一筆交易的漲勢最明顯，平均漲幅為0.05%，相當於每股0.6美分。愈接近收盤，報酬率愈高。由下午3點55分之後到收盤之間，這段期間的平均價格漲幅為0.12%，相當於每股1.75美分。本章也就在這種上升步調中做收。

9. Jarris, "How to Profit from Intradaily Stock Returns," Journal of Portfolio Management, winter 1986.

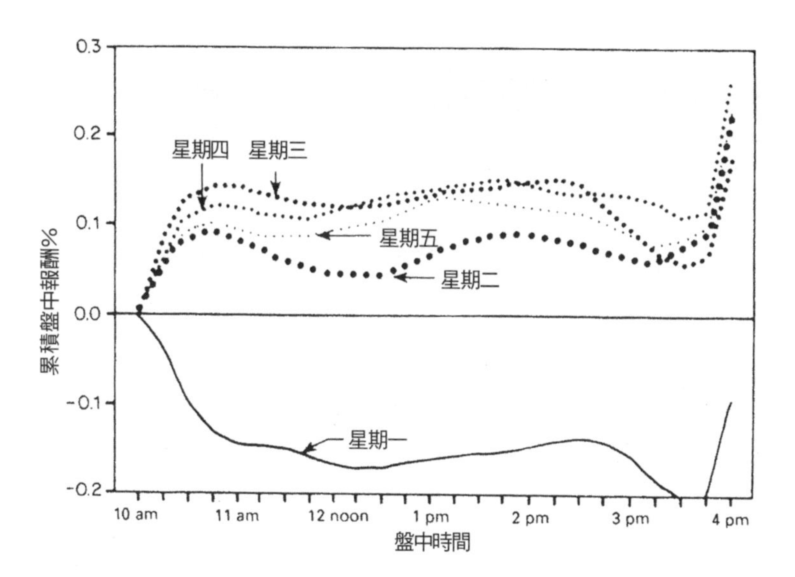

圖20-8　每天的盤中效應（資料取自L. Harris, "A Transaction Data Study of Weekly and Intradaily Patterns in Stock Returns," Journal of Financial Economics, vol. 16, 1986, pp. 99-117）

第21章 循環的實際辨識

本章準備討論循環分析的基本原理，並藉由例子說明辨識循環的一些簡單技巧。

循環定義

循環是一種能夠加以辨識的價格型態或價格走勢，這些價格型態在特定期間內還會呈現某種程度的規律性。假定某個市場、某支股票、或某項指標，其讀數相當穩定地每隔6星期出現一次低點，我們稱此為「6週循環」。辨識循環的時候，系列低點究竟是持續上升或下降，並不重要，重點是每隔6週就要出現一個可以明確辨識的「循環低點」（cycle low），而且能夠襯托出先前的系列高點（稱為「循環高點」，cycle high）。圖21-1顯示某些例子。

根據圖21-1顯示，循環低點大約每隔6星期出現一次，但循環高點的位置則不太穩定。某些情況下，循環高點可能提早發生，例如A點；有些時候會發生在循環的中央位置，例如B點；但循環高點也可能延後出現，例如C點。一般來說，如果循環高點出現在低點發生之後不久，循環的上升部分勁道相對疲弱，整個循環

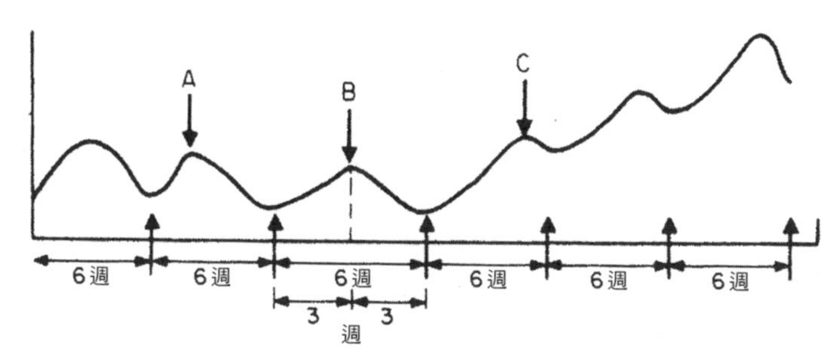

圖21-1　循環高點和低點

的力量相對集中在下降部分。這種情況下，循環的一系列低點位置通常會愈來愈低。同理，循環高點也可能延後出現，發生在循環中點位置之後；這種情況通常代表循環勁道強勁，循環的一系列低點通常會愈墊愈高。對於任何市場或股票，我們往往可以察覺價格走勢同時存在數個不同的循環，某些循環的週期較長，有些較短。技術分析者的工作不是去發現所有的循環，而是分析與評估最重要、最可靠的循環。

分析準則

- 循環週期愈長，振幅通常也愈大；就10週的循環來說，交易上的運用價值顯然勝過10小時的循環。
- 因此，循環的規模愈大，循環低點愈重要。
- 愈多不同週期的循環同時達到低點，隨後的走勢也愈強勁。
- 上升趨勢發展過程，循環高點應該會往右傾斜；換言之，循環高點發生在循環中點位置之後。下降趨勢的情況剛好相反，高點會左傾。

- 循環高點也可能呈現有規律的週期。
- 向未來延伸的理論性循環高點或低點，其發展可能與實際情況相反。這種情況下我們稱其爲「逆向」（inverted）循環。

偵測方法

有許多數學技巧可以協助偵測循環。譬如說富利葉分析（Fourier Analysis），可以根據週期、振幅、階段……等特質來辨識循環。系統性偵測（Systematic reconnaissance）可以根據特定期間進行測試，所得到的結果都是最重要的循環週期圖形。這些技巧雖然都有幫助，實際上卻是採用嚴格的科學方法處理這種不屬於科學領域的議題。這方面內容超越本書準備討論的範圍，讀者若有興趣，可以根據「參考書目」做更深入的研究。此處只打算討論循環的三種辨識方法：趨勢偏離、動能與簡單觀察。

趨勢偏離

這種方法是把資料讀數除以其移動平均；換言之，把移動平均視爲趨勢，然後觀察資料點偏離趨勢之程度是否呈現規律型態（譯按：相當於把趨勢拉成水平狀，然後觀察資料點沿著這條水平直線呈現的上下波動狀況）。

本書第9章曾經解釋，移動平均在設計上是爲了反映根本趨勢；所以，理想情況下，移動平均應該繪製在計算期間的中央位置，因爲我們所計算的「平均值」是發生在期間中央。舉例來說，13週移動平均應該繪製在第7週位置。可是，如果想藉由移動平均的方向變動，判斷價格趨勢反轉的話，訊號往往不夠及時，時間上會明顯落後。基於這個緣故，技術分析者大多採用移動平均穿越訊號。目前，我們的研究主題是如何辨識循環，分析對象是已經發生的歷史資料，時間落後不構成妨礙。因此，當我們採用趨勢偏離方法分析市場循環時，資料點採用的「除數」是置中移動平均。舉例來說，2月27日的資料點，「除數」是在4月18日計算的13週移動平均，也就是說移動平均往「過去」移動7週。透過這種方式，把「價格」除以「置中移動平均」的結果繪製爲擺盪指標，藉以辨識循環的低點和高點。

經過上述處理之後，我們很容易觀察一系列低點（或高點）之間是否存在規律性週期。我們可以記錄相鄰兩個低點之間的時間距離，留意那些發生頻率最高的週期。由於移動平均會消除計算期間之內的所有循環波動，所以辨識循環時，需要嘗試各種不同期間的移動平均，選取最可靠者進行分析。

動能方法

另一種簡單方法，是計算價格資料的動能擺盪指標，然後透過嘗試錯誤的方式挑選適當期間長度的移動平均，藉由移動平均把動能指標平滑化。就像趨勢偏離方法一樣，這種方法可以凸顯價格走勢的根本韻律。當然，如果只根據這種方法辨識循環，效果可能十分有限，但如果能夠配合其他技巧（譬如下文談到的簡單觀察），動能指標可以用來確認循環的可靠性。

動能指標也可以預示可能發生的逆向循環（換言之，向未來推測的循環低點，實際上卻是循環高點，反之亦然）。舉例來說，根據所觀察的循環資料，我們推測某特定時間將是循環低點，但當時的動能指標剛由超買區反轉拉回，顯示可能發生逆向循環。請參考走勢圖20-8，S&P綜合指數呈現很好的逆向循環例子。1987年，如同55個月ROC顯示的，9.2年期循環看起來到達峰位時，價格實際創低點。

簡單觀察

請參考走勢圖21-1的費城黃金-白銀類股指數。垂直實線標示82週循環低點，垂直虛線標示126週循環高點。ROC的期間為41週，設定為82週循環週期的一半。這些循環雖然不完美，但基本上可以解釋相關期間內的行情轉折。此處是運用MetaStock軟體，透過嘗試錯誤方式找到這兩個循環。

走勢圖21-1　費城黃金-白銀類股指數與41週ROC，1985～2001
（資料取自www.pring.com）

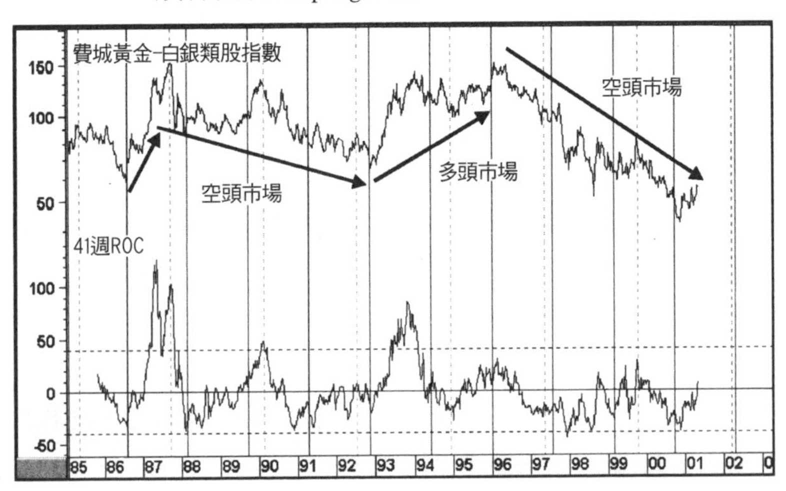

讀者如果沒有這類技術分析套裝軟體可供運用，可以透過純人工方式進行，首先觀察價格走勢圖上2、3個重要的低點，低點彼此之間的距離應該大致相等。然後，根據低點之間的距離做爲循環週期，向未來延伸推測。這些推測如果和實際的價格高點或低點吻合，就可以用色筆標示出來。反之，如果所做的推測大多都錯誤，代表該循環不適用，應該另外尋找新的可能對象。循環高點如果落在推測位置，應該視爲成功的推測，因爲循環分析的首要目的在於決定可能的轉折點。

一旦找到某個可靠的循環之後，標示所有未被該循環解釋的低點，然後另找適當的循環來解釋這些價格低點。當我們運用第2個循環解釋先前不能被解釋的低點時，這個循環很可能也可以解釋先前已經被第1個循環解釋的某些低點。這是很重要的現象，因爲根據循環分析的基本原則：愈多不同週期的循環在大約相同時間到達低點，則隨後的走勢也愈強勁。推測未來低點時，必須配合其他技術指標，如果能夠同時得到相關指標訊號的確認，上升波浪發生的可能性將可提高。下一節將討論這種方法的後續步驟。

結合循環高點和低點

走勢圖21-1標示的垂直線，顯示相當可靠的循環模式，包括高點和低點在內。這項分析透露重要的原則，各個轉折點的重要性，取決於主要趨勢的方向。走勢圖21-1的箭頭標示著主要趨勢的發展方向，說明各個循環發生當時的市場環境。請注意，發生在空頭市場的循環頭部，其振幅較大，譬如：1987年和1990年的頭部。反之，1986年和1992年底的低點發生在多頭市場初期，其振幅大於1997年和1999年的訊號，後兩者發生在空頭市場。

結合循環高點和低點的方法有一個優點，我們可以大致掌握行情漲勢和跌勢可能持續的時間長度。這是由循環高點和低點附近計算。舉例來說，1992年底的低點，距離先前高點不遠。這顯示當時的跌勢相當短暫。1989年底的情況剛好相反，低點相當接近1900年初的高點。這波漲勢相當短暫。ROC的位置也有助於判斷某特定循環轉折點是否能夠作用。

舉例來說，1987年、1990年和1999年底的強勁頭部發生當時，對應的ROC都處在或接近超買區域。同樣地，1986年和1988年的低點發生當時，超賣情況並不嚴重。當然，其他循環分析的例子，其精準程度未必如同走勢圖21-1。千萬不要勉強採用某個循環；價格如果不能輕易顯示循環，通常代表著循環並不存在，或相關循環不可靠。

彙總

- 我們可以藉由價格走勢圖，觀察循環高點和低點。
- 循環的週期長度，以及同一時間發生轉折之循環的個數，都會影響循環轉折點的重要性。
- 循環分析永遠都要配合其他指標運用。
- 某循環分析結論與實際價格型態如不吻合，千萬不要勉強採用。

第22章 成交量：一般原理

成交量分析的優點

截至目前爲止，本書討論的所有指標都以價格爲準（循環分析是比較顯著的例外）換言之，這些指標都是由不同的角度思考相同的主題。

所以，研究成交量對於所謂「充分證據」的研究方法，將有顯著的幫助。本章將說明成交量的基本原理，第23章會做進一步討論，包括一些適用於個別證券和整體股票市場的成交量指標。

觀察成交量有三個主要功能。第一，對於價格與成交量的指標，我們可以觀察它們的發展是否彼此一致。如果彼此一致的話，將有助於既有趨勢的繼續發展。第二，價格和成交量的發展如果不一致，意味著既有趨勢可能虛有其表。最後，成交量具有本身的性質，可以透露趨勢即將反轉的很多訊息。

> **主要技術原則**：成交量不只可以衡量買賣雙方參與交易的熱衷程度，而且也是完全不同於價格的獨立變數。

成交量資料通常會與價格走勢圖並列，藉由直方圖顯示，請參考圖22-1。這種安排通常不錯，因爲成交量可以顯示交易活動之擴張與收縮，而且也可以確認或質疑價格趨勢本身的持續性。成交量也可以表示爲動能格式，在視覺上更能凸顯交易活動的起伏變化。

成交量解釋準則

1. 最重要的準則是：成交量通常配合趨勢發展。正常情況下，成交量會有價漲量增、價跌量縮的現象。成交量增加或減少，是依據最近水準做解釋；換言之，成交量「大」或「小」，是跟最近的平均成交量做比較。紐約證交所目前的成交量每天有10億股，如果拿這個成交量跟70年前的500、600萬股做比較，那就沒有太大意義；這種成交量增加，是結構性改變造成的，例如：市場規模變大了，衍生性交易工具影響，以及其他等等。反之，今天的成交量20億股，如果是跟最近的15億股做比較，

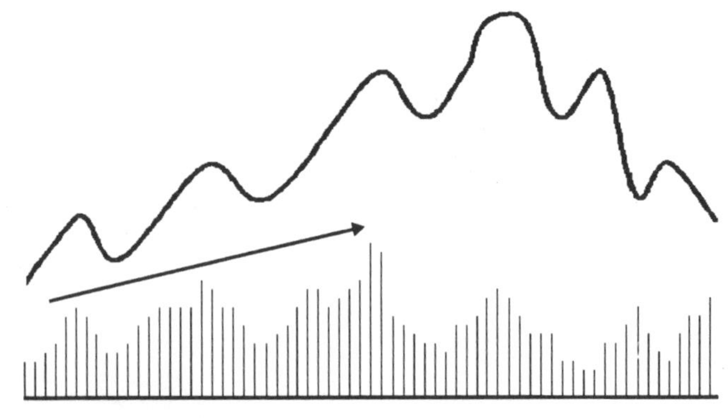

圖22-1　成交量直方圖

那就有意義了。價格呈現趨勢發展，但通常不會直線狀漲跌，而會起伏波動。成交量的情況也是如此。請參考圖22-1的左半側，箭頭標示著成交量有上升的趨勢。雖說如此，但成交量並不是每天都增加。交易有時活絡，有時冷清，但整體而言，成交量有增加的趨勢。這份圖形的右側，成交量呈現下降趨勢，但下降的情況也不是很有規律。當我們談到成交量增加或減少，通常都是指當時的趨勢而言。成交量趨勢就如同價格趨勢一樣，也分為盤中、短期、中期和長期趨勢，完全取決於所考慮之走勢圖的時間架構。

2. 成交量代表的是買、賣雙方交換股票的數量。某個交易日內，特定證券的買進數量必定等於賣出數量，不論成交量多寡都是如此。
3. 如果買方的態度比較積極，為了取得想要的數量股票，通常就會推高交易價格。反之，當重大利空消息出現時，賣方可能陷入恐慌，急著想脫手股票，如此將壓低成交價格。可是，不論買方與賣方的心態如何，雙方換手的股票數量一定相同。
4. 價漲量增是正常的現象。這代表行情發展正常，因此沒有預測價值。這種情況下，我們有理由相信至少還有一波漲勢，價格將創新高，但當時的成交量並沒有配合放大。
5. 多頭行情發展過程，「量」通常是「價」的先行指標。價格創新高時，如果沒有得到成交量的確認，代表一種警訊，意味著既有趨勢可能即將反轉。請參考圖22-2，價格峰位發生在C點，但成交量峰位出現在A點。這類情況很正常；成交量峰位持續下滑，意味著既有上升趨勢的技術面轉弱。就如同動能背離的情況一樣，我們不知道背離現象涵蓋的峰位會有幾個。可是，一般來說，背離涵蓋的峰位個數愈多，既有趨勢的技術面愈弱。另外，成交量峰位下滑的角度愈陡峭，代表交易者的參與程度愈不積極，一旦買盤縮手或賣壓轉劇，既有趨勢的技術面將迅速惡化。當價格創新高時，如果完全沒有成交量做配合，情況就如同完全沒有上升動能做配合一樣。

6. 價漲量縮屬於不正常現象（請參考圖22-3），代表技術結構不穩固，漲勢值得懷疑。這種現象經常出現在主要空頭市場，因此也可以做爲這方面的判斷指標。總之，請記住，成交量可以衡量買賣雙方參與交易的相對熱衷程度。價格上漲而成交量沒有配合放大，代表價格上漲是因爲賣盤縮手，而不是買盤積極。這種情況下，行情遲早會發展到賣盤態度轉趨積極的時候。一

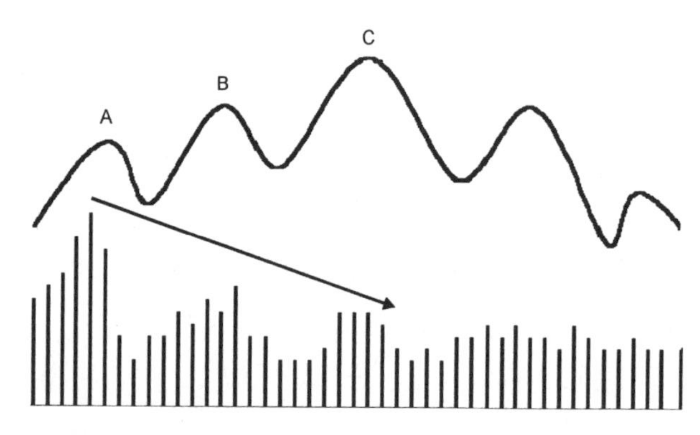

圖22-2　量是價的先行指標

主要技術原則：價格走勢取決於買賣雙方參與交易的熱衷程度。

旦進入這種階段，價格就會開始下跌；這個時候，有個現象特別值得留意：價格開始下跌時，成交量會明顯放大。請參考圖22-4。

7. 有些情況下，價漲量增的現象會進行得相當緩和，到最後才會突然爆量急漲。然後，價格與成交量又會急遽冷凍。這代表漲勢耗盡力氣，也是趨勢反轉的典型性質。至於趨勢反轉究竟有多嚴重，其程度則取決於先前價格漲勢與成交量擴大情況。顯

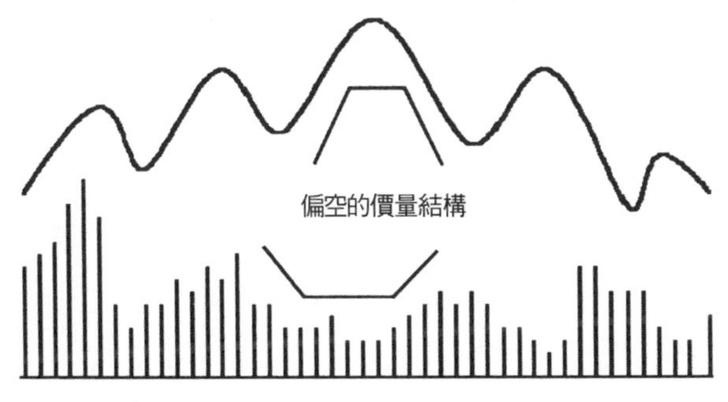

圖22-3　偏空的價量結構

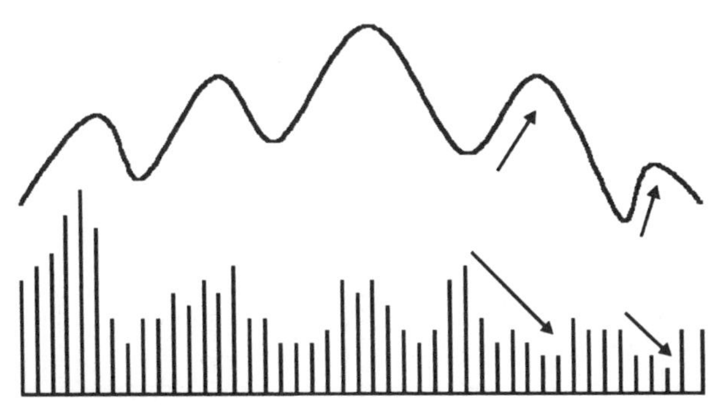

圖22-4　偏空的價量結構

然地，4～6天的竭盡走勢，其影響絕對不能跟幾個星期的走勢相提並論。這種爆發性走勢，經常被形容爲拋物線爆發（parabolic blowoff），請參考圖22-5。不幸地，這類爆發性或竭盡走勢，其結構很難界定，至少不若趨勢線、價格型態等那般明確。基於這個緣故，我們通常都只能在價格或成交量發展到最高點之後，才能察覺相關的走勢。

8. 賣壓高潮（selling climax）則是拋物線爆發走勢的相反情況。賣壓高潮通常是發生在一段跌勢的末端，當時的價格下跌速度急遽轉強，成交量也隨之突然擴大。賣壓高潮平息之後，價格通常會反彈，修正走勢應該不會跌破賣壓高潮的低點。賣壓高潮之後的價格反彈，成交量通常會下降；這也是「價漲量縮」可以被視爲正常的唯一例外。雖說如此，但價格如果繼續上漲的話，成交量仍然應該配合放大，請參考圖22-6。空頭市場往往會以賣壓高潮告一段落，但未必始終如此。

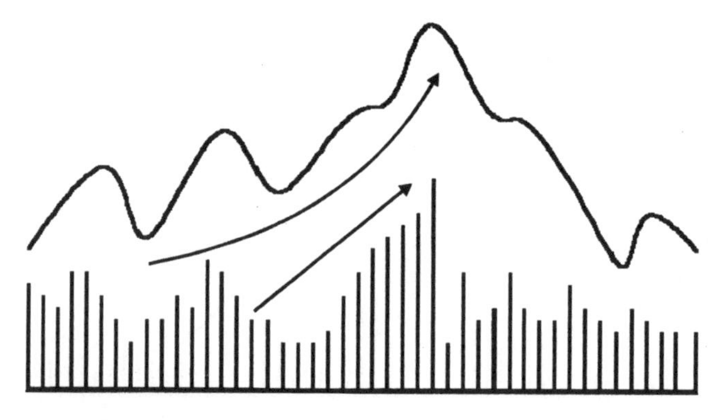

圖22-5　拋物線爆發走勢

9. 經過一段延伸性跌勢之後，價格回升，然後再度下跌而測試先前的低點。第二個底較前個底部的位置可能稍高或稍低，這個時候的成交量如果萎縮，應該視爲多頭徵兆。股票市場有句諺語：「不要在沈悶的市場放空」。這句話頗適用於這種場合——打底過程，當價格測試先前低點時，成交量萎縮是好現象，代表該處沒有賣壓（請參考圖22-7）。

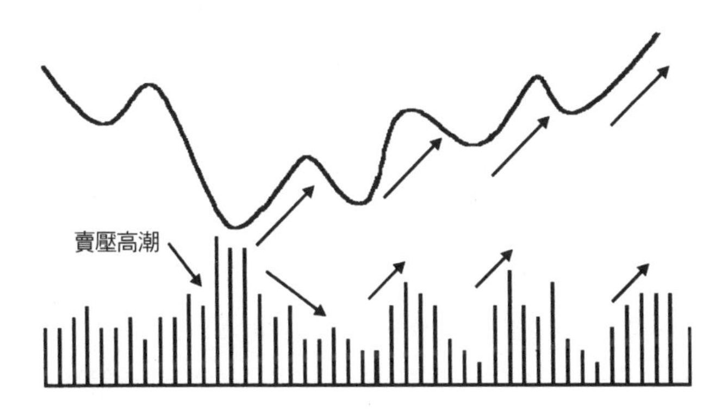

圖22-6 賣壓高潮

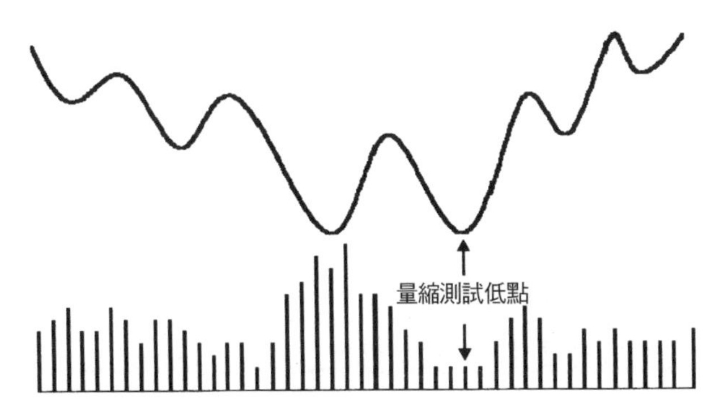

圖22-7 量縮測試低點

10. 當價格跌破趨勢線、移動平均，或價格型態，成交量放大屬於不尋常現象，具有空頭意義，確認既有趨勢向下反轉（請參考圖22-8）。價格下跌時，買盤通常會縮手，所以成交量下降；這屬於正常現象，沒有提供有意義的資訊。可是，價格下跌過程，成交量如果擴大，這是因爲賣方態度相對積極，價格跌勢也會更嚴重。
11. 一段延伸性漲勢之後，如果成交量放大而價格沒有明顯進展（參考圖22-9），這代表「攪拌」出貨的空頭現象。
12. 經過一段跌勢之後，如果成交量明顯放大而價格沒有進一步下跌，代表「承接」的多頭現象（請參考圖22-10）。
13. 主要低點爆出歷史大量，通常是行情見底的可靠訊號，代表市場心理狀態發生根本變化。人氣上的根本變動，通常足以導致主要趨勢反轉。美國股票市場的這類例子有：1978年3月、1982年8月、1984年8月與1998年10月。另外，債券和歐洲美元

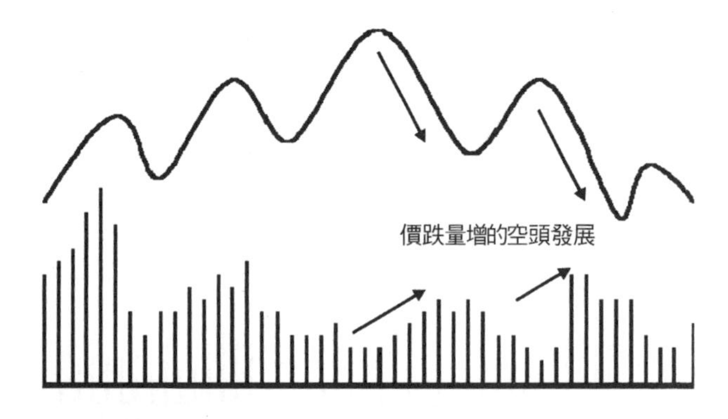

圖22-8 偏空的價量結構

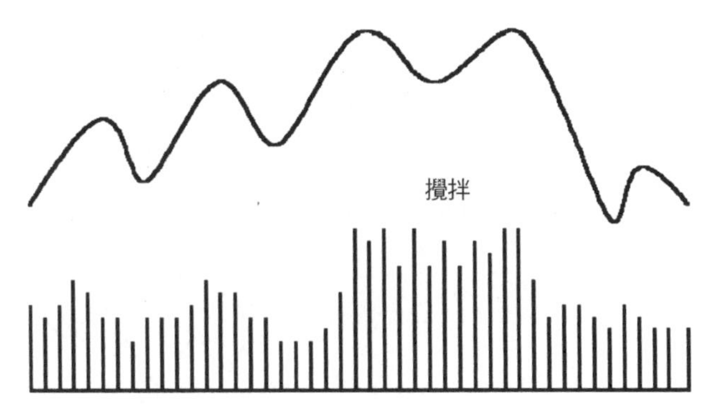

圖22-9　攪拌

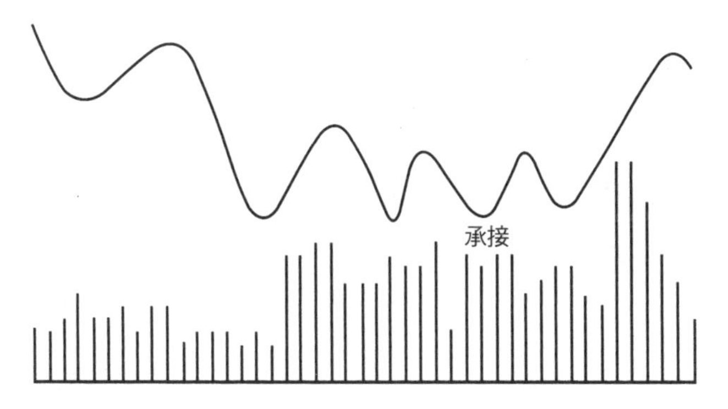

圖22-10　承接

市場的1987年低點，也有相同現象。可是，這並不是萬無一失的訊號，紐約證交所和那斯達克市場在2001年1月都曾經爆出歷史天量，但並不是最終的低點。

14. 價漲量增的發展維持一段期間，但沒有出現爆發性漲勢，然後價格漲勢鈍化而成交量萎縮，這代表趨勢發生變動。某些情況下，趨勢可能實際反轉，另一些情況下，行情只是暫時整理，既有趨勢隨後又恢復。圖22-11顯示買盤力道暫時耗盡，而上升趨勢隨後又繼續發展的情況。

15. 價格出現圓形頂型態，成交量卻出現圓形底排列，展現了雙重異常現象：價漲量縮而價跌量增，請參考圖22-12。

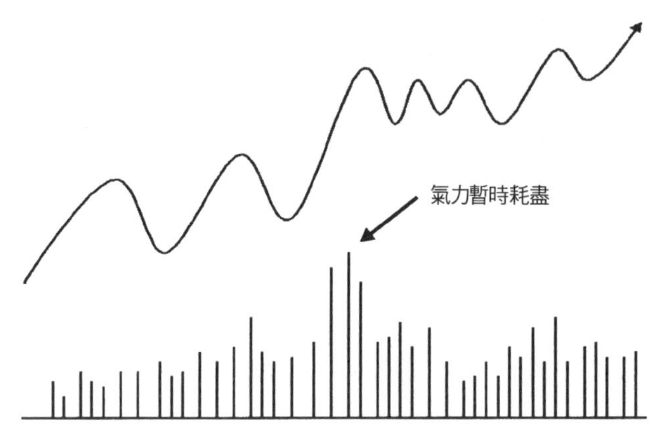

圖22-11　氣力暫時耗盡

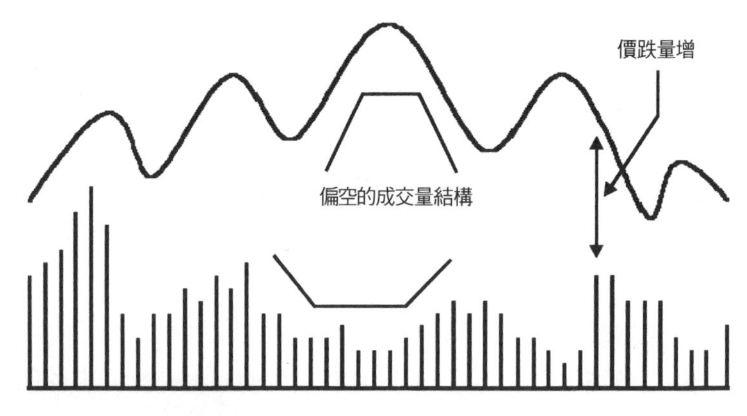

圖22-12　頭部空頭結構

案例

請參考走勢圖22-1（RadioShack）。階段A的價量關係配合相當理想，價漲量增屬於多頭現象，但到了階段B，價量技術關係截然改變，價格上漲過程並沒有配合出現大量，顯示當時的上升趨勢可能向下反轉。2月初，當價格開始下跌時，成交量也有放大跡象；這也屬於不尋常的空頭徵兆。到了階段C，當時的價量關係可能被判斷爲賣壓高潮；若是如此，後續漲勢的成交量縮小，可以視爲正常。可是，情況顯然不是如此，因爲成交量在階段D又開始放大。這個現象顯示空頭走勢方興未艾。這項疑慮在階段E獲得確認，因爲價量之間又呈現價漲量縮的背離現象。

到了4月初，價格又夾著大量下跌，成交量明顯大於先前幾個月的水準，顯示當時的跌勢可能是賣壓高潮。隨後的漲勢，成交

走勢圖22-1　RadioShack，2000～2001（資料取自www.pring.com）

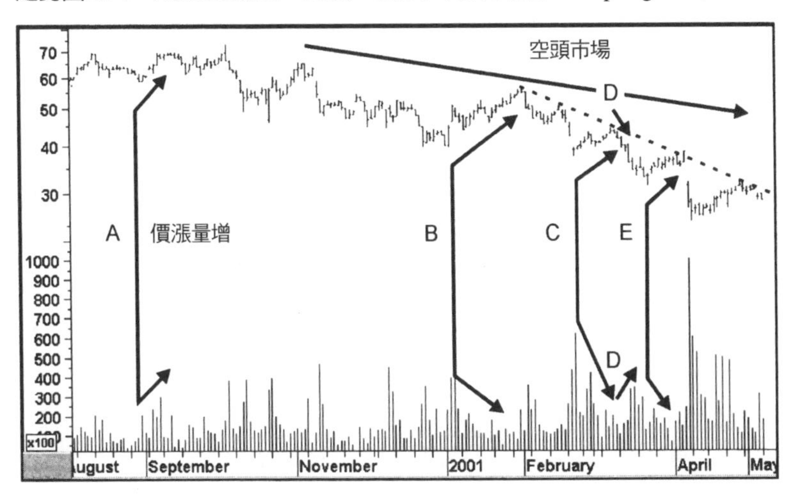

量萎縮，這也符合賣壓高潮的性質。可是，後續行情究竟會如何發展，這份走勢圖實在有太多令人懷疑之處。行情如果要向上反轉的話，首先要夾著大量突破下降趨勢線（標示為虛線）。

請參考走勢圖22-2（Adolf Coors）。2000年底，價格上漲過程，成交量明顯出現背離發展。隨後，價格夾著大量跌破趨勢線（標示為虛線），這條趨勢線也可以視為擴張頂排列的下限。這個例子說明了這種排列的致命程度。

隨後，1、2月份的上漲過程，成交量持續萎縮，最終價格創2001年的新低也就不足為奇了。

走勢圖22-3顯示股價在1987年夏天呈現爆發性漲勢。一般來說，當行情飆漲到頭部時，價格波動會相當劇烈。可是，不論就價格或成交量來看，目前這個例子都毫無疑問存在著拋物線爆發漲勢的性質。

走勢圖22-2 Coors，2000～2001（資料取自www.pring.com）

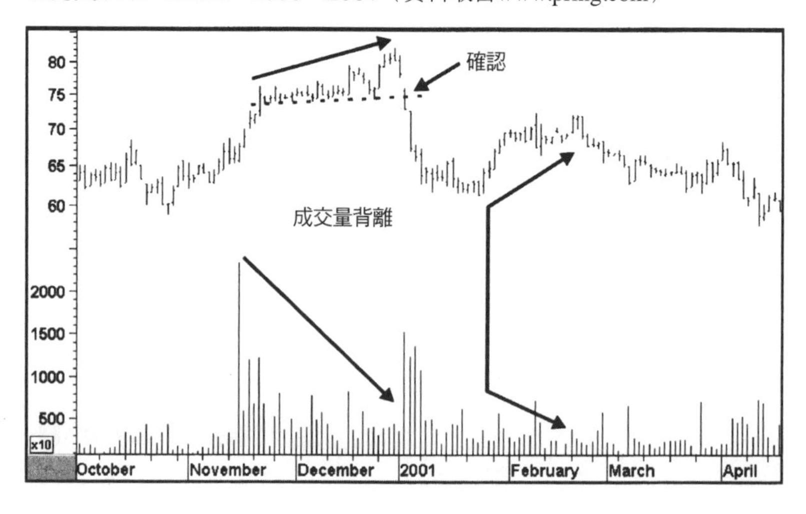

走勢圖22-3　Newmont Mining，1986～1987，拋物線爆發性漲勢
（資料取自www.pring.com）

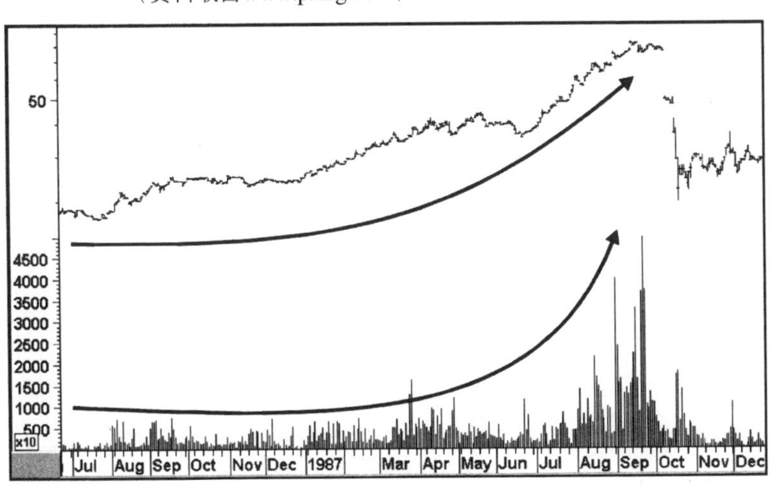

最後，走勢圖22-4顯示股價在1987年形成雙重底排列。請注意，12月份的第二個底部，成交量明顯少於先前第一個底部。一般來說，雙重底第二個底部的成交量萎縮得愈厲害，等到排列完成之後（價格向上突破兩個底部所夾反彈高點），後續漲勢也愈強勁。階段A的跌勢頗令人疑惑，因爲成交量開始放大。可是，隨後的外側日（B），價格夾著巨量突破下降趨勢線（標示爲向下傾斜的虛線）。然後，當價格向上逼近圖形標示的水平狀趨勢線（虛線），成交量又明顯萎縮，不過當時的成交量確實也很難超越先前外側日（以及隨後幾天）的水準。這條水平狀趨勢線實際上是頭肩底排列的頸線。所以，這段漲勢的成交量萎縮，是因爲價格由「頭」反彈，而且「右肩」相當窄。總之，頭肩底排列向上突破是毫無疑問的，隨後的成交量又開始顯著放大。

走勢圖22-4　Air Products，1987～1988（資料取自www.pring.com）

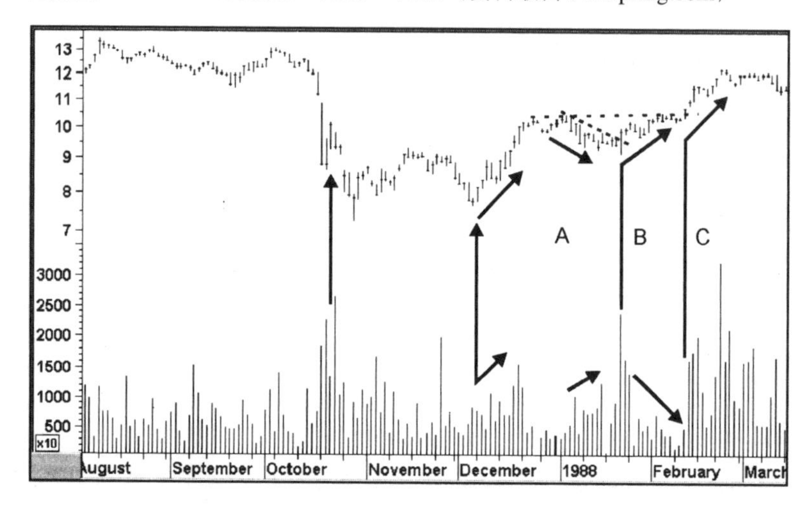

彙總

- 成交量通常會配合價格呈現趨勢發展。
- 多頭行情發展過程，「量」是「價」的先行指標。
- 價漲量縮屬於空頭現象，價跌量增也是空頭現象。
- 延伸性漲勢或跌勢末端，如果爆發巨量，通常代表當時的價格走勢已經放盡力氣（竭盡），既有趨勢可能反轉。

成交量擺盪指標

本章準備探索幾種成交量指標，它們能夠普遍運用於任何形式的證券，最後會討論這些指標運用於股票市場的一些案例。

成交量變動率

一般走勢圖都會並列價格和成交量資料，價格擺在上方，成交量直方圖則擺在下方。隨意瀏覽走勢圖，都不難發現每當碰到價格突破、賣壓高潮……等關鍵時刻，成交量都會顯著放大。這當然很方便，但某些情況下，成交量會呈現微妙的變動，這不是肉眼隨意觀察能夠發現的。成交量資料經過變動率（ROC）的處理之後，往往可以由動態角度做解釋，彰顯新的資訊。

觀察短期趨勢

走勢圖23-1除了一般的成交量直方圖之外，另外顯示成交量的10天期ROC。目前這個例子採用10天期ROC，實際上當然可以採用任何適當的計算期間。請注意A點價格峰位，直方圖顯示成交量配合放大，看起來頗正常，但成交量ROC讀數突然飆高，顯

走勢圖23-1　Northern Trust，2000～2001（資料取自www.pring.com）

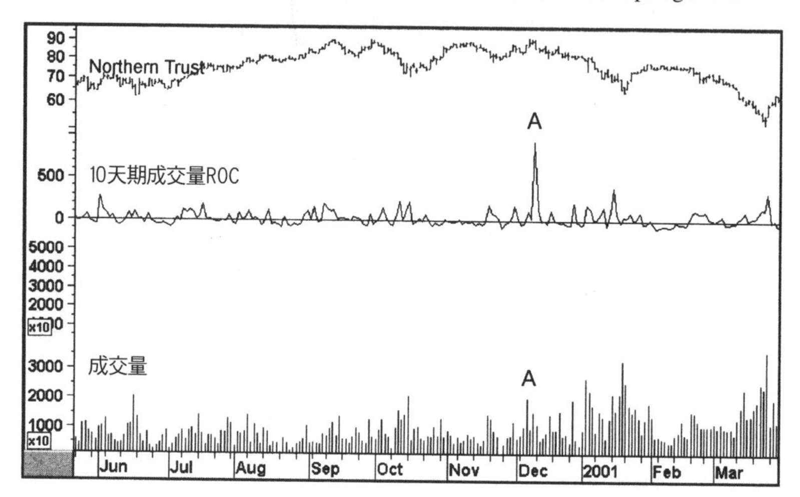

示當時的漲勢可能放盡力氣。所以，ROC指標峰位經常可以讓交易者警覺成交量即將耗盡，這通常不是直方圖能夠清楚顯示的。請參考走勢圖23-2，最初峰位A點的ROC訊號很清楚，但直方圖沒有顯示特殊之處。至於B點峰位，直方圖雖然顯示成交量擴大，但程度上不能跟ROC訊號相比。請注意C點的情況，直方圖顯示成交量創歷史紀錄，但ROC卻沒有顯著反應。就這個例子來說，發生在起始價格峰位2天之後的巨量似乎是單獨事件，沒有什麼特殊意義。最後，D點的賣壓高潮，不論直方圖或ROC都發出強烈訊號，但ROC畢竟還是相對明顯。

ROC往往能夠清楚顯示背離現象。請參考走勢圖23-3的兩個虛線箭頭標示，在價格持續上漲的過程，成交量動能峰位持續下滑，顯示這段行情明顯缺乏技術條件。結果，價格隨後出現一段跌勢，甚至跌突破上升趨勢線。

走勢圖23-2　T. Rowe Price，2000～2001（資料取自www.pring.com）

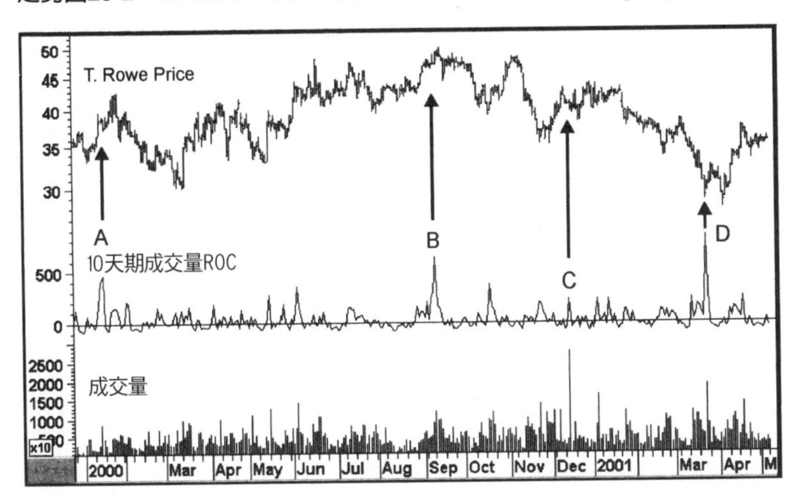

走勢圖23-3　Stanley Works，1999～2000（資料取自www.pring.com）

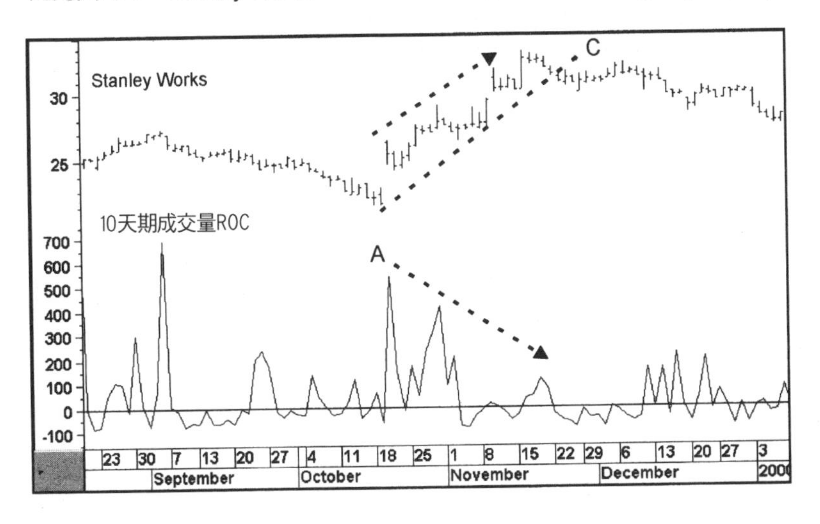

請參考走勢圖23-4，成交量ROC在A點向上突破。由於價格也向上突破，所以發生一段相當不錯的漲勢。成交量增加也可能是空頭徵兆。

在走勢圖23-4的稍後面，成交量ROC突破小型趨勢線，這個訊號顯示成交量放大，但沒有說明價格的情況。幾天之後，我們看到價格跌破重要趨勢線。在一段漲勢之後，價格如果夾著大量下跌，絕對是空頭徵兆。所以，我們看到股價出現一波嚴重的跌勢，而且延續到這份走勢圖的最右端。

根據前述這些例子觀察可以發現，單純的成交量ROC指標波動得相當劇烈，通常只適合用來顯示竭盡走勢與背離現象，雖然偶爾還可以繪製趨勢線。所以，我們可以考慮藉由移動平均技巧，取得較平滑的成交量ROC指標。

走勢圖23-4 Stanley Works，1999，成交量ROC
（資料取自www.pring.com）

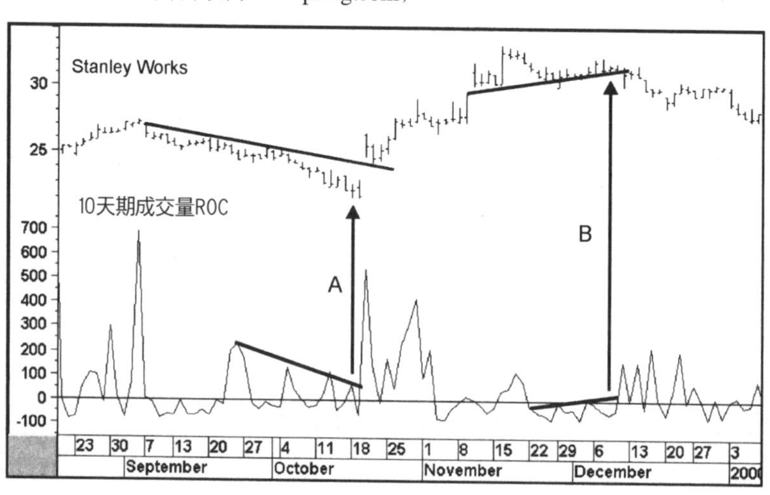

請參考走勢圖23-5，此處把10天期ROC除以25天移動平均。這個例子中，ROC指標的走勢顯然相對緩和（跟前面幾個例子比較）。我們看到，經過如此處理之後，ROC指標更適合做價格型態和趨勢線分析。首先，請注意圖形標示的超買和超賣水準，兩者與零線之間的距離並不相等。這是因爲此處把ROC當做百分率處理；成交量增加時，很容易就增加200%或300%，但成交量減少的時候，頂多只會減少100%。所以，成交量ROC的下檔空間很有限，遠不如上檔的潛在空間。

本章稍後還會藉由其他方法處理成交量ROC的平滑化問題。目前這個例子，有兩處特別値得注意。第一，ROC的頭肩頂排列；「頭」代表買進高潮，顯示趨勢發生變動。一旦頸線跌破之後，意味著成交量將下降。由於價格也跌破趨勢線（虛線），代表

走勢圖23-5　Snap-on Inc.，1993-1994，成交量平滑化ROC
（資料取自www.pring.com）

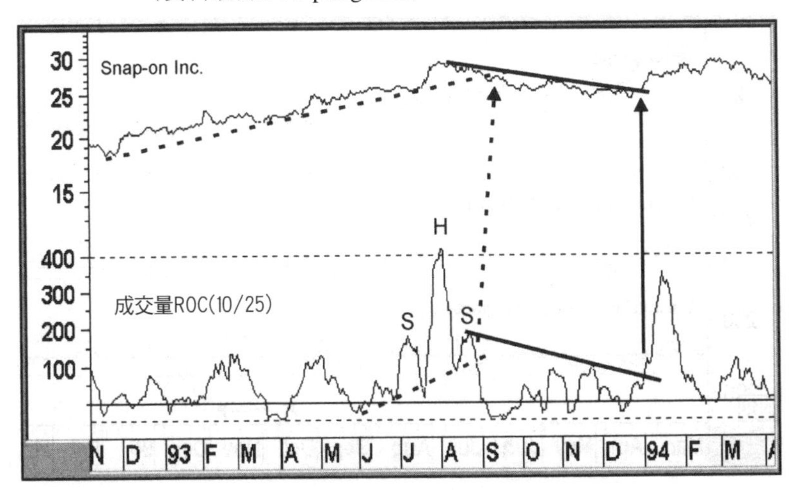

價格與成交量呈現一致性的下降走勢，不難想像行情會有一段相當漫長的修正。

下降修正走勢告一段落時，我們看到價格與成交量都向上突破趨勢線。由於價量配合正常，可以確認上升走勢無礙。此處，成交量的下降趨勢線，實際上也是頭肩底排列的頸線。關於這個排列，我沒有標示S與H，因爲其「左肩」也就是先前頭肩頂排列的「頭」，蠻複雜的。

按照百分率方法處理的成交量ROC，我發現並不適合顯示成交量超賣情況。爲了解決這個問題，可以把「除法」改爲「減法」，走勢圖23-6的最下端小圖便是如此處理。「減法」可以清楚顯示A點的超賣，但「除法」則否。當然，「減法」也有缺點，不適合做長期比較，尤其是成交量在相關期間內出現根本變動的話。可是，對於2年內的走勢圖，「減法」處理可能優於「除法」，但我們還是不能忘掉，不論個別證券或整體市場，成交量水準可能發生根本變化，超賣／超買水準也要做適當的調整。

走勢圖23-6的兩個成交量ROC，都分別透過水平線標示超賣水準。對於B點，由於價格下跌，成交量ROC的突兀波動代表賣壓高潮。減法動能指標在A點呈現嚴重超賣，隨後稍低的底部代表典型的雙重底排列。

主要技術原則：成交量指標的偏高讀數，未必代表價格超買，而只代表成交量已經過份延伸。成交量擺盪指標讀數偏高，可能代表價格頭部或底部，這取決於價格先前呈現的趨勢走向。成交量指標讀數由高檔反轉，可能代表趨勢變動，未必代表趨勢反轉。

走勢圖23-6 Snap-on Inc.，1994-1995，兩種平滑化方法的成交量ROC
（資料取自www.pring.com）

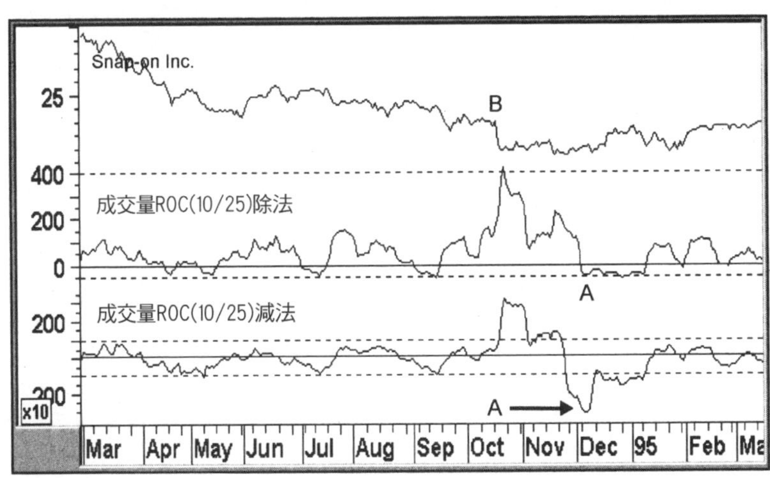

觀察主要趨勢

衡量主要價格趨勢，年度（12個月期）ROC是不錯的擺盪指標；可是，對於成交量來說，由於其隨機性質更高，所以成交量的12個月期ROC看起來還是波動過份劇烈。請參考走勢圖23-7，其中顯示S&P綜合股價指數和NYSE成交量的年度ROC。爲了解決成交量資料波動劇烈的問題，12個月ROC又透過6個月期移動平均進行平滑化，兩者並用可以透露很多重要訊息。

下列觀察結果值得參考：

- 不論是多頭或空頭市場，成交量曲線總是領先價格做頭。
- 每當成交量動能穿越價格動能，通常都代表趨勢反轉的潛在訊號。
- 每當價格動能處在零線之上，而且讀數下降，如果當時的

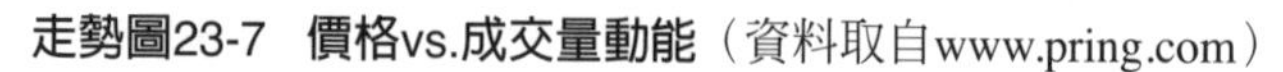

走勢圖23-7　價格vs.成交量動能（資料取自www.pring.com）

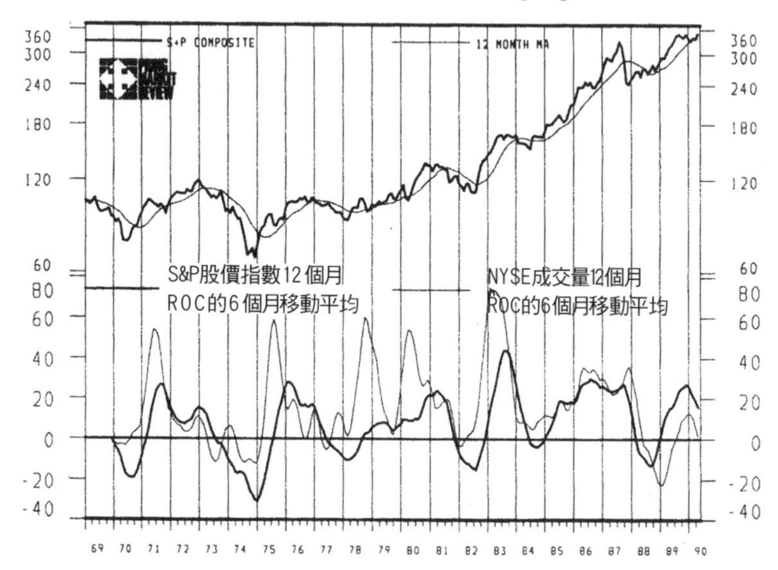

成交量動能上升（譬如：1976年底、1981年和1987年底），成交量擴大代表出貨，屬於嚴重偏空的現象。

- 處在市場底部，成交量動能反轉訊號，需要經過價格動能反轉的確認。
- 成交量指標出現極度偏高的讀數，隨後通常都會發生強勁的多頭市場。
- 當成交量動能指標穿越道零線之下，通常具有負面意義，但未必始終如此。如果價格動能當時遠在零線之上，則成交量跌破零線的空頭意義最嚴重。舉例來說，請留意1988年的情況，價格動能與成交量動能聯袂跌破零線，結果行情隨後大漲。反之，請留意1973年與1977年的情況，當價格由超買區反轉向下之後，成交量動能跌破零線，隨後出現相當嚴重的價格跌勢。

- 多頭走勢的初期，成交量動能總是位在價格動能之上（1988～1989的漲勢是僅見的例外）。

走勢圖23-7也顯示，處在市場底部，某動能反轉而另一動能沒有反轉，買進訊號通常都會過早。舉例來說，請注意1973年和1977年的情況，成交量動能較價格動能提早向上反轉。所以，最好等待兩種動能都向上反轉，雖然進場價格可能因此稍高一些。

成交量擺盪指標

成交量擺盪指標是透過動能格式傳遞成交量資訊的另一種方法。計算上，這是把成交量趨勢的短期衡量，除以對應的長期衡量，然後表示爲擺盪指標。事實上，相關計算與本書第11章討論的價格趨勢偏離指標幾乎完全相同，唯一差別是把「價格」取代爲「成交量」。請參考圖23-1的例子。相關動能指標將圍繞在零線上下擺盪。當兩個均線讀數相等時，擺盪指標讀數爲零。讀數如果爲正數，代表短期均線位在長期均線的上側（圖23-1的短期均線是10天移動平均，長期均線是25天移動平均）；讀數如果爲負數，情況則剛好相反。

請參考走勢圖23-8的例子。1999年3月成交量擺盪指標向上突破一條小型下降趨勢線。這顯示成交量動能有上升的傾向，但沒有針對價格走向表達看法。就目前這個例子而言，價格跌破水平狀趨勢線，傳達了「價跌量增」的偏空訊息。隨後，成交量擺盪

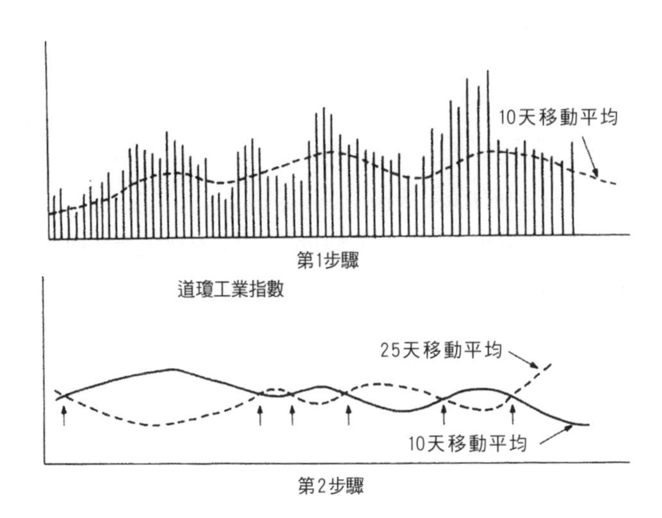

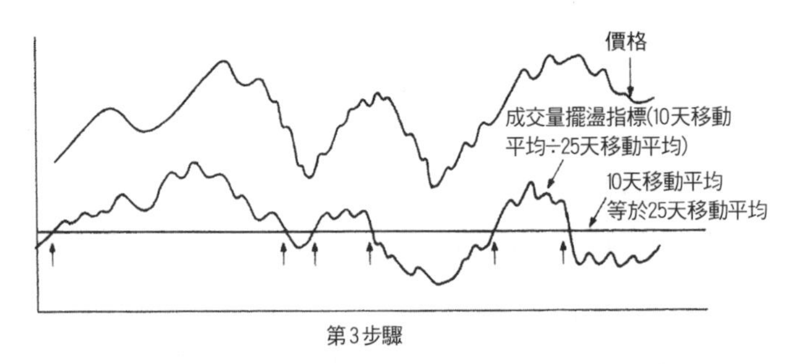

圖23-1　成交量擺盪指標的計算方法

指標出現超買讀數，意味著先前的價格下跌／成交量暴增現象，應該是賣壓高潮。賣壓高潮往往代表行情見底。可是，到了1999年7月，成交量擺盪指標再度向上突破趨勢線，價格則跌破趨勢線，整個情況幾乎是3月份發展的歷史重演。所以，賣壓高潮雖然經常代表行情已經見底，但顯然不是永遠如此。

走勢圖23-8 Humana，1998～1999，成交量擺盪指標
（資料取自www.pring.com）

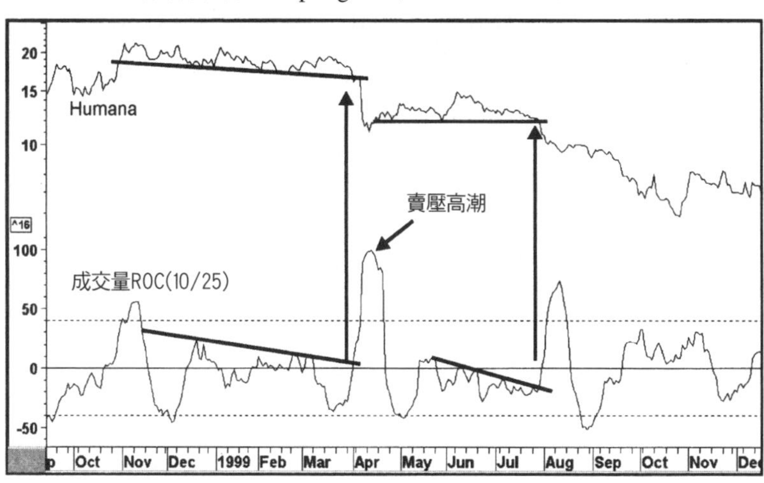

走勢圖23-9顯示15/45的成交量擺盪指標，計算期間較長，指標波動程度也較緩和。1999年夏末，成交量擺盪指標出現頭肩底排列。這個排列完成之後，顯示成交量動能顯著上升，但此處的價格是向上突破。11月底，我們又看到另一個頭肩底排列。成交量擺盪指標很少形成價格排列，如果發生的話，訊號通常很可靠。這份圖形顯示11月初出現買進高潮，價格隨後向下突破而做確認。隔年3月份，我們看到賣壓高潮的例子。

所以，我們現在已經相當清楚，成交量擺盪指標會在兩個極端讀數界定的帶狀範圍內波動，就如同價格動能指標一樣，但有個重要差異。當價格擺盪指標向上過份延伸時，通常代表超買市場，也意味著行情可能向下修正。對於成交量擺盪指標來說，如果交易狀況明顯趨於熱絡，也意味著既有趨勢隨時可能發生變

走勢圖23-9 Columbia Energy，1999～2000，成交量擺盪指標
（資料取自www.pring.com）

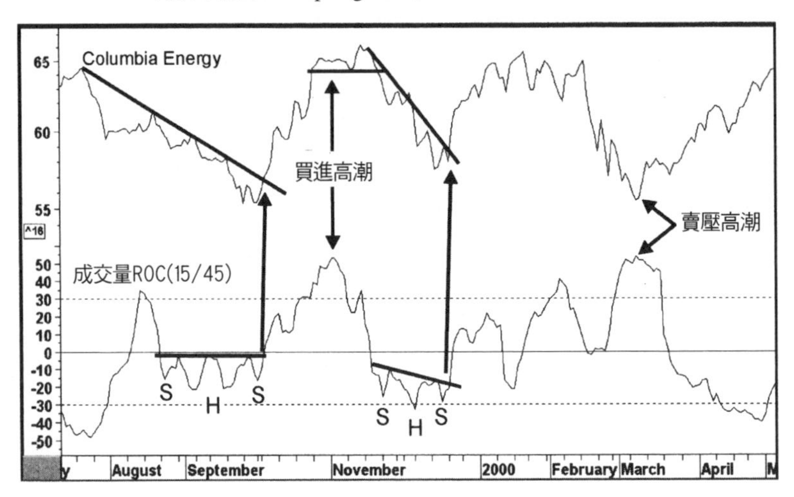

化，但變化的方向必須參考價格本身。除了這項重要差異外，成交量擺盪指標的解釋，與價格擺盪指標沒有差別。

成交量指標如果出現竭盡走勢，應該參考其他指標，成交量訊號務必經過確認。可能辦法之一，是採用某種價格擺盪指標做配合。兩者之間的關係未必永遠精確。證券的成交量與價格變動關係如果不夠緊密，就不該採用這種方法。

走勢圖23-10比較價格與成交量的擺盪指標，兩者的計算期間不同。我們在B點和D點看到賣壓高潮。B點的情況特別值得注意，因為價格與價格擺盪指標在該處都突破下降趨勢線。另外，D點的情況也很有趣，兩個擺盪指標幾乎彼此接觸。價格擺盪指標出現超賣讀數，成交量擺盪指標出現超買讀數，我稱此為「雙重打擊效應」（double whammy effect），因為兩個擺盪指標分別由

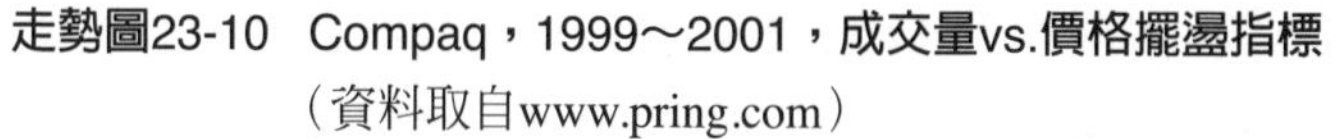

走勢圖23-10　Compaq，1999～2001，成交量vs.價格擺盪指標
（資料取自www.pring.com）

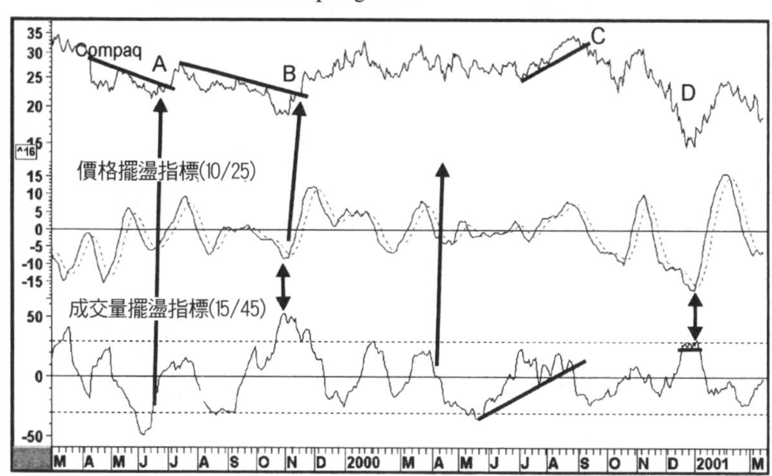

本身的立場發出高潮訊號。1999年7月（A點）的情況則不同。成交量擺盪指標進入極端超賣區，顯示交投很冷清。不久，成交量擺盪指標由超賣區折返，顯示成交量擴大。成交量增加可好、可壞，但當時價格擺盪指標在稍微超賣的區域發出買進訊號，價格本身也穿越下降趨勢線，所以行情向上發展。

最後，在C點，我們看到成交量擺盪指標跌破上升趨勢線。這意味著成交量有下降的趨勢。另外，我們也看到價格和成交量擺盪指標之間出現些微負向的背離（譯按：擺盪指標峰位連線向

主要技術原則：成交量動能指標由超買區折返，通常代表竭盡走勢（買進高潮或賣壓高潮）當時的走勢一旦放盡力氣，通常都代表既有趨勢即將反轉。

下傾斜）。這種情況下，我們有理由期待價格會下跌或整理。當然，價格也可能上漲，但在成交量下降的情況下，價格漲勢頗值得懷疑。結果，價格隨後跌破趨勢線，價格擺盪指標也由稍微超買的區域折返。

有關成交量擺盪指標的解釋，主要準則如下：

- 當擺盪指標由極端區域開始折返，意味著既有趨勢可能反轉。
- 成交量擺盪指標有時候可以做趨勢線與價格型態分析。
- 價格上漲而成交量擺盪指標趨於下降，這屬於偏空的徵兆。
- 成交量擺盪指標呈現擴張而價格下跌，這也屬於偏空的徵兆，除非擺盪指標達到嚴重超買區域，這通常代表賣壓高潮。
- 成交量擺盪指標通常會領先價格擺盪指標。

記住，成交量擺盪指標絕對不是完美的指標，所以首先要確定其發展與價格趨勢一致，然後還要藉由其他技術指標做確認。

需求指數

需求指數（Demand Index）是吉姆．西貝特（Jim Sibbet）發明的技術指標，用以模擬驅動市場或個股價格上漲與下跌的成交量，因為我們通常沒有這方面的資料可供運用。這是合併價格與成交量的指標，目的是要預先判斷行情轉折點。需求指數引用的最基本概念或前提是：「量」是「價」的先行指標。需求指數不同於成交量ROC或成交量擺盪指標，其發展方向始終都與價格一致。需求指數的讀數很高，代表市場處於超買狀態，反之亦然。我個人認爲，需求指數可以按照下列準則運用：

- 指標與價格之間的背離現象，代表既有走勢的強或弱（取決於正向或負向背離）。
- 對於某些市場，指標穿越超買／超賣界線，代表理想的買賣訊號。由於需求指數會受到證券價格波動程度影響，所以最佳超買／超賣水準，需要根據個別情況決定。可是，對於多數證券來說，+25與-25是大體上不錯的設定。
- 需求指數有時候也會形成價格排列，或出現趨勢線突破訊號；這通常都是既有趨勢即將反轉的可靠預警。

走勢圖23-11顯示需求指數一些有趣的運用。首先，A點出現很好的訊號，價格與需求指數都跌破趨勢線。不久，我們看到剛好相反的情況，需求指數與價格都打底完成而向上突破。可是，該漲勢隨後的發展，頂多只能稱之爲「反覆」。這是否意味著需求指數完全不可靠？不，這是空頭市場經常發生的現象：看似有效的突破，結果卻是反覆。

任何技術指標都難免會有這種令人失望的時候。唯一的解決辦法，就是在從事短期分析之前，預先判斷當時的主要趨勢發展方向。接著，在C點，我們看到價格與需求指數之間出現正向的背離；稍後在D點，價格與需求指數都跌破趨勢線。最後，在E點，需求指數完成頭肩底排列而向上突破，但這個訊號顯然失敗。容我再次強調，任何技術判斷需要引用一些常識，就目前這個例子來說，請注意向上突破的買進訊號發生在超買區域。如同

走勢圖23-11　Citrix Systems，2000～2001，需求指數
（資料取自www.pring.com）

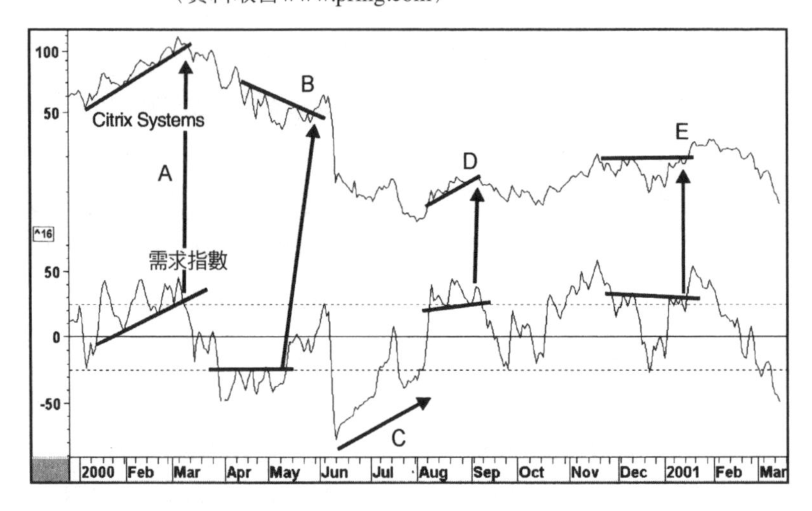

我們稍早在談論動能指標所強調的，突破如果發生在極端區域，訊號通常會反覆。

柴京資金流量指標

柴京資金流量指標（Chaikin Money Flow, CMF）是由馬克・柴京（Marc Chaikin）發明，秉持的基本概念是：價漲量增，價跌量縮。CMF反映一項事實：市場表現如果強勁收盤價應該落在每天交易區間的上半段，而且成交量會放大；同理，市場表現如果疲弱，收盤價應該落在交易區間下半段，成交量同樣會放大（譯註）。我們可以計算任何天數期間的CMF，計算期間愈長，指標擺動愈平滑。計算期間如果很短，譬如10天，指標波動相對劇烈。

計算期間內（譬如10天），如果每天價格總是夾著大量收在當天交易區間的上半段，則指標讀數將朝正向發展（零線之上）。反之，如果每天價格總是夾著大量收在當天交易區間的下半段，則指標讀數將朝負向發展（零線之下）。

關於柴京資金流量指標的運用，雖然也可以設定超買／超賣水準，藉由指標穿越界線而判定買進／賣出訊號，但CMF的背離分析更具特色。走勢圖23-12顯示幾個好例子。

1994年初，當價格創該波段最後峰位時，CMF跌得很凶。價格實際到達最高點時，CMF幾乎觸及零線。這說明了最後幾個禮拜的漲勢，技術面的缺陷相當嚴重。同樣地，請觀察1995年底的情況，此處的背離現象更顯著，因爲當價格創新高時，CMF只不過勉強爬升到零線之上。關於這兩個例子，我們看到價格隨後都大跌。

譯註：柴京資金流量指數的計算程序分爲兩步驟（假設計算10天期CMF）

第1步驟：每天的CFV＝{[(C－L)－(H－C)]÷(H－C)}×每天成交量

其中C＝收盤價，H＝最高價，L＝最低價

第2步驟：10天CMF＝20天CFV的加總和÷10天成交量總和

請注意，第1步驟計算過程的[(C－L)－(H－C)]實際上就是：2C－H－L。所以，收盤價只要落在每天交易區間的上半段，CFV就是正數；反之，收盤價如果落在交易區間的下半段，CFV爲負數。C愈接近H，[(C－L)－(H－C)]愈接近＋1；C愈接近L，[(C－L)－(H－C)]愈接近－1。

所以，[(C－L)－(H－C)]可以視爲某種「權數」：收盤價愈接近最高價，每天成交量愈能發揮正面的影響力，當收盤價等於最高價，每天成交量將充分發揮正面影響力；收盤價愈接近最低價，每天成交量愈能發揮負面的影響力，當收盤價等於最低價，每天成交量將充分發揮負面影響力。至於第2步驟的CMF計算，則是第1步驟之每天CFV的某種形式累積加總和。

走勢圖23-12 National Semiconductor，1993～1997，CMF指標
（資料取自www.pring.com）

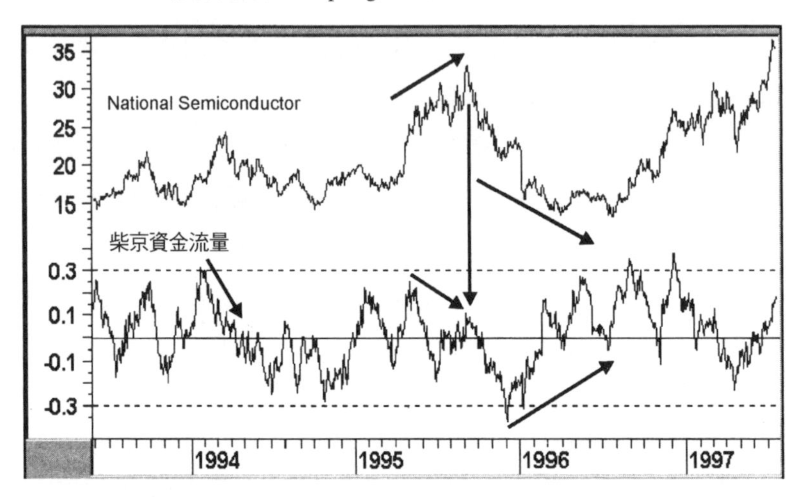

正向背離訊號也相當不錯，請觀察1996年的底部。年中左右，當價格創新低的時候（稍微跌破先前的低點），擺盪指標只不過稍低於零線。關於當時的情況，不妨比較1995年底的低點，CMF當時跌到嚴重超賣程度。當然，這只是擺盪指標提供的訊號，實際採取行動之前，還需要價格趨勢反轉的確認。

動能指標提供的背離現象雖然並不罕見，但柴京資金指標在這方面有別於ROC或RSI等其他擺盪指標，因為CMF的背離現象非常凸顯，往往能夠顯示其他指標不能表達的訊號。

關於這項指標的諸多用途，我很喜歡藉此評估橫向交易區間，比較價格與擺盪指標之間的行為，藉以判斷交易區間的突破方向。走勢圖23-13顯示20週的CMF指標。股價在1987年出現一段橫向盤整走勢。矩形排列發展過程，CMF跌破上升趨勢線，稍後

走勢圖23-13　American Business Products，1986～1991，CMF指標
（資料取自www.pring.com）

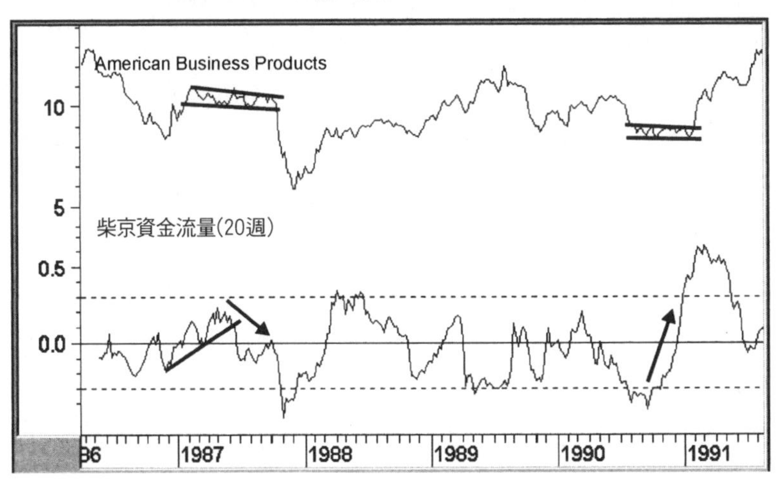

到了8、9月份，價格與CMF之間呈現顯著的背離。由於這兩個訊號，也就難怪價格隨後暴跌。1990底，價格又出現一段橫向盤整，但CMF這次是顯著向上挺進，透露矩形排列很可能向上突破。

股票市場的成交量

上漲／下跌成交量

上漲／下跌成交量指標（upside/downside volume）主要是想區別價格上漲和下跌股票之間的成交量。利用這種方法可以巧妙地判斷承接或出貨的盤勢。就概念上來說，這項指標相當合理，但在實務運用上，效果卻不太理想。根據ROC或趨勢偏離計算的成交量動能指標，訊號通常比較可靠。

《華爾街日報》和《拜倫雜誌》每天都提供這項指標的數據，還很多資料服務機構也如此，例如：路透社、CSI與Dial。這項指標有兩種衡量。

上漲／下跌成交量曲線（upside/downside volume line） 首先，分別計算每天價格上漲和下跌之個別股票的成交量，把上漲總量減掉下跌總量；其次，將此差值累積加到前一天的指標讀數。這項指標最初的讀數是任意設定的，最初設定數值最好很大，否則市場萬一普遍大跌，指標讀數可能出現負數，這將造成解釋上的困擾。表23-1所列的計算範例，最初設定數據是5億股。

關於週或月的數據，這項指標沒有現成的資料可供運用，所以比較長期的分析，數據必須自行計算，或是取每週五的數據，或是取週五數據的平均數繪製月線。移動平均也可以根據是當資料計算。正常情況下，上漲／下跌成交量曲線會隨著行情上漲而上升，下跌而下降。

表23-1　上漲／下跌成交量曲線的計算

日期	價格上漲股票成交量（百萬股）	價格下跌股票成交量（百萬股）	差值	上漲/下跌成交量讀數（百萬股）
1月 1	101	51	+50	5050
2	120	60	+60	5110
3	155	155	0	5110
4	150	100	+50	5160
5	111	120	−9	5151

主要技術原則：價格新高或新低如果不能得到上漲／下跌成交量指標的確認，代表趨勢反轉的警訊。

本書（上冊）第I篇討論的趨勢判定原理也可以運用於上漲／下跌成交量指標。當市場呈現不規則漲勢，價格指數持續創新高，過程內發生的折返走勢低點也持續墊高，上漲／下跌成交量曲線也應該呈現類似的走勢。這類行爲顯示，價格上升股票的成交量在漲勢中持續擴大，價格下跌股票的成交量在跌勢中持續縮小。這種正常的價量關係如果不存在，可能代表兩種情形：或是上漲股票的成交量不足，或是下跌股票的成交量放大。這兩種情況都是空頭徵兆。當價格創新高而整體成交量擴大時，上漲／下跌成交量曲線尤其具有參考價值。如果下跌股票成交量的增加程度，相對大於上漲股票的成交量，上漲／下跌成交量曲線的上升速度會減緩，實際讀數甚至可能下降。

走勢圖23-14顯示1985～1987年期間的上漲／下跌成交量曲線，及其200天移動平均。整段期間內，指標讀數基本上都保持在移動平均之上，即使S&P出現相當大幅修正也是如此，但在1987年10月初，也就在大崩盤發生之前，指標跌破移動平均。

另外，請注意，1986年10月，S&P創新低價，上漲／下跌成交量曲線當時並沒有提供確認（正向背離）。

1988年到1997年之間，價格與上漲／下跌成交量指標，大體上呈現一致走勢，沒有發生背離現象，請參考走勢圖23-15（涵蓋期間1998年到2001年）。請注意1998年夏天的盤整過程，此時出現負向背離；隨後，趨勢線突破引發一波漲勢。1999年到2000年夏天之間，兩個走勢之間發生相當嚴重的負向背離。這段行情可以說是有史以來最混亂的期間之一，因爲彼此矛盾的訊號很多，兩個走勢互有領先。

走勢圖23-14　S&P綜合股價指數，1985～1987，上漲／下跌成交量曲線
（資料取自www.pring.com）

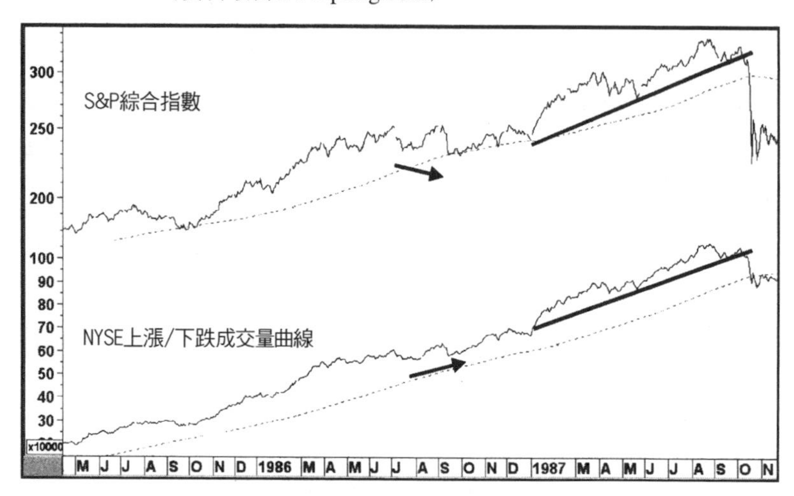

走勢圖23-15　S&P綜合股價指數，1998～2001，上漲／下跌成交量曲線
（資料取自www.pring.com）

上漲／下跌成交量擺盪指標（upside/downside volume oscillator）　關於上漲／下跌成交量指標，另一種處理方法，是將其繪製爲擺盪指標格式，可能方式有成交量擺盪指標、平滑化RSI或其他。

走勢圖23-16顯示上漲成交量和下跌成交量的KST指標，當上漲成交量KST向上穿越下跌成交量KST時，代表買進訊號；反之，當上漲成交量KST向下穿越下跌成交量KST時，代表賣出訊號。這個例子藉由向上和向下箭頭，分別標示買、賣訊號。

不幸地，單獨根據成交量指標訊號，實在無從判斷哪些訊號有效、哪些無效。所以，我們還要觀察價格本身的行爲，譬如：趨勢線、價格型態……等（走勢圖23-16也做了某些標示）。

走勢圖23-16　S&P綜合股價指數，2000～2001，上漲／下跌成交量擺盪指標（資料取自www.pring.com）

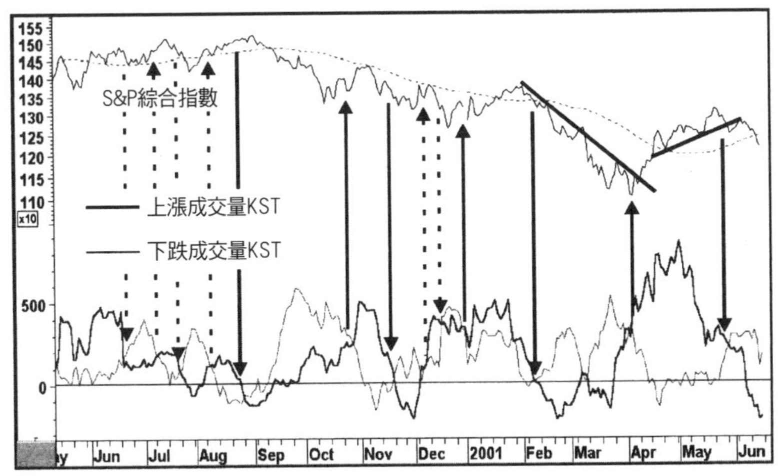

有時候，我們可以繪製上漲成交量和下跌成交量指標之間的比率，藉以研究超買／超賣水準。關於這方面的運用，請參考走勢圖23-17，其中顯示上漲和下跌擺盪指標之間的比率，兩個成交量擺盪指標的計算期間都是10天，然後藉由45天移動平均做平滑化。關於計算期間的選取，沒有什麼特別之處；短期趨勢反轉採用較短的計算期間，反之亦然。

當指標穿越超賣、超買水準而折返中性區的位置，分別代表買進、賣出訊號，請參考圖形標示的箭頭。大體上來說，這些訊號相當不錯，但永遠都要和價格本身的趨勢反轉訊號配合，藉以減少訊號反覆的風險。關於這項比率，似乎沒有理由不能運用趨勢線、價格型態分析，或甚至是移動平均穿越。

走勢圖23-17　S&P綜合股價指數，1999～2001，上漲、下跌成交量擺盪指標比率（資料取自www.pring.com）

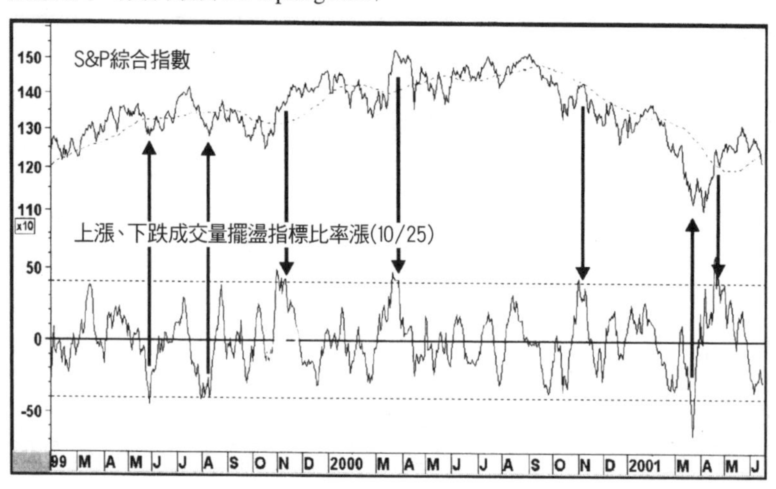

阿姆斯指數

這項指標是由理查・阿姆斯（Richard Amrs，www.ArmsInsight.com）發明，綜合運用市場廣度和上漲／下跌成交量資料。阿姆斯指數有時候又稱爲TRIN或MKDS，是把「上漲家數」除以「下跌家數」的比率，再除以「上漲成交量」除以「下跌成交量」的比率，換言之，

$$\frac{\text{上漲家數／下跌家數}}{\text{上漲成交量／下跌成交量}}$$

計算上幾乎都採用日線資料，但似乎沒有理由不能引用到週線或月線上。一般運用上，阿姆斯指數都採用NYSE的資料做計算，但同樣的程序也可以運用在那斯達克或其他市場，前提是該市場必須提供上漲／下跌成交量和市場廣度資料。關於阿姆斯指數，有一點值得特別提出，其走向與市場剛好相反；換言之，超買狀態呈現爲谷底，超賣狀態則爲峰位。這種情況幾乎與本書談論的全部指標都剛好相反；所以，爲了表達上的一致性起見，此處的範例把阿姆斯指數顚倒呈現。

這項指標嘗試觀察上漲股票和下跌股票成交量的相對關係。理想情況下，我們希望看到上漲股票——相對於下跌股票——擁有較多的成交量。若非如此，指標發展將與大盤指數背離。如果成交量大多集中在下跌股票，意味著市場賣壓沈重。當賣壓累積到某種程度，既有價格趨勢就會反轉。

我們可以計算任何期間的阿姆斯指數。舉例來說，某些報價

機構和CNBC提供的資料，代表價格向上、向下跳動的家數與相關成交量。除非很幸運，我們才有辦法在連續的基礎上，根據即時資料繪製這項指標的走勢圖。否則的話，這類斷斷續續的資料，只能用以評估市場在盤中是否超買或超賣。就這方面的運用，120或以上代表超賣，50或以下代表超買（記住，這項指標的讀數解釋，剛好與其他動能指標相反）。

阿姆斯指數也能夠取移動平均，最常見者爲10天移動平均。解釋上，這與本章稍早討論的10天期A/D指標相同。多數情況下，這兩項指標的走勢一致，但某些情況下，阿姆斯指數能夠針對趨勢反轉提供更微妙的訊息。請參考走勢圖23-18，其中分別顯示10天、25天和45天的阿姆斯指數（顛倒格式）。同一份走勢圖之所以並列三種不同計算期間的指標，理由請參考本書第10章的說

走勢圖23-18　S&P綜合股價指數，1998～2001，三個不同計算期間的阿姆斯指數（資料取自www.pring.com）

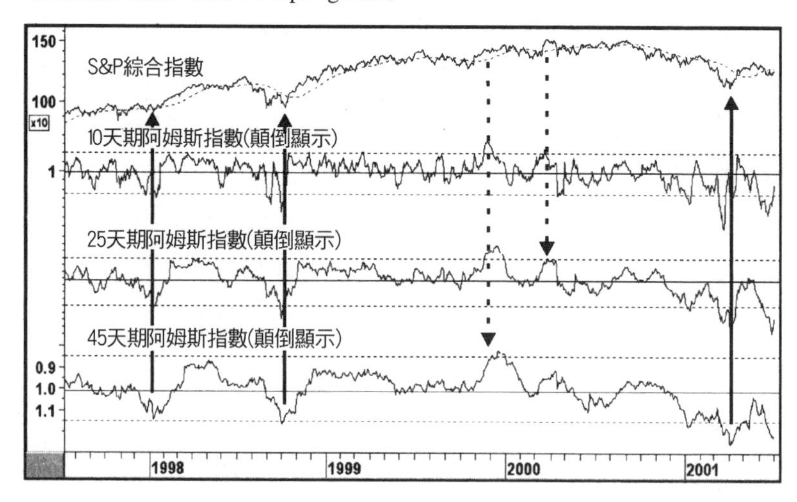

明。圖形上的箭頭，代表三個不同期間指標至少有兩個處於極端狀況而開始反轉。處在行情頭部，阿姆斯指數通常會領先價格做頭，但賣壓高潮的位置則會發生在市場谷底，兩者約略同時發生。一般來說，當10天期阿姆斯指數穿越150，代表行情的主要低點即將出現。這可能馬上發生，但最終底部也可能發生在10～20天之後。根據1968年到2001年的資料觀察，這項準則毫無例外。

能量潮指標

能量潮指標（on-balance volume，簡稱OBV）是葛蘭威爾（Joe Granville）發明，最初發表於他的著作《葛蘭威爾股票獲利新秘訣》（Granville's New Key to Stock Market Profits）。這項指標採用連續累積格式，指標最初設定為任意起始讀數，然後每天持續加總成交量。當天價格上漲，則成交量為正數；當天價格下跌，則成交量視為負數。換言之，價格如果上漲，當天的成交量加到昨天的能量潮餘額，價格如果下跌，則昨天的能量潮餘額減掉當天成交量。

對於盤中走勢圖來說，則累積計算每支線形的成交量；週線圖則計算每週的成交量，其他依此類推。能量潮（OBV）大體上可以反映買進力量或賣出壓力，運用相當普及。解釋上，OBV要與價格做比較，可以觀察背離、趨勢線突破、價格型態、移動平均穿越等，藉以評估市場的技術面強度。

請參考走勢圖23-19顯示的一些例子。2000年11月份，價格創新低，但能量潮則否，顯示當時價格跌勢的賣壓不重。正向背離顯示價格即將向上反轉。同年9月份，OBV稍微創新高，但價格則明顯創新高，這代表成交量表現不如價格那般強勁，屬於空頭徵兆。這兩個例子當中，我們隨後也看到趨勢線突破的確認訊號。另外，2000年月底，價格跌破200天移動平均，但OBV並沒有，這也顯示價格跌勢的賣壓並不像表面上那般沈重。這些例子顯示OBV是很好的分析工具。

不幸地，我發現，OBV的實際運用效果並不理想，訊號有效與無效的機會大致相當。舉例來說，請參考走勢圖23-20，1999年下半年，OBV顯示價格將走高，實際卻下跌；2000年初，OBV顯示負向背離，結果價格上漲。

請注意，對於這兩份圖形顯示的例子，趨勢線共同突破的技巧都適用，這或許是解釋OBV的最佳方式。

走勢圖23-19　Amerada Hess，2000～2001，OBV指標
（資料取自www.pring.com）

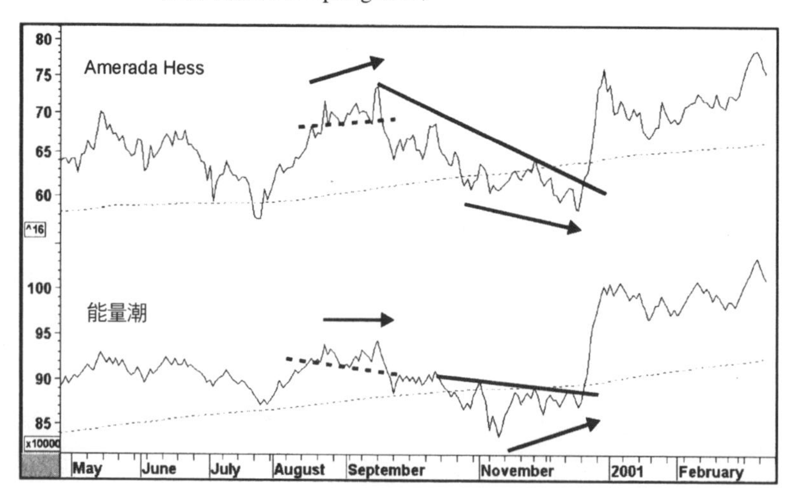

走勢圖23-20 Alergan，1998～2000，OBV指標（資料取自www.pring.com）

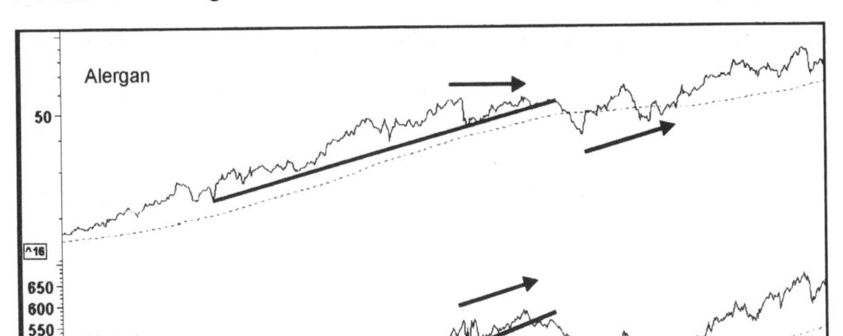

當量指標

當量（equivolume）繪圖方法是由迪克・阿姆斯發明（Dick Arms，www.ArmsInsight.com），其概念與本書第13章討論的等量陰陽線相仿。一般的長條圖，不論日線、週線、月線或盤中走勢圖，每支線形的寬度都相同。

當量走勢圖則讓線形寬度根據成交量做調整；成交量愈大，線形愈寬。至於線形的上、下兩端，則分別代表交易期間的最高價和最低價。

這種繪圖方法相當有用，因爲可以藉由線形直接顯示價格漲跌的成交量多寡。由於線形寬度不定，所以圖形座標橫軸（時間軸）的每單位距離不等，完全取決於期間內的成交量。

請參考走勢圖23-21，我們看到A點的線形很粗，代表價格夾著大量向上突破，屬於典型的買點。反之，B點的線形很細，意味著當時的漲勢沒有成交量做配合，既有上升趨勢隨時可能反轉。

接著，請參考走勢圖23-22的當量走勢圖。A點下降過程的線形很細，意味著價格下跌是因為買盤縮手而不是賣壓沉重，短期底部通常會很快浮現。不過，這點又藉由其他指標做確認。B點顯示價格漲勢的成交量很小。C點顯示價格夾著大量下跌，屬於空頭徵兆。價格跌破趨勢線可以做為確認。最後，D點出現非常寬的線形，可能代表賣壓高潮。

走勢圖23-21　MMM，2000～2001，當量走勢圖（資料取自www.pring.com）

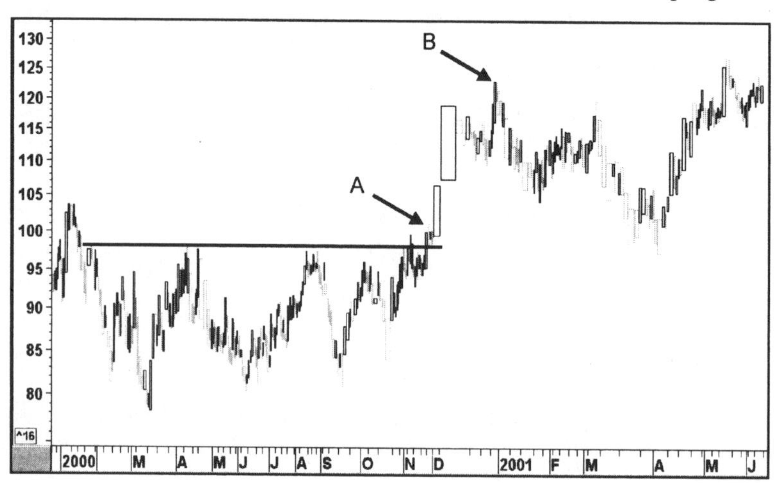

走勢圖23-22　Johnson and Johnson，2000～2001，當量走勢圖
（資料取自www.pring.com）

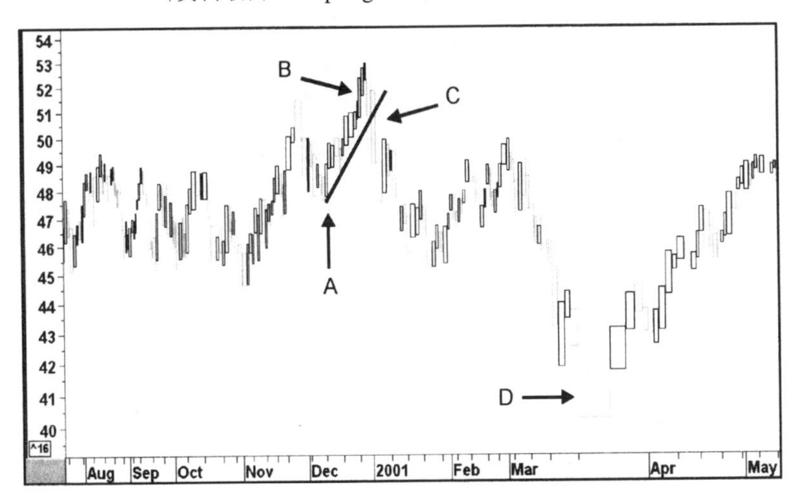

彙總

- 成交量ROC可以顯示成交量的微妙變化，通常不是普通成交量直方圖能夠表達的。
- 成交量ROC可以透過減法計算表示爲百分率格式。
- 成交量ROC與擺盪指標也適合採用超買／超賣穿越、趨勢線與價格型態分析。
- 成交量ROC與擺盪指標的超買訊號，可能預示著價格上漲或下跌，完全取決於先前的趨勢性質。
- 需求指數根據價格與成交量資料計算，走向與一般價格擺盪指標相同，適合運用於背離、超買／超賣、趨勢線突破與價格型態分析。

- CMF指標根據價格與成交量資料計算，走向與一般價格擺盪指標相同，最適合採用背離分析。
- 上漲／下跌成交量指標，衡量價格上漲與下跌股票的成交量。該指標可以繪製爲曲線圖，或表示爲擺盪指標格式。
- 阿姆斯指數考慮上漲與下跌股票家數，以及兩者的成交量資料，經常表達爲10天移動平均。讀數超過150，代表主要底部訊號。
- OBV繪製爲連續曲線，適合背離分析。價格與OBV的趨勢線共同突破訊號相當可靠，適合由此角度做解釋。

第24章 市場廣度

基本概念

市場廣度（breadth）是衡量參與某市場走勢之個別股票家數的多寡程度。因此，這是衡量市場趨勢所涵蓋的普遍程度。一般來說，某市場指數呈現的趨勢，參與該走勢的股票家數愈少，趨勢反轉的可能性愈高。市場廣度指標最初是設計用來評估股票市場的趨勢。本章的說明，主要是以美國股票市場爲準，但也適用於全球其他市場，甚至是任何可以被劃分爲多種類型組合成分的市場。舉例來說，我們可以比較一籃商品與某商品指數，或比較一系列外匯與某外匯指數（譬如：美元指數），或比較某產業股票組合與該產業類股指。總之，各種運用的解釋原理都相同。

市場廣度概念非常適合藉由軍事上的比喻來說明。請參考圖24-1，假定AA與BB分別代表某戰役敵對雙方的防禦陣線。如果AA軍只派遣少數部隊出擊，非常難以擊潰BB陣線。小圖(a)顯示，A軍派遣兩支部隊，但很快被B軍擊退。小圖(b)顯示，A軍展開大規模攻擊，成功迫使B軍撤對到新的防線B_1。

少數股票參與的漲勢，情況就如同小圖(a)。乍看之下，攻擊

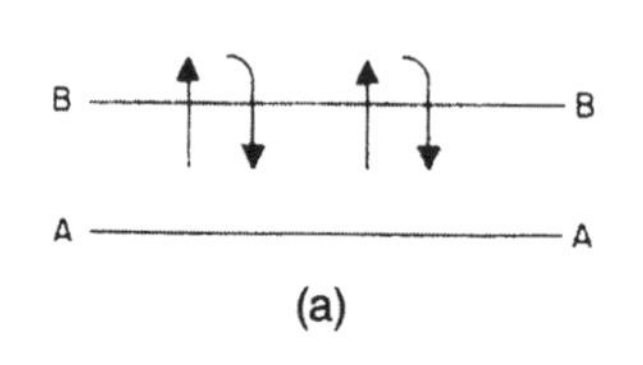

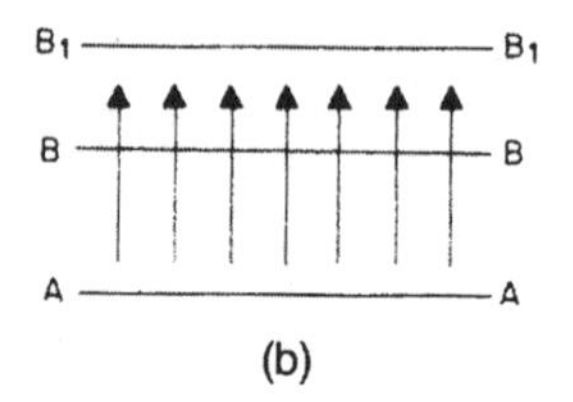

圖24-1 陣地戰

似乎能夠克服BB陣線（就股票市場來說，這代表壓力水準），但因爲攻擊火力不足，整個價格趨勢很快就會反轉。就軍事上的比喻來說，少數部隊或許得以穿越BB陣線，但如果缺乏後援，愈是孤軍深入，遭到B軍殲滅的可能性愈高。

股票市場的情況也一樣，行情如果不能得到市場普遍支持，價格漲勢持續愈久，幅度愈大，其結構愈脆弱。

對於行情底部而言，市場廣度不是決定主要趨勢反轉的有用概念，因爲多數股票的底部會與大盤同時發生或稍微落後。某些情況下，如果廣度指標向上反轉的時間早於大盤指數，將有助於判斷行情底部。首先，我們要說明，在行情的頭部，廣度指標爲何通常會領先大盤做頭。我們說「通常」，是因爲多數個別股票的峰位，其位置總是發生在道瓊工業指數或S&P指數的峰位之前。當然，這不是萬無一失的鐵則，我們不能只因爲市場廣度指標的表現很強勁，便理所當然地認爲市場技術面很健全。

騰落線

騰落線（advance/decline line，簡稱A/D）是運用上最普及的市場廣度指標。騰落線的計算，是取某特定期間內（通常是一天或一週），NYSE上漲家數減掉下跌家數的差值，並累計到前一期的騰落餘額上。當然，我們也可以計算美國證交所或那斯達克市場的騰落線。請注意，自從這項指標發明以來，NYSE的掛牌股票家數明顯增加；騰落線如果直接取上漲家數與下跌家數的差值，會讓近期資料的權數變大。所以，對於長期比較，應該取上漲家數與下跌家數的比率，或將上漲與下跌家數先分別除以價格為變動的家數，然後計算其比率，不該直接取上漲與下跌家數的差值。

已經過世的漢彌爾頓·波登（Hamilton Bolton）設計一種非常有用的廣度衡量，計算下列公式的累計總值：

$$\sqrt{A/U - D/U}$$

其中，A＝上漲家數，D＝下跌家數，U＝價格不變家數。

負數的平方根，在數學上沒有定義（換言之，當下跌家數超過上漲家數時）；所以，碰到這種情況時，則取D與A的位置調換，計算D/U－A/U之差值的平方根，然後由前期餘額扣減。表24-1是採用週線資料所做的計算。

將價格不變家數考慮在內，是有道理的；某些情況下，這可以讓騰落線提早發出趨勢反轉訊號，因為價格漲勢或跌勢愈具有動態性質，價格不變家數通常也會愈少。所以，計算公式給予價格不變家數某種程度的權數，可以及早顯示騰落線動能鈍化，因為不變家數增加時，騰落線變動速度會趨於緩和。

正常情況下，騰落線會配合大盤指數漲跌而起伏，但其峰位通常領先大盤頭部。這種現象之所以發生的理由，可由三方面解釋：

表24-1 週線騰落線計算（採用波登的計算公式）

日期	交易家數 (1)	上漲家數 (2)	(3)	不變家數 (4)	上漲+不變家數 (5)	下跌+不變家數 (6)	第5欄-第6欄 (7)	√Col. 7 (8)	累計騰落線 (9)
Jan. 7	2129	989	919	221	448	416	32	5.7	2475.6
14	2103	782	1073	248	315	433	−118	−10.9	2464.7
21	2120	966	901	253	382	356	26	5.1	2469.8
28	2103	835	1036	232	360	447	−87	−9.3	2460.5
Feb. 4	2089	910	905	274	332	330	2	1.4	2461.9
11	2090	702	1145	243	289	471	−18.2	−13.5	2448.4
18	2093	938	886	269	349	329	20	4.5	2452.9
25	2080	593	1227	260	228	472	244	−15.6	2437.3

1. 股票市場會預先反映經濟循環，所以多頭市場峰位的發生位置，通常會領先經濟循環峰位達6～9個月。由於某些領先產業，譬如：金融、消費者支出與營建等，其活動會領先整體經濟，所以這些產業的股票價格也會領先大盤出現峰位。
2. NYSE掛牌股票之中，許多對於利率變動非常敏感，譬如：優先股與公用事業類股。由於在市場出現頭部之前，利率通常已經開始上升，所以這些對於利率敏感的股票，其走勢會提早下跌。
3. 多頭市場裡，本質差的股票往往會出現較大的漲幅，但這些企業在管理、財務狀況等方面相對不健全，盈餘能力比較容易受到景氣影響甚至倒閉。反之，績優股在信用等級、股息分派、根本資產等方面相對健全，通常是投資人在多頭行情之中最後賣出的股票。

道瓊工業指數或其他市場主要指數，其成分股大多屬於績優股或相對大型股。當整體市場已經由峰位反轉而下，這些指數成分股經常還能繼續挺進。

騰落線指標的解釋

以下是騰落線解釋的某些重要準則：

1. 某些騰落線具有長期向下的偏頗。所以，分析者需要觀察騰落線與大盤指數之間的長期關係，評估是否存在這類的偏頗。就美國證交所、那斯達克市場與日本股票市場所計算的騰落線觀察，便存在這種偏頗。
2. 騰落線與大盤指數在行情頭部發生背離現象，大盤指數隨後幾乎必然下跌。雖說如此，但交易或投資決策仍然應該等待大盤指數出現反轉訊號。
3. 多數情況下，騰落線與大盤指數的底部會同時發生，或騰落線底部稍微落後。這種現象不具預測價值。可是，如果大盤指數創新低，但騰落線沒有給予確認，這雖然是不尋常的正面訊號，但還是應該等待大盤指數本身向上反轉。
4. 市場廣度指標與大盤指數之間雖然也可能產生負向背離，但是當騰落線向上突破趨勢線，而且大盤指數本身也向上突破趨勢線，這經常代表重要的漲勢。
5. 多數情況下，根據每天資料計算的騰落日線，其向下偏頗的更甚於週線資料計算的騰落週線。
6. 騰落線也可以運用移動平均穿越、趨勢線突破、價格型態等分析方法。對於較長期分析，200天移動平均的效果相當不錯。

7. 騰落線如果呈現正向趨勢（譬如說，騰落線位在200移動平均之上），這代表整體股票市場處在有利的環境內，而不論道瓊工業指數或S&P綜合指數等主要股價指數的情況如何。因此，相較於藍籌股指數，騰落線更能代表行情發展的健全程度。

> **主要技術原則**：騰落線與大盤指數之間的負向背離現象，程度愈嚴重，延續期間愈久，意味著行情隨後發生的跌勢也會愈嚴重。

基於這個緣故，騰落線與大盤指數在長期趨勢頭部發生的背離，重要性大於中期趨勢頭部，請參考走勢圖24.1，騰落週線的峰位發生在1971年3月，領先道瓊工業指數頭部的時間幾乎長達2年，就歷史角度觀察，這是相當長的領先。

走勢圖24-1　道瓊工業指數與NYSE騰落週線，1966～1977
（資料取自www.pring.com）

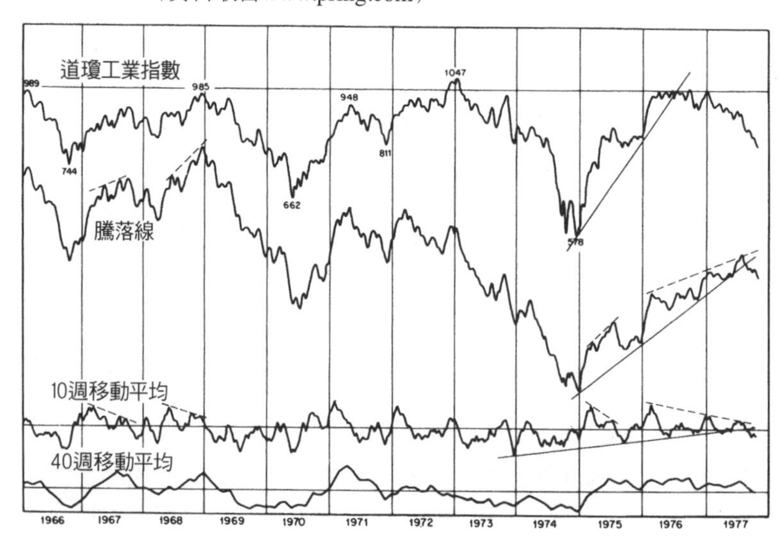

隨後發生的行情，則是經濟大蕭條以來最嚴重的空頭市場。另一方面，即使沒有背離的現象，並不代表不會發生嚴重的空頭市場。例如：1968年12月的頭部（參考走勢圖24-1）。

行情發展到底部階段，騰落線如果沒有確認道瓊指數所創的新低點，兩者之間將出現正向背離。1939～1942年之間，便發生這類的明顯正向背離。道瓊指數在1939年到1941年之間，創下一系列不斷下滑的峰位與谷底，但騰落線並沒有給予確認（請參考走勢圖24-2）。最後，到了1941年，騰落線創1932年經濟復甦以來的最高點，但道瓊指數沒有跟進。這個背離現象使得價格與騰落線在1942年春天都大跌，但騰落線低點仍然遠高於1938年底部，道瓊指數則創新低。由1942年4月低點開始，發生一波有史以來規模最大的多頭市場。這種正向背離很不尋常。正常情況下，騰落線底部會同時發生或落後道瓊指數谷底，因此不具預測價值，直到騰落線突破價格型態或趨勢線，或穿越移動平均而發出向上反轉的訊號。

騰落日線

騰落日線具有向下的偏頗，所以長期比較必須很謹慎，譬如：比較近期與2、3年前的高點。比較騰落線與大盤指數時，騰落線所創的新高點，可能在18個月之內都得不到大盤指數的確認，因此而產生負向背離。走勢圖24-3 (a)即是案例，騰落線高點發生在1987年4月，但S&P綜合指數的峰位出現在同年8月。這個負向背離並沒有立即引發行情下跌，但價格最終還是不免隨著騰落線下滑。一般來說，在大盤指數下跌之前，經常會發生幾次的

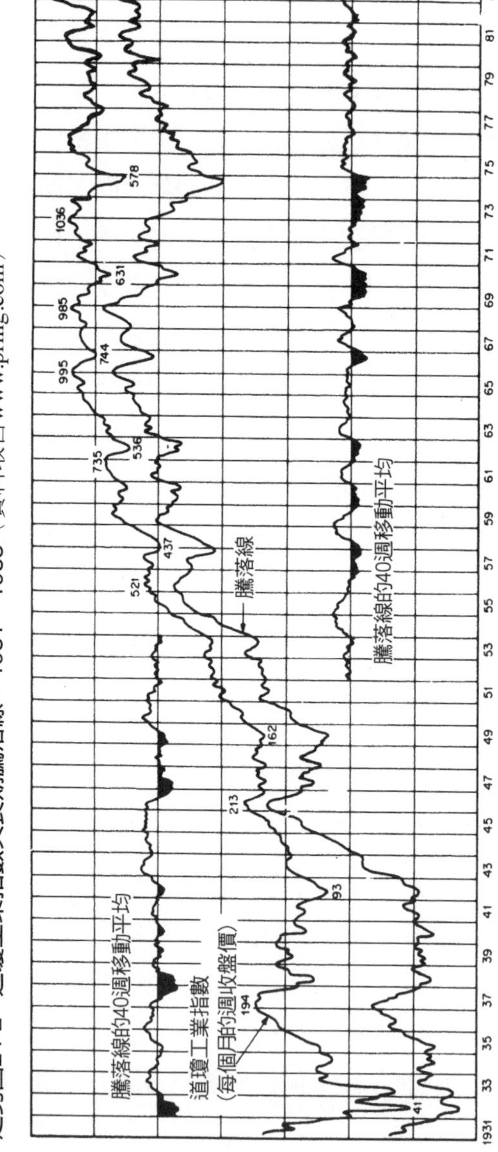

走勢圖24-2 道瓊工業指數與長期騰落線，1931～1983（資料取自www.pring.com）

走勢圖24-3 (a) S&P綜合股價指數vs.NYSE騰落日線，1986～1988
（資料取自www.pring.com）

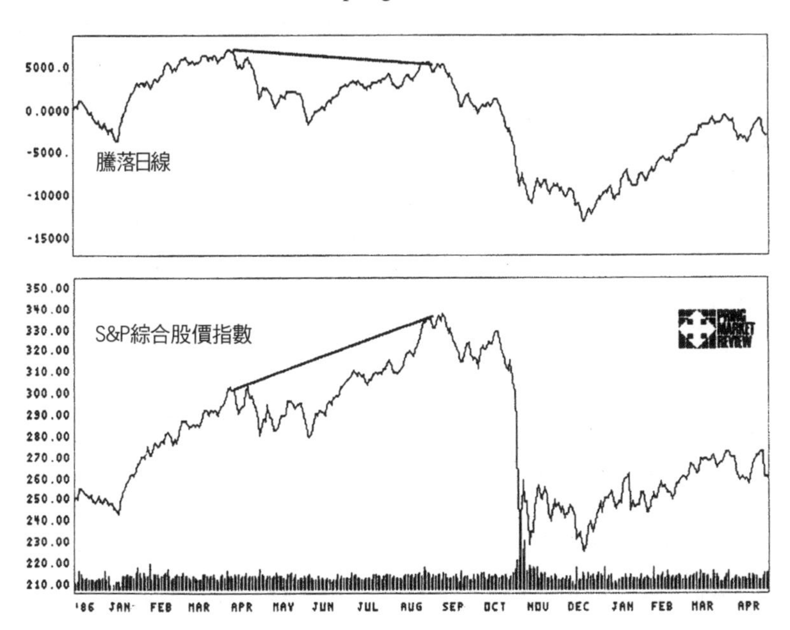

負向背離。這類現象最初會引起注意，但因爲價格沒有因此下跌，所以很多分析者會判定「這次的背離無效」。事實上，負向背離通常都會造成價格下跌，只是時間往往會顯著落後。1973年1月的行情頭部就是很典型的例子，先前曾經出現長達2年的背離。

由於騰落日線底部的發生位置，通常與大盤指數相同，或是落後大盤指數，所以騰落線對於行情底部的趨勢反轉判斷，並沒有明顯的用途。

處在行情底部，趨勢線突破是判定反轉的較有效方法。騰落線與大盤指數同時向上突破趨勢線，通常是重要漲勢的訊號。走

走勢圖24-3 (b) S&P綜合股價指數vs.NYSE騰落日線，1991～1995
（資料取自www.pring.com）

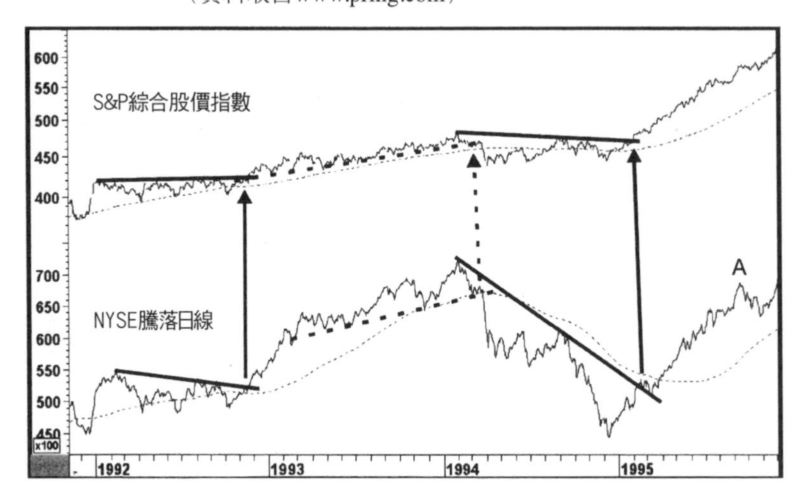

勢圖24-3(b)顯示一些例子。1992年底，價格與騰落線都突破下降趨勢線。1994年初，兩者都跌破上升趨勢線（標示為虛線），代表賣出訊號；請特別注意這個例子，就在突破趨勢線的同時，兩者也幾乎同時跌破200天移動平均。這使得趨勢反轉的「證據更充分」，也提升了賣出訊號有效的可能性。最後，1995年初，兩者又幾乎同時突破下降趨勢線之上，而且沒有任何徵兆顯示

評估可能的背離或不確認狀況時，態度上務必要保留一些彈性。舉例來說，請參考走勢圖24-3(b)的A點。就當時的情況判斷，騰落線很可能會出現嚴重的負向背離，因為A點位置距離1994年初高點還有相當差距。所以，我們可能因此得到偏空的結論。可是，千萬不要忽略當時騰落線遠在200天均線之上，而且沒有任何徵兆顯示S&P可能向下反轉，而確認騰落線的負向背離（事實

上，我們甚至不能確定負向背離存在)。就隨後的實際發展觀察，騰落線與股價指數都繼續創新高，這也顯示我們必須適當尊重既有趨勢，對於可能的背離現象更應該保持某種程度的懷疑。

廣度擺盪指標（市場內在強度）

比較歷史資料時，藉由ROC方法計算動能，有助於衡量價格指數，因為類似比例的價格走勢，其ROC動能衡量也相同。可是，這種方法不適合運用於衡量市場內部結構之指標（譬如：成交量和廣度）的動能，因為這些指標最初都採用任意設定的數值。這種情況下，ROC可能需要根據正值與負值進行計算，造成動能趨勢在解釋上的困擾。以下數節將簡略說明廣度擺盪指標的一些計算方法。

10週騰落擺盪指標

走勢圖24-4顯示騰落線與其10週擺盪指標的發展。擺盪指標是根據先前討論的公式計算，取的10週移動平均。我們能夠按照背離原則，比較騰落線與其動能指標。有些情況下，騰落線本身雖然持續創新高，但其動能指標的峰位卻下降。負向背離發生時，當時無法得知騰落線還可以持續向上攀升到何種程度，只知道技術面正在惡化（換言之，10週動能的峰位持續下降)。動能指標跌破趨勢線，或向下穿越移動平均，往往代表騰落線向上走勢即將告一段落。正常情況下，當動能指標發生上述現象，騰落線會大幅下滑，但有時也會呈現橫向走勢。正向背離的情況也是如

走勢圖24-4 NYSE騰落線與10週廣度擺盪指標（資料取自www.pring.com）

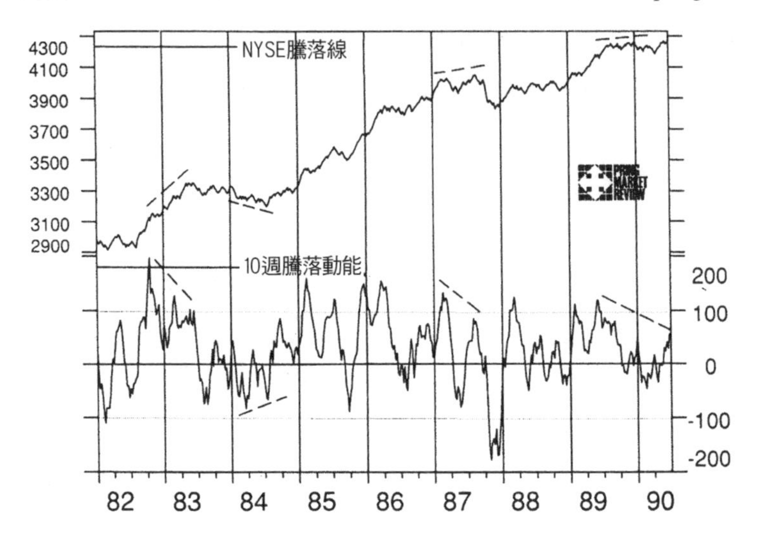

此。騰落線底部不斷下滑，其動能指標的底部則持續墊高，這時候的確認訊號是騰落線本身向上突破趨勢線。

10天和30天騰落擺盪指標

這些指標是計算A／D或A÷D比率的10天或30天移動平均。另一種方法，市值皆計算某特定期間的A÷D。解釋上，這些指標與其他動能指標完全相同，但必須注意這是相對短期的指標。走勢圖24-5顯示10天廣度動能指標的例子。

請注意，此處的擺盪指標是與騰落線做比較，不是S&P或道瓊指數。1999年到2000年3月之間，兩者出現一系列正向背離。接著同年稍後當騰落線做頭之後，我們看到一些負向背離。2000年9月，當行情出現高點時（A點），10天期動能只能勉強維持在零線

走勢圖24-5　NYSE騰落線與兩個廣度擺盪指標，1999～2001
（資料取自www.pring.com）

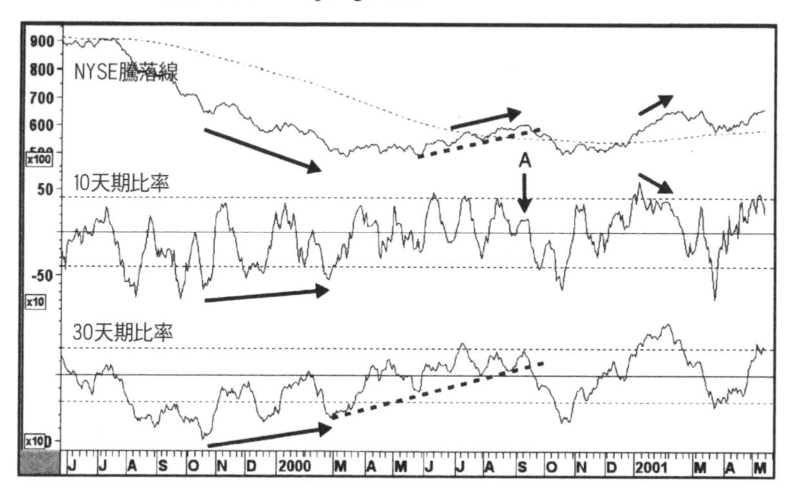

之上，顯示技術面相當弱。然後，騰落線與30天期擺盪指標都跌破趨勢線，賣出訊號有了更充分的證據。2001年1月份，我們看到，騰落線與10天期動能之間發生正向背離。

麥克里倫擺盪指標

麥克里倫擺盪指標（McClellan Oscillator）屬於短期廣度動能指標，衡量A／D之19天和39天EMA（指數移動平均）的差值。就這方面來說，其原理與第11章討論的MACD相同。一般使用的買賣訊號如下：買進訊號發生在指數下降到－70～－100的超賣區域，賣出訊號發生在指數上升到＋70～＋100的超買區域。

根據我個人的使用經驗，這項指標在解釋上應該採用本書第10章討論的準則，運用背離現象、趨勢線分析與其他等等。走勢

圖24-6顯示那斯達克市場的例子。箭頭標示處，代表擺盪指標上升到175之上做頭的買進訊號[1]。這是麥克里倫版本的極端超買(請參考第10章)。

這些訊號當然不是萬無一失，2000～2001年的空頭市場就是證明。這點再度提醒我們，絕對不該只根據某單一技術指標做成結論。

此處討論採用的EMA計算期間是19天和39天，這是麥克里倫擺盪指標最常用的期間長度，也是多數套狀軟體的預設值。當然，讀者沒有理由不能嘗試其他的參數組合。

走勢圖24-6　那斯達克綜合指數，1996～2001，麥克里倫擺盪指標
(資料取自www.pring.com)

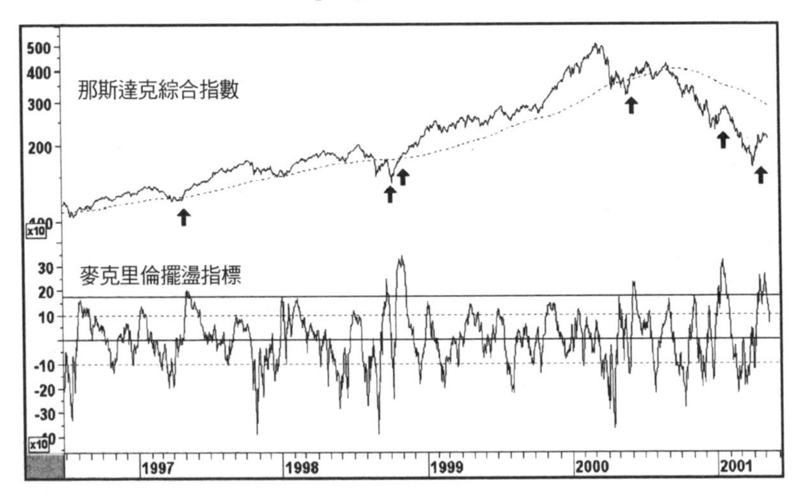

1. 圖形上，動能指標的座標刻度擴大10倍，所以圖形顯示的170，相當於實際讀數為17。

麥克里倫加總指數

麥克里倫加總指數（McClellan Summation Index）是由麥克里倫擺盪指標延伸得到的技術指標，也就是累計加總擺盪指標的每天讀數。繪製為圖形時，這是一條變動相對緩慢的曲線，每當原始擺盪指標穿越零線，加總指數曲線才會改變方向。加總曲線的斜率，取決於實際讀數與零線的差值。換言之，超買讀數會造成加總指數快速上升，反之亦然。許多技術分析者把加總曲線的方向變動視為買賣訊號；我發現，這會造成許多假訊號。所以，我比較偏愛採用移動平均穿越訊號；這種訊號在時間上雖然會稍微落後，但可以過濾許多假訊號。我個人的經驗顯示，麥克里倫加總指數與其35天移動平均構成的穿越訊號最理想。相關案例請參考走勢圖24-7。

走勢圖24-7　S&P綜合指數，1996～2001，麥克里倫擺盪指標
（資料取自www.pring.com）

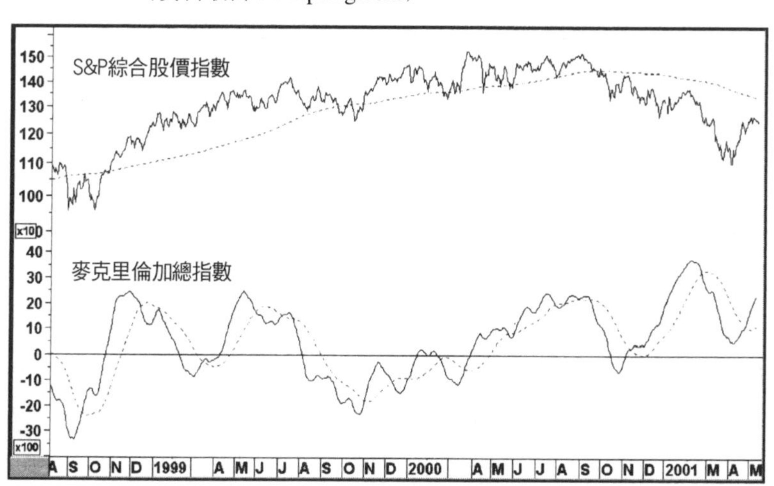

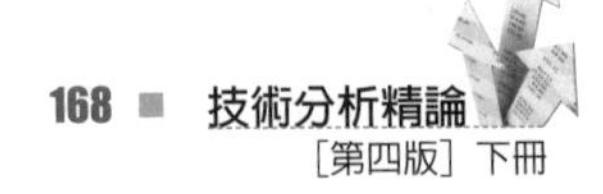

即使採用移動平均穿越訊號，這個例子還是出現許多反覆訊號，意味著這套方法絕對稱不上完美。

主要技術原則：股票市場上漲一段期間之後，股價創新高的淨家數應該要合理，雖然這個讀數不需要持續上升。

新高-新低家數

一般媒體或交易網站都會公布股價日線與週線創新高、新低的股票家數。此處所謂創新高或新低，期間通常是指52週而言。衡量股價創新高、新低家數的方法有很多種，但原始數據的波動非常劇烈，所以通常都是以某種移動平均來處理。某些技術分析者偏好分別顯示股價創新高和新低家數的指標，另一些人則直接取兩者的差值。

股票市場經過相當長的上漲，一系列價格峰位持續墊高；這時如果股價創新高淨家數曲線的峰位下降，通常代表警訊，因為愈來愈少股票能夠突破價格型態而創新高價。請注意，創新高淨家數已經把創新低家數考慮在內（換言之，創新高家數減掉創新低家數）。空頭行情裡，S&P綜合股價指數或其他大盤指數創新低時，如果創新高淨家數沒有下降的傾向，這屬於多頭徵兆。

這種情況代表愈來愈少股票向下突破而創新低價，有愈來愈多股票得以抗拒下降趨勢。請參考走勢圖24-8，1994年12月，S&P指數逼近同年稍早的低點，但價格創新低家數變得更少。這代表技術面改善，股價指數稍後也確實向上突破趨勢線。

走勢圖24-8　S&P綜合指數，1993～1996，NYSE創52週新低家數
（資料取自www.pring.com）

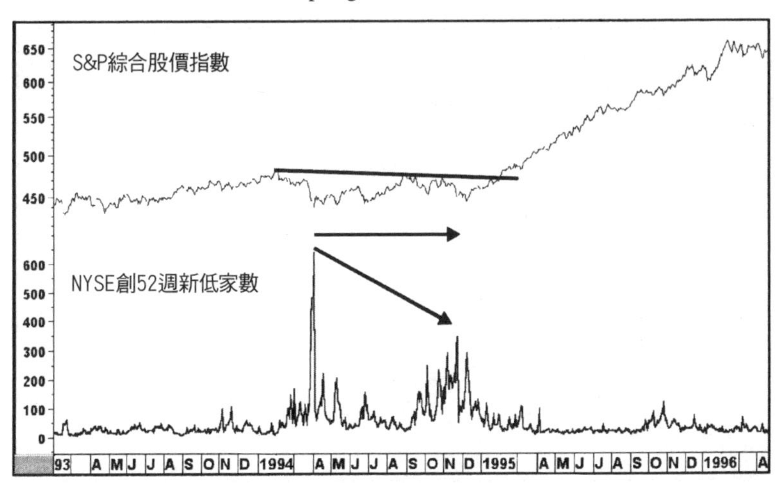

走勢圖24-9和24-10最下方小圖顯示創新高／新低比率的10天移動平均。請觀察走圖24-9在1989和1990的情況，這個指標和股價指數之間產生背離。趨勢反轉的其他證據還有趨勢線突破（標示爲虛線），包括1990年底的比率指數，以及1991年初的S&P本身。創新高淨家數向上突破趨勢線，意味著其趨勢將開始向上發展，等到股價指數本身也向上突破，價格很可能進一步走高。

第二個小圖是創新高淨家數的每天累計值，結構與騰落日線類似。舉例來說，如果某天價格創新高家數爲100，創新低家數爲20，兩者之差值（創新高淨家數）爲80，該數值將加到昨天的累計餘額。我發現，當整體市況偏多或偏空的情況下，可以考慮運用這個累計總值與其100天移動平均的穿越訊號，效果相當不錯。走勢圖24-9藉由箭頭標示發生在1988年到1993年之間的這類訊

走勢圖24-9　S&P綜合指數，1988～1993，創新高淨家數的兩種指標
（資料取自www.pring.com）

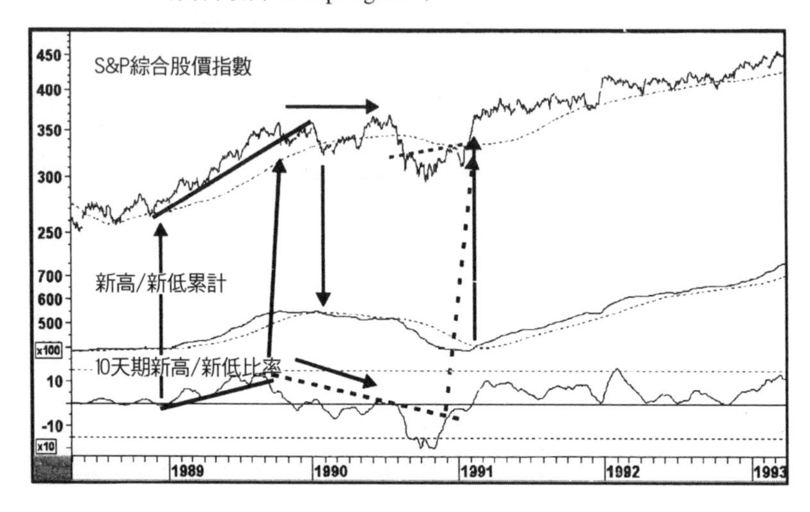

走勢圖24-10　S&P綜合指數，1995～2001，創新高淨家數的兩種指標
（資料取自www.pring.com）

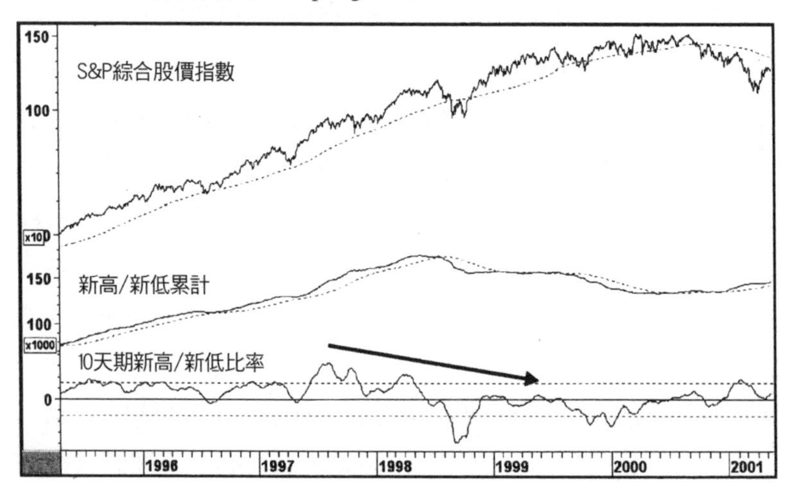

號。走勢圖24-11顯示這類資料的另一種可能運用，下方小圖為股價創新高淨家數的6週移動平均。這項指標適合辨識行情的主要轉折點，譬如：1987年、1990年、1994年與1999年的頭部都出現負向背離。另外，1978年和1982年的底部，則出現正向背離（此圖形沒有顯示）。

上文討論所謂的價格創新高或新低，都是指最近52週而言，但相關計算似乎沒有理由侷限於此，我們可以考慮任何期間長度。我發現，某些期間的使用效果也很不錯，包括：30天、13週與26週。這些指標的解釋準則也相同，但——就如同其他技術指標——計算期間愈短，指標的波動愈劇烈，訊號的重要性也會減低。

走勢圖24-11　S&P綜合指數，1986～2001，NYSE創新高淨家數的6週移動平均（資料取自www.pring.com）

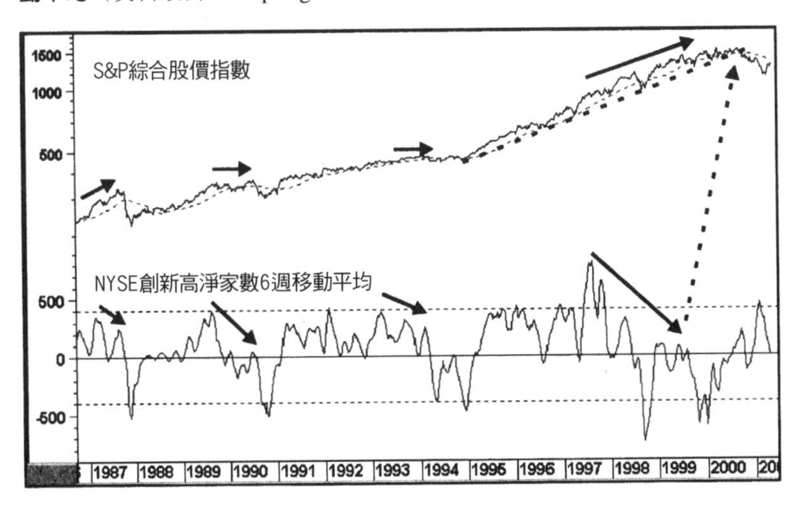

擴散指標

基本概念

技術分析領域內，所謂擴散指標（diffusion indicator）是根據一籃證券建構的擺盪指標，這些證券通常是某價格指數的構成部分。一般來說，擴散指標是衡量某母體內，處於正向趨勢之構成部分所佔的百分率。舉例來說，我們可以考慮道瓊工業指數的30支成分股，計算股價位在30天移動平均之上家數所佔的百分率。當所有構成部分都處於多頭狀態，這代表樂觀程度已經達到極點，因此也有「樂極生悲」之虞。反之，如果所有構成部分都不具正向趨勢，其代表的意義剛好相反，也就是說情況有「否極泰來」的跡象，因此可能是買進機會。透過這種簡單方式解釋擴散指標，雖然是不錯的切入點，但實務上未必可行，我們稍後會討論這方面的問題。由於擴散指標也是一種動能指標的形式，因此可以引用本書第10章討論的內容。

何謂正向趨勢？

對於技術分析來說，大盤指數或個股價格走勢如果呈現一系列不斷墊高的峰位和谷底，或價格位在上升趨勢線之上，這都可以被視為具有正向趨勢。可是，由這個角度解釋，恐怕涉及太多主觀成份，而且擴散指標的構成部分如果很多、涵蓋期間又長，其計算與判斷將變得很繁瑣。所以，為了簡化計算程序，提高指標的客觀性，在趨勢判斷上，應該選擇簡單而明確的準則，並且要能夠由電腦做計算。

所謂正向趨勢，最經常採用的判斷基準，是價格位在某特定移動平均之上，或移動平均處於上升狀態。另一種方式，是以ROC爲基準；換言之，ROC位於0或100以上，則代表正向趨勢。移動平均或ROC如何挑選計算期間，這點很重要；計算期間如果太短，擺盪指標的波動將非常劇烈。

就實務上來說，其他技術分析領域裡，經常採用的移動平均或ROC期間長度，運用於擴散指數的效果通常也很理想。短期趨勢分析可以考慮10天、20天、30天、45天與50天；中期趨勢分析可以考慮13週、26週與40（39）週；長期趨勢分析可以採用9個月、12個月、18個月與24個月期間。擴散指標也可以運用盤中資料做計算。擴散指標直接計算出來的結果，波動通常很劇烈，所以需要做平滑化。請參考走勢圖24-12，其中顯示S&P類股指數位在12個月移動平均之上個數所佔的百分率。圖形上顯示的實線部分，是前述百分率的6個月移動平均。

衡量對象應該多少？

原則上，所觀察的擴散指標個數當然是愈多愈好，但如此需要維持龐大的資料庫。根據我個人的經驗判斷，基於某特定目的而計算的擴散指標，可以取自相對小的證券母體。請注意，我們之所以需要這項指標，主要目的是衡量市場構成部分的擴散情況。

解釋

擴散指標進入極端區域，代表超買或超賣狀況，但這類讀數本身並不足以構成買進或賣出訊號。讀數爲0，當然代表最理想的

走勢圖24-12　S&P綜合指數，1960～2001，類股擴散指標
（資料取自www.pring.com）

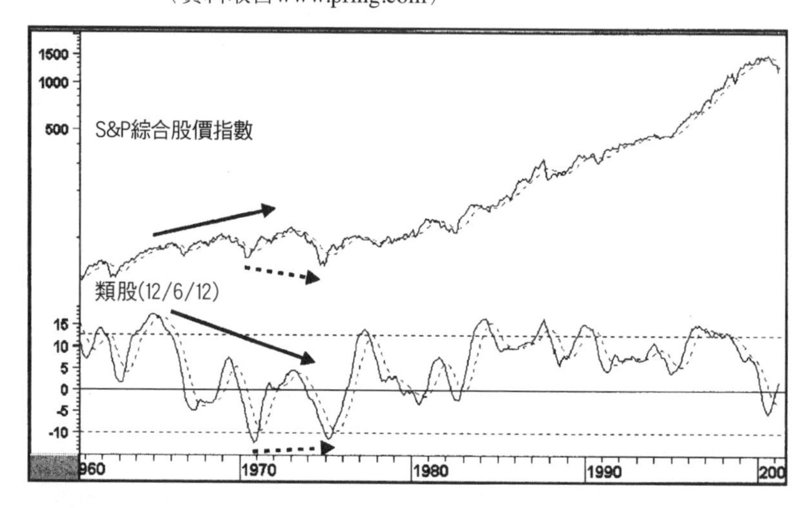

投資機會；讀數爲100，則代表最理想的賣出機會。雖說如此，但還是應該等待擴散指數的方向反轉，甚至等待總體指數本身突破趨勢線。請參考走勢圖24-12，每當擴散指數上升到12.5或以上，然後向下反轉，通常都會出現至少中期規模的跌勢。同理，當指數跌到零線之下而向上折返，通常也會出現趨勢反轉。

爲了防範訊號過早或反覆，最好的辦法是除了擴散指標的訊號之外，還要觀察總體指數本身的行爲。就目前這個例子來說，擴散指標訊號顯示中期或主要趨勢可能發生反轉，但該訊號必須得到股價指數本身的確認，譬如：股價突破長期移動平均或重要趨勢線。

背離現象也很重要。繼續觀察走勢圖24-12。請注意擺盪指標發生在1973年的峰位，其讀數低於1966年和1968年的高點，但對

應的S&P股價則創新高，所以產生負向背離（標示實線箭頭）。反之，擺盪指標發生在1974年的低點，其讀數高於1970年低點，但對應的S&P則創新低，所以產生正向背離（標示為虛線箭頭）。

季節性廣度動能指標[1]

季節的定義

每個完整的循環都會歷經4個階段，請參考圖24-2。第一階段發生在向下動能發展到最低點之後；這個時候，動能指標開始翻升，但還沒有穿越零線。第二個階段是在動能指標穿越零線之後。第三個階段是動能由峰位下降，但還沒有穿越零線之前。第四階段是動能穿越到零線之下。

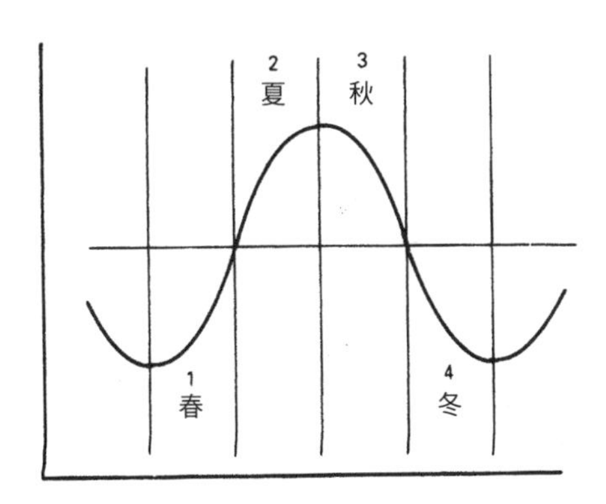

圖24-2 季節性動能的定義

1. 我是由下列資料來源得知這種方法： Ian S. Notley, Notley Group, Yelton fiscall Inc., unit 211-Executive Pavilion, 90 Grove Street, Ridgefield, CT 06877.

為了說明方便起見，我們將此四個階段分別標示為春、夏、秋與冬。不論由農業或投資立場來看，最理想的情況是在春天播種（投資），然後在夏末或秋天收成。

事實上，春天代表承接階段，夏天代表上漲階段，秋天代表出貨階段，冬天代表下跌階段。市場如果可以被劃分為數種構成部分，就能根據各種部分所處的季節性位置，計算擴散指標。舉例來說，我們可以把股價指數劃分為類股指數，商品指數劃分為各種商品，以及其他等等。季節性動能方法有兩種功能。第一，協助我們辨識循環發展的階段；換言之，協助我們判斷股票市場處於承接、上漲、出貨或下跌階段。第二，協助我們判斷主要的買進、賣出機會。

挑選期間長度

對於所有動能指標來說，計算期間長度的選擇都很重要，季節性動能指標當然也不例外。就長期投資決策來說，根據平滑後13週ROC計算的季節性動能指標，其重要性不如48個月的ROC。這種方法可以採用天、週或月的資料。可是，我個人認為，根據日與週資料計算的結果，即使經過高度的平滑，可靠性還是不如月份資料計算的指標。月份的季節性動能指標，也同樣適用於商品市場和國際市場。

本章走勢圖使用的指標，是採用S&P指數的10種類股做為對象，分別考慮它們處在春、夏、秋、冬的階段，然後藉由6個月移動平均進行平滑。

股票市場的季節性（擴散）動能指標[2]

走勢圖24-13顯示S&P類股爲一籃對象的四種季節性動能曲線，涵蓋期間爲1963年到1990年，走勢圖24-14顯示相同的資料，涵蓋期間爲1990～2001年。舉例來說，如果春季動能讀數很高，代表有相當多類股處在循環的第一階段（動能位在零線之下而朝上爬升）。這意味整體市場的技術條件不錯，正要展開主要漲勢。

請注意，多數循環在時間上有先後順序的關連，因爲多數類股會由春季轉爲夏季，再由夏季轉由秋季，最後由秋季轉爲冬季，這種現象在圖中是以箭頭標示。空頭市場的低點，通常發生

走勢圖24-13　S&P綜合指數，1963～1990，季節性動能指標
（資料取自www.pring.com）

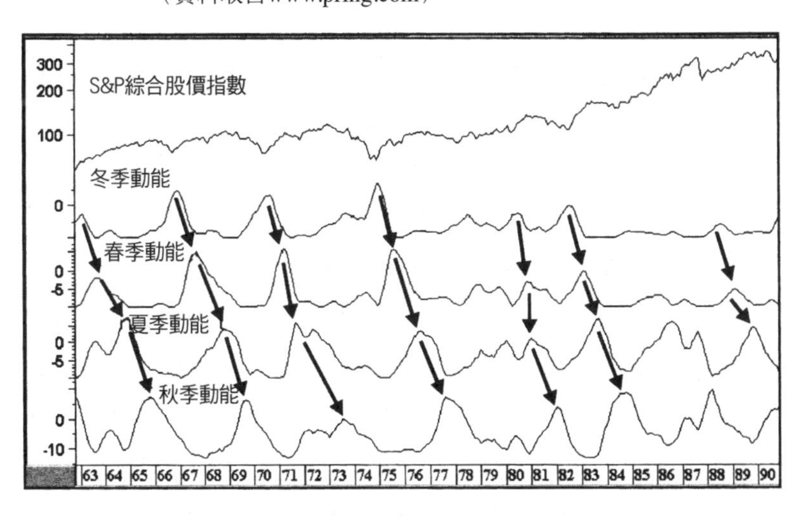

2. 當本書第三版首度介紹這個概念時，只有那些擁有高功能電腦和大型資料庫的專業玩家才能運用。現在情況不同了，很多具有函數功能的技術分析套裝軟體，譬如MetaStock都能做相關運用與繪圖。細節資料請造訪www.pring.com。

走勢圖24-14　S&P綜合指數，1990～2001，季節性動能指標
（資料取自www.pring.com）

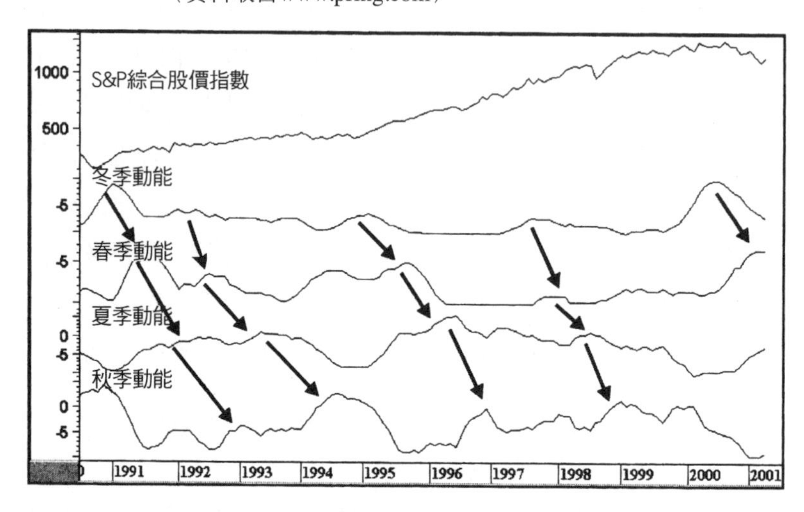

在冬季動能由峰位反轉而下。如同所有動能指標一樣，確認訊號必須來自價格本身，此處也就是S&P綜合股價指數。

春季動能的峰位，經常對應著多頭市場第一波主要中期走勢的峰位。這不代表空頭訊號，只表示多數類股已經由春季承接轉爲夏季上漲。唯有大部分類股由春季退回冬季，才是空頭訊號。

夏季動能由峰位開始下降，顯示市場的技術面轉弱，不代表實際賣出訊號，因爲在夏季動能峰位出現之後，市場經常還能朝橫向發展，甚至走高；然而，這確實代表投資環境已經愈來愈需要講究選擇性，因爲多數類股的動能已經進入秋季出貨階段。

夏、秋交替的過渡期間，S&P綜合指數有時候也會下跌，但大盤跌勢通常發生在秋、冬交替期間；換言之，當多數類股動能穿越到零線之下的時候。

空頭市場底部

當冬季動能達到峰位而開始下降，代表買進機會。一般來說，峰位愈高，隨後的向上潛能愈大，因爲冬季動能必須轉移爲春季動能。當冬季動能由偏高峰位朝下發展，代表有很多類股具備潛能進入春季階段；換言之，這些類股將進入最具上漲潛能的階段。走勢圖24-15清楚顯示這種現象。

正常情況下，冬季動能指標會穩定上升到峰位，然後反轉。由偏高讀數向下反轉，通常是很可靠的訊號，代表市場下降趨勢已經反彈。可是，某些情況下，冬季動能會出現暫時性峰位，而大盤卻未見底，1973年的底部便是如此。這是很罕見的情況，但也說明沒有任何指標是絕對完美的，我們必須以其他技術指標配合季節性動能做分析。就拿1973年爲例，當時的債券殖利率仍然

走勢圖24-15　S&P綜合指數，1956～2001，冬季動能指標
（資料取自www.pring.com）

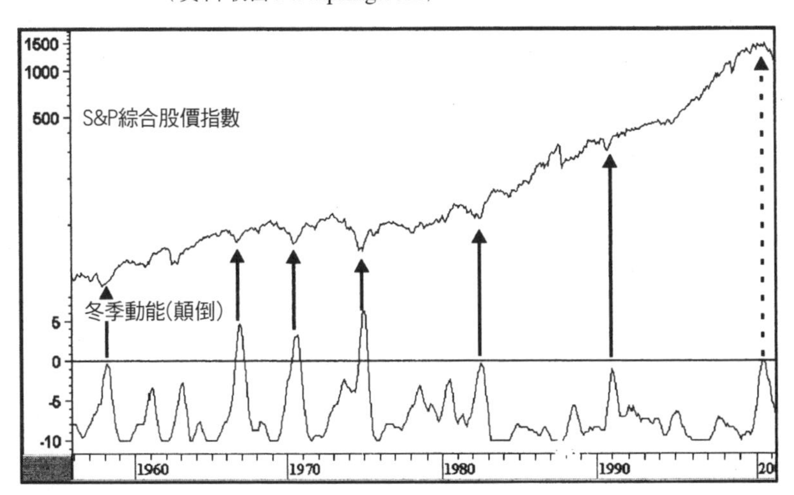

處於持續上升的趨勢。所以，判斷趨勢將反轉之前，我們應該等待動能穿越其移動平均。春季動能向上反轉，有時候也代表新多頭市場的開始，但由於訊號領先的期間可能很長，春季動能本身向上走高並不足以保證行情上漲。主要底部的確認訊號，經常來自夏季動能由峰位下降，而冬季動能峰位也同時發生，或出現在緊鄰位置。一般來說，夏季動能的峰位水準愈低，當動能反轉時，行情漲勢的潛能也愈大。

市場峰位的徵兆

相較於行情底部，市場峰位的徵兆更難以掌握，但春季動能向下反轉通常是訊號之一。領先期間不固定，但只要春季和夏季動能都處於上升狀態，通常就可以假定價格將繼續走高。另外，春季動能出現峰位之後，大盤上漲期間至少還有1個月，但通常還會更長。行情頭部通常發生在夏季和秋季動能峰位之間。舉例來說，1983年的市場峰位發生在夏季動能峰位。然而，即使在秋季動能做頭之後，也未必足以引發真正的空頭走勢。

秋季動能下降，通常對應著出貨或做頭的階段，例如1973年與1977年。某些情況下，類股動能會退回夏季，避開主要下跌行情。唯有大部分類股的動能都跌破零線（換言之，進入冬季），且數量持續增加，空頭市場才會累積下降動能。

印第安夏季

1984年到1987年之間，市場出現強勁而持續的線性漲勢，期間並沒有發生正常的春-夏-秋-冬輪替。事實上，整個輪替程序出現截然不同的性質，夏季和秋季數度反覆，使得市場內部得以恢復力量，避開主要跌勢。所以，由某種角度來看，股票市場進行著印第安夏季漲勢（Indian summer rally；譯按：「印第安夏季」是指夏天氣候型態持續到深秋與初冬）。

因此，當夏季峰位出現之後，我們不能因此假定行情將開始下跌。我們必須等待秋季動能開始下降，並觀察類股動能是往冬季發展，或退回夏季。

如何判定「印第安夏季」？

如何判定秋季動能究竟是發展爲冬季，或退回夏季？最好的辦法，是同時觀察冬季與夏季動能。只要冬季動能持續上升，便是空頭徵兆，因爲這代表有愈來愈多的類股處於跌勢。此舉顯然會對於大盤指數造成負面影響。

請注意，1985年到1987年初的印第安夏季漲勢過程，冬季動能始終沒能向上穿越其移動平均。

短期季節性動能

走勢圖24-16顯示道瓊工業指數與其春季動能的情況。這組動能是根據道瓊指數20支成分股構成，衡量對象是這些股票的日線KST。擺盪指標走勢顛倒安排，使其起伏對應道瓊工業指數的漲跌。當動能向下穿越超賣區，代表買進訊號。1996年到2001年之間的買進訊號，圖形藉由垂直虛線標示。這個例子處理的是短期資料，所以對應漲勢也屬於短期性質。不過，我們看到趨勢反轉訊號與實際轉折之間相當吻合。

走勢圖24-16 道瓊工業指數與其春季動能的情況

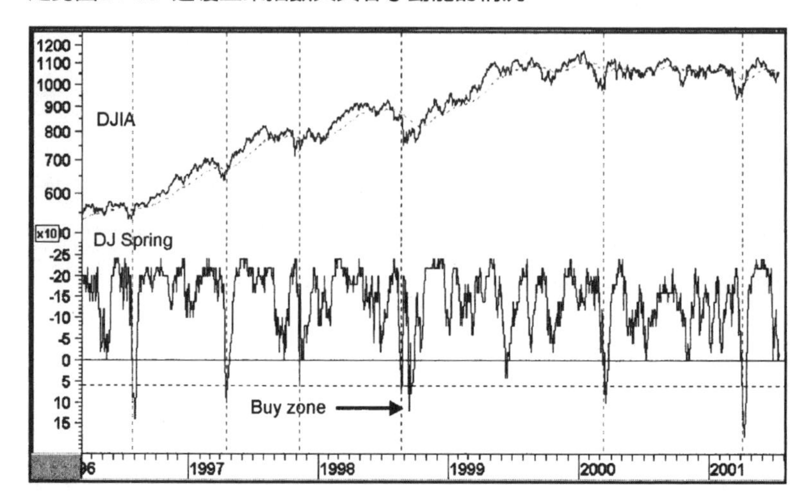

結論

讀者即使不能定期追蹤季節性動能指標的發展，也應該瞭解相關概念，因為這可以解釋市場行情所處的階段，以及主要多頭和空頭走勢的發生條件。

彙總

- 市場廣度指標是衡量大盤指數走勢受到其成分股支持的程度。
- 市場廣度指標具備兩項功能。第一，讓技術分析者瞭解多數交易對象（通常為股票）所處環境的好壞。第二，可以藉由正向和負向背離顯示行情的主要轉折。

- 市場廣度指標包括：騰落線、廣度擺盪指標、擴散指標，以及創新高家數。
- 市場廣度指標提供的背離訊號，多數情況下雖然很理想，不過仍然需要經過大盤指數本身趨勢反轉的確認。
- 創新高-新低家數指標可以顯示既有趨勢的技術強弱程度。根據這方面資料建構的指標，可以顯示背離現象，或透過累計讀數衡量趨勢。
- 季節性動能訊號可以顯示主要買進、賣出機會，經常能夠用以辨識既有趨勢的發展程度。

第III篇

市場行為的其他層面

利率爲何會影響股票市場？

本章準備探討利率水準變動之所以會顯著影響股票價格的原因，將技術分析運用於信用市場的殖利率和價格走勢。

利率變動之所以會影響股票價格的四個主要原因如下：

- 利率代表信用市場的價格，其變動會直接影響經濟活動，並因此間接影響企業獲利。
- 利率變動會直接影響企業盈餘，也會影響投資人購買股票所願意支付的價格。
- 利率變動會改變替代性金融資產之間的關係，尤其是債券與股票之間的關係。
- 許多股票是以融資方式進行交易。融資成本（利率水準）變動，將影響投資人／投機客透過融資方式買進股票的意願和能力。由於利率變動通常領先股票價格變動，所以我們必須掌握債務市場的主要趨勢轉折。

利率變動對於企業獲利的間接影響

利率變動對於股票價格的最重要影響，或許是來自於貨幣政策將利率水準視爲調整工具：利率上升會造成經濟緊縮，利率下降會刺激經濟發展。只要時間夠充裕的話，多數企業都能夠做調整而適應高利率環境，但利率變動如果來得太突然、太快，將迫使企業界中斷擴張計畫、削減存貨……等。這會對於整體經濟造成負面影響，因此也會影響企業獲利。利率上揚，企業盈餘減少，意味著股票本益比也會下降，股價自然跟著走低。主管機關如果擔心經濟衰退，通常會調降利率，如此則會造成相反的影響。

利率變動對於企業獲利的直接影響

利率變動會透過兩個管道影響企業盈餘。第一，幾乎所有企業都會借款，用以融通資本設備和存貨，所以資金融通成本（利率）很重要。第二，企業銷貨有很大成分是透過融通方式進行，所以利率變動會顯著影響消費者的購買能力和意願。汽車產業就是很典型的例子，生產者與消費者都大量融通信用。資本密集的公用事業和運輸業，通常都有龐大的負債，信用高度擴張的建築業和房地產業也是如此。

利率與替代性金融資產

利率變動會影響各種金融投資工具之間的相對價值，股票與

> **主要技術原則**：利率水準本身雖然重要，但利率變動的速度對於企業盈餘與股價的影響更大。

債券就是最顯著的例子。舉例來說，在投資人的心目中，股票與債券在某種情況下會達到均衡。然而，如果利率上升速度超過股息增加速度，債券將具有較大吸引力，部分資金便會由股票市場流向債券市場。於是，股票價格開始下跌，直到投資人對於兩者關係的感受足以反映較高利率水準爲止。

對於任何特定類股來說，利率變動造成的影響，取決於股息殖利率與企業盈餘展望。優先股對於利率變動最敏感，因爲這些股票通常不能分享企業盈餘成長，投資人購買優先股，主要是基於股息考量。公用事業對於利率走勢也很敏感，因爲投資人同時注重目前股息與未來成長。所以，利率變動會直接影響公用事業股票價格。另一方面，高度成長的企業，會以公司盈餘進行融通，只發放少部分股息。這類股票比較不會受到融通成本變動的影響，因爲投資人購買股票的動機在於盈餘成長與未來收益潛能，並不十分在意當時分派的股息。

利率與融資債務

融資債務（margin debt）是經紀商提供的放款，融資抵押品通常是相關證券或資產。這類資金通常是用來購買股票，但有時也會購買消費財，例如汽車。由於利率上升將導致債務持有成本增加，所以也會影響上述兩種融資債務。利率成本上升時，投資然當然比較不願意增加負債。當持有成本增加到某種程度，投資人會賣出股票，清償債務。因此，利率上升會造成股票供給增加，導致股價下跌壓力。

債券殖利率vs.債券價格

借款人發行債券，承諾在既定期間內支付固定利息（票息，coupon），並於到期日支付債券面額。債券面額通常是1,000美元，也就是債券到期必須清償的金額。由於債券是以百分率報價，所以面額（1,000美元）在習慣上表示爲100。債券發行與贖回時，一般是以面額爲基準，但有時也會折價（換言之，價格小於100）或溢價（價格大於100）發行。

債券發行或贖回時，雖然通常是以面額100爲基準，但在債券契約期間內，價格會隨著利率變動而波動。假定某20年期債券以面額發行，票息爲8%；如果利率上升到9%，支付8%票息的債券便很難銷售，因爲投資人可以在別處賺取9%的利息。票息8%的債券持有人，如果想賣出債券，唯一的辦法就是降價，彌補購買者所犧牲的1%利差。

所以，購買者除了可以賺取8%的利息外，還有一些資本利得。這些資本利得若攤派到剩餘契約期間，金額相當於1%的利差。債券的票息，加上資本利得攤派到契約剩餘期間的年利率，兩者合稱爲「殖利率」（yield）。如果利率下降，上述程序剛好相反，票息8%債券將優於當時的利率水準，所以價格上漲。利率水準發生變化時，債券契約期間愈長，價格波動愈大。

信用市場的結構

信用市場大體上可以劃分爲兩大領域：短期與長期。短期市場通常稱爲貨幣市場（money market），債券契約的原始期間在1年以內。一般來說，短期利率變動會領先長期利率，因爲短期利率對於景氣狀況和貨幣政策比較敏感。除了企業界之外，聯邦政府、州政府與地方政府也發行貨幣市場交易工具。

長期市場是由原始契約期間10年以上的債券構成。到期時間介於1年到10年的債券工具，稱爲中期公債（intermediate-term bonds）。

長期債券市場可以根據發行者的身份歸納爲三類：美國政府、免稅發行者（換言之，州政府與地方政府），以及企業。

免稅公債和公司債的發行者，其信用條件各自不同，所以市場根據發行者的信用狀況區分債券等級。最佳信用等即爲AAA，其次依序爲：AA、A、BAA、BA、BB……等。信用等級愈高，投資人承擔的信用風險愈低，債券票息也愈低。由於聯邦政府的信用等級高於任何其他發行者，所以聯邦公債的票息比較低。另外，州政府與地方政府發行的免稅公債，其票息可能最低，因爲債券收益不需繳納稅金。一般來說，這三類債券的價格走勢大體一致，但在循環的主要轉折點，三者之間可能產生相互領先或落後的情況，因爲每類債券的供需條件不同。

債券價格vs.股票價格

處在景氣循環峰位，債券市場的頭部往往領先股票市場。至於債券價格領先的程度，以及其對於股票市場的影響，每個循環的情況都各自不同。有關債券市場和股票市場峰位之間的時間間隔長短，以及債券對於股票價格跌幅的影響，我們很難歸納明確的法則。以1959年多頭市場爲例，短期與長期債券價格峰位分別領先道瓊工業指數頭部達18個月與17個月。可是，1973年的多頭市場，兩種債券領先的程度分別爲11個月與1個月。另外，1959年，貨幣市場與債券市場價格跌勢不僅猛烈，時間也拖得很長，但道瓊工業指數跌幅只有13%（月線資料爲準）。相對之下，道瓊指數在1973年到1974年的空頭市場，股價出現42%的跌幅。雖說如此，我們可以歸納一項重要準則：20世紀以來的每個景氣循環，債券市場（包括短期與長期）的峰位始終領先股票市場。

另外，處在經濟循環峰位，相較於信用等級較低的債券來說（譬如：BAA級公司債），信用等級較高的證券（譬如：聯邦公債與AAA級公司債）價格會先下跌。自從1919年以來，幾乎每個經濟循環都有這種現象。較高等級債券的價格峰位之所以會領先，可以從兩方面解釋。第一，到了經濟擴張末期，民間部門會出現強烈的信用需求。商業銀行不只是政府公債的最大持有者，也是民間借款人的最主要融通管道。當民間部門的信用需求增加，而中央銀行又不願放寬銀根，商業銀行會開始賣出高等級投資，把資金轉移到更有利可圖的放款業務，於是造成連鎖反應，不只讓殖利率曲線向下移動，也會使低等級債券殖利率相對下降；同時，高等級債券殖利率將承受上升壓力。經濟環境所反映的景氣繁榮，會讓投資人忽略信用等級之間所代表的風險差異。因此，高級債券提供的偏低殖利率，相對缺乏吸引力，投資人比較樂意買進低等級債券工具；所以，這個過渡期間裡，整體債券市場雖然趨於上漲，但高級債券價格開始下跌。

主要技術原則：過去100年來，幾乎每個股票市場主要峰位，其發生時間都落後長期與短期信用市場峰位，或頂多同時發生。

景氣循環底部也會產生類似現象，較高等級債券價格領先上漲。可是，谷底的領先現象卻不如循環峰位那般明顯，有時候甚至同時出現谷底。所以，利率趨勢有助於辨識股票市場底部。

走勢圖25-1 (a)～(c) 顯示股票市場在1919年到2001年之間的主要峰位和谷底，我們看到短期利率趨勢幾乎都領先反轉，請注意圖形上的箭頭標示，箭頭方向幾乎都朝右上方傾斜（峰位採用實線箭頭，谷底則採用虛線箭頭）。

另外，利率走勢圖的座標倒置，使其起伏與股價漲跌在方向上一致。

走勢圖25-1 (a)　S&P綜合股價指數，1914～1950，以及短期利率
（資料取自www.pring.com）

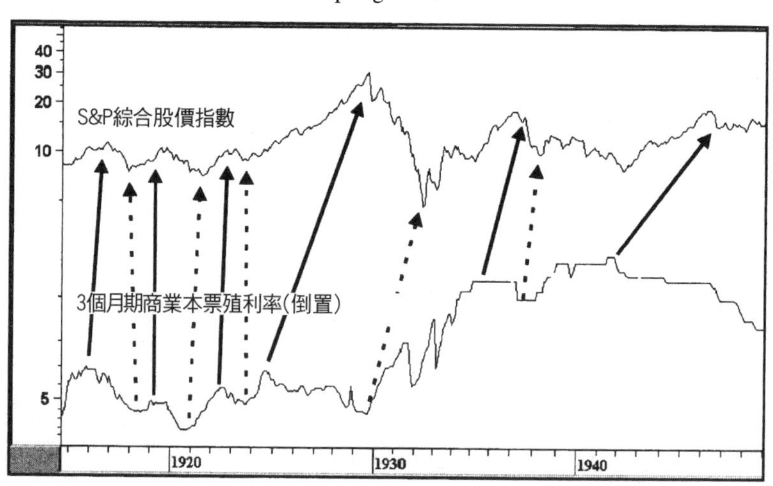

走勢圖25-1 (b)　S&P綜合股價指數，1956～1976，以及短期利率
（資料取自www.pring.com）

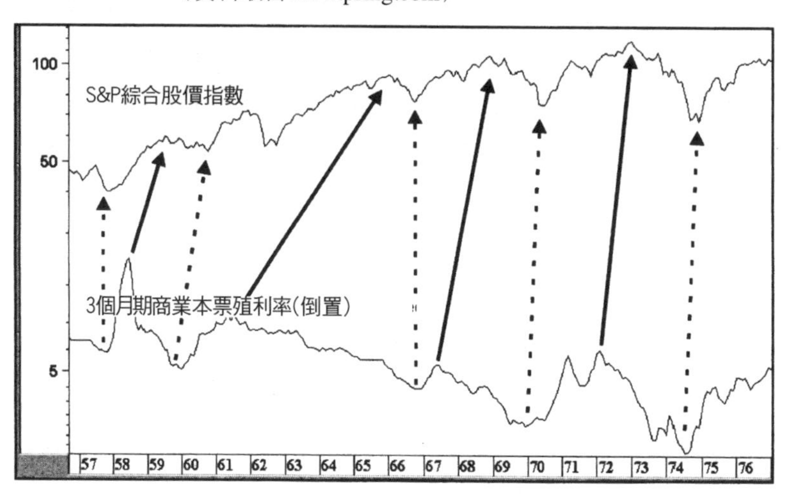

走勢圖25-1 (c)　S&P綜合股價指數，1976～2001，以及短期利率
（資料取自www.pring.com）

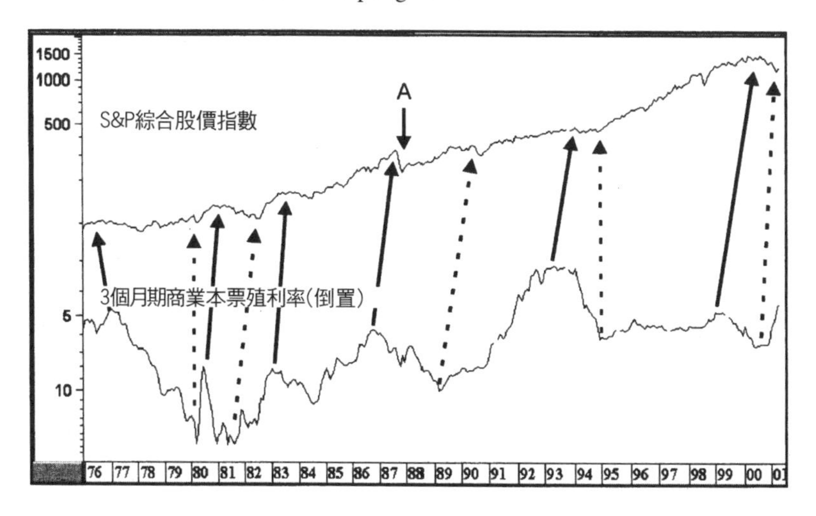

利率下降不是購買股票的充分條件。以1919年到1921年的空頭市場爲例，債券價格底部發生在1920年6月，股票市場底部則發生在1921年8月，兩者相差14個月，股價在這段期間內下跌27%。這種現象在1929年到1932年大崩盤期間更嚴重，貨幣市場殖利率峰位出現在1929年10月。隨後3年內，貼現率出現50%調降幅度，股票價格則下跌85%（相較於1929年10月的水準）。上述這些期間之所以出現漫長的領先，是因爲當時發生嚴重的債務清算和企業倒閉。

利率水準即使大幅下降，仍然不足以像正常情況一樣刺激消費者與企業界增加支出。利率下降雖然不是股價上漲的充分條件，卻是必要條件的一部份。另一方面，利率持續上升，對於股票市場將產生不利影響。

利率走勢領先股票價格的準則，有個顯著例外案例，這發生在1977年，當時的股價領先貨幣市場出現峰位。股票市場1987年的低點落在走勢圖25-1(c)的A點，也明顯脫序。

先前各章討論的股票市場趨勢判斷原理，也同樣適用於債券市場。事實上，債券價格趨勢通常比較容易判斷，因爲債券交易大多涉及資金流動，賣方需要資金融通，買方則提供資金，債券價格的短期趨勢雖然還是會受到情緒影響，但因爲現金流量的關係，債券循環趨勢通常較股票平滑。

20世紀的多數情況下，前述結論基本上仍然成立，但隨著期貨交易日益普及，債券與貨幣市場參與者對於市場的預先反映機制，考慮也愈來愈周詳。雖說如此，但短期現貨殖利率主要仍然取決於經濟力量。

利率變動與股票市場轉折點之間的關係

前文已經談到，幾乎在每個循環的轉折點，利率都會領先股價。可是，相關的領先或落後程度，還有足以影響股價的利率水準都各自不同。舉例來說，股票市場在1962年曾經大跌，當時的短期利率只有3%。另一方面，1980年下半年，股價走勢強勁，但利率水準從來沒有低於9%。

我們稍早曾經強調，影響股票價格的最重要因素，並不是利率水準本身，而其變動率（ROC）。想要判斷利率變動到達什麼程度才足以影響股價，我們可以繪製經過平滑化的短期利率ROC，並透過相同方式處理股價，然後把兩者並列而觀察彼此之間的穿越訊號。請參考走勢圖25-2的例子，當利率動能向上（向下）穿越價格動能，則代表賣出（買進）訊號（買進訊號標示爲虛線箭頭，賣出訊號標示爲實線箭頭）。

我們知道，即使在利率攀升的情況下，股票市場還是可能上漲，但比較兩者的ROC變動，可以顯示利率上漲速度是否超過股價，反之亦然。某些情況下，這種方法可以提供及時的訊號，例如1973年的市場峰位；另一方面，這套方法也可能毫無作用，例如1978年到1980年的漲勢。關於1978年到1980年的行情，訊號雖然明顯失敗，但在這兩年內，股票與現金的報酬大致相當。這當然算不上是完美的方法，譬如1988年到1990年之間的訊號相當混亂。雖說如此，當利率動能大於股票動能時，我們秉持的戒心應該超過相反情況。我們還能夠運用另一種方法，分析利率與股價之間的關係。一般來說，在利率下降的環境裡，股價漲勢相對強

走勢圖25-2 S&P綜合股價指數，1970～2001，股票與利率動能
（資料取自www.pring.com）

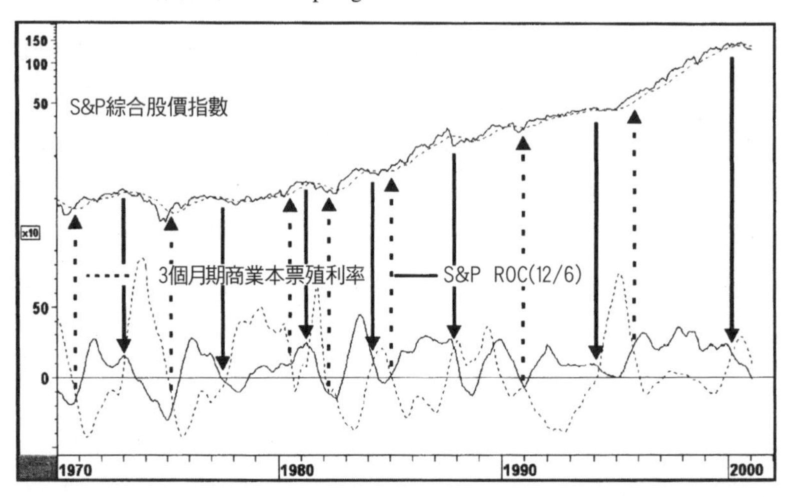

勁，反之亦然。所以，我們能夠設計某種指標，運用股票價格（譬如S&P綜合股價指數）除以貨幣市場殖利率（譬如3個月期商業本票殖利率）。假定利率走勢領先股價，該指標在空頭市場的底部會領先見底，或下降速率趨緩；在多頭市場的峰位，該指標會領先做頭，或上升速度會減緩。透過這種方式建構的指標，稱爲「貨幣流量指數」（Money Flow Index）。請參考走勢圖25-3，其中顯示S&P綜合指數與貨幣流量指數。

貨幣流量水準雖然重要，但其變動率更重要；所以，走勢圖25-4把股價指數ROC與貨幣流量ROC並列比較。兩者都是取12個月期的ROC，然後利用6個月移動平均進行平滑化。當資金流量動能（粗線）向上穿越價格動能，代表買進訊號，反之亦然（箭頭標示一些訊號）。

走勢圖25-3 S&P綜合股價指數，1969～2001，貨幣流量指數
（資料取自www.pring.com）

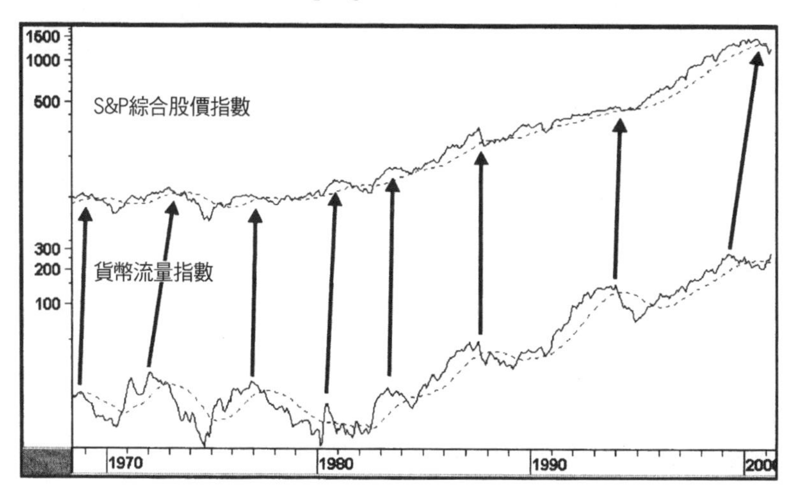

關於走勢圖25-4的兩個ROCs，我們可以把資金流量ROC減掉價格ROC，將其差值繪製爲擺盪指標格式，請參考走勢圖25-5。所以，當擺盪指標穿越走勢圖25-5的零線，也就是走勢圖25-4的ROC穿越訊號。藉由擺盪指標的格式，可以清楚顯示利率與股價之間的關係。

根據1950年代以來的資料觀察，每當出現買進訊號（指標向上穿越零線），股票市場隨後就會發生主要漲勢。唯一例外是1989年，但這個例子的ROC穿越訊號是發生在超買區（請參考走勢圖25-4）。按照走勢圖25-5觀察，凡是買進訊號發生在零線之下，通常代表強勁的新多頭行情即將產生。賣出訊號的時效性也不差。關於這些買進和賣出訊號，走勢圖25-5分別利用虛線和實線箭頭標示。

走勢圖25-4　S&P綜合股價指數，1969～2001，股價動能與貨幣流量動能
（資料取自www.pring.com）

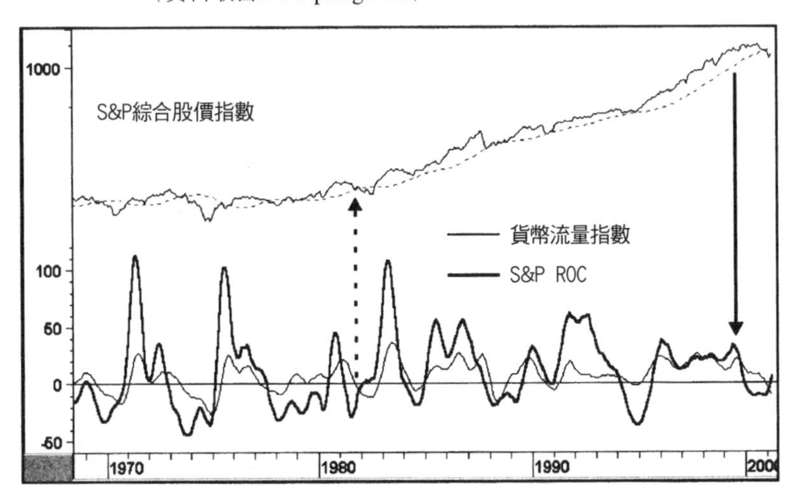

走勢圖25-5　S&P綜合股價指數，1969～2001，貨幣流量指標
（資料取自www.pring.com）

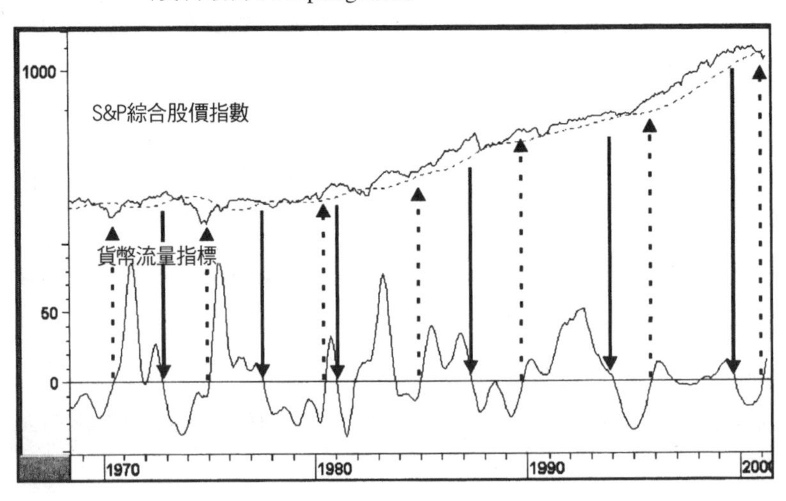

技術分析運用於短期利率

相較於長期利率，短期利率對於景氣狀況的變化比較敏感。這是因爲存貨策略較資本投資策略更具彈性，前者涉及短期資金調度，後者則屬於企業的長期信用需求。另外，聯邦準備理事會（Fed）的貨幣政策對於短期利率的影響力也勝過長期利率。

短期利率（月份資料）大體上適合做技術分析。這方面可供運用的短期利率工具很多，例如：13週國庫券、定期存單、3個月期歐洲美元存款與聯邦基金。我通常採用3個月期商業本票殖利率，因爲這部分資料相對完整，波動也比較緩和。事實上，這些短期利率的走勢通常都相當一致，只有國庫券較經常出現例外情況。國庫券殖利率走勢之所以偶爾有別於一般貨幣市場利率，主要是因爲中央銀行將其視爲準備金，因此國庫券也經常成爲央行的干預工具。另外，如果發生危機事件，資金往往會逃往最安全的場所避難，這個時候對於聯邦政府短期利率工具的需求會大幅提高。

走勢圖25-6顯示商業本票殖利率與成長指標（Growth Indicator）的走勢情況。成長指標是根據四種經濟指標建構的，包括：經濟諮商會領先指標（Conference Board Leading Indicators）、招聘指數（Help Wanted）、CRB原物料現貨指數（CRB Spot Raw Industrial Material Index，www.crbtrader.com/crbindex/1450.txt）、美國商業部產能使用指數（Commerce Department Capacity Utilization Index）。前述四種指標都分別取9個月期的ROC，加以結合之後，再藉由6個月期移動平均進行平滑化。這個例子也說明了技術分析方法可以運用於經濟指標。成長指標向上穿越零線，代表當時的經濟熱絡程度已經足以引發短期利率上升，反之亦然。垂直虛線標示利率的賣出訊號（價格的買進訊號）；垂直實線則標示相反情況。成長指標並非萬無一失，訊號偶爾也會反覆，但該指標確實是有別於價格的獨立指標，能夠用以判斷利率趨勢反轉。至於3個月期殖利率本身，則繪製在走勢圖25-6上側小圖而與12個月移動平均並列；殖利率穿越移動平均提供相當可靠的訊號。

走勢圖25-7顯示商業本票殖利率與其18個月EMA，另外還有長期KST指標。圖形利用箭頭標示KST穿越移動平均的訊號，當這些訊號經過殖利率與其EMA穿越訊號的確認，通常是相當可靠的。這種方法如果同時考慮成長指標，結果應該會更理想。

走勢圖25-6　3個月期商業本票殖利率，1978～2001，成長指標
（資料取自www.pring.com）

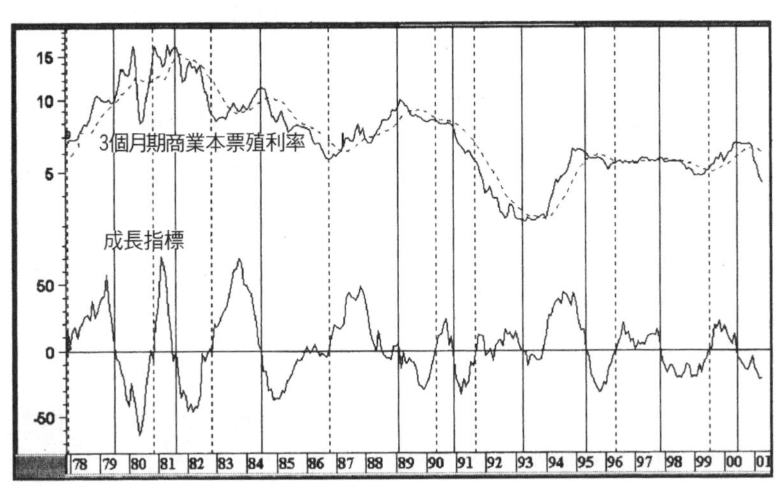

走勢圖25-7　3個月期商業本票殖利率，1980～2001，長期KST指標
（資料取自www.pring.com）

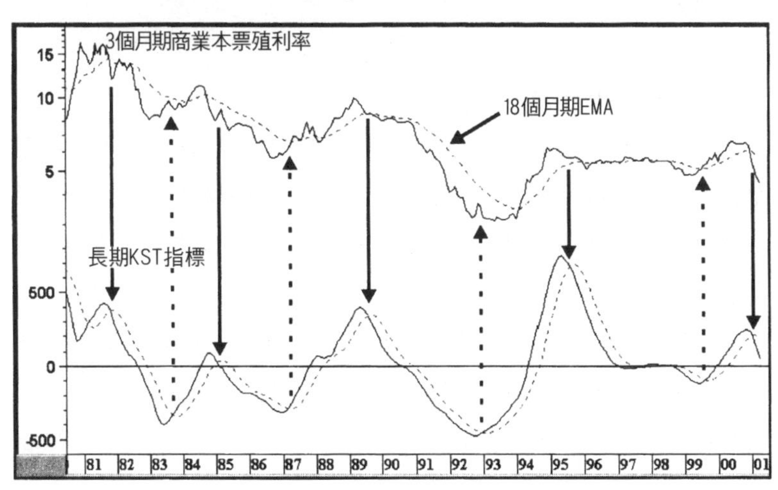

重貼現率變動的重要性

重貼現率變動，代表貨幣政策變動，其重要性超過任何短期利率，因此也會對於短期利率和股價趨勢構成重大影響。

重貼現率變動，對於債券和股票市場會產生明顯的心理影響。聯邦準備理事會通常不會朝令夕改，不會在短期之內隨意更動既定政策；所以，重貼現率一旦做了調整，所蘊含的市場利率趨勢在幾個月內不會反轉。如同我們瞭解的，一般企業如果宣布調升股息，就非常不可能在短期內又宣布調降。同理，中央銀行也希望貨幣政策具備一貫性與連續性。因此，重貼現率變動可以用來確認其他市場利率趨勢，而後者在單獨分析時，經常會因爲暫時性技術面或心理面影響而產生錯誤訊號。

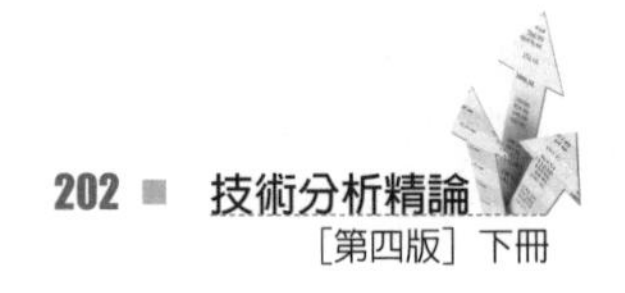

主要技術原則：重貼現率變動是短期利率主要趨勢反轉的有效確認訊號。

對於短期利率的影響

在經濟循環的轉折點，市場利率通常會領先重貼現率。雖說如此，但在市場利率持續走高的情況下，重貼現率一旦調降，幾乎就可以確認利率下降的新趨勢已經開始。經濟循環峰位的情況也是如此。

所以，分析重貼現率與其12個月移動平均的關係（請參考走勢圖25-8），是一種相當不錯的方法，因爲穿越訊號通常可以在早期階段預示原有趨勢的反轉。

走勢圖25-8　3個月期商業本票殖利率，1969～2001，重貼現率
（資料取自www.pring.com）

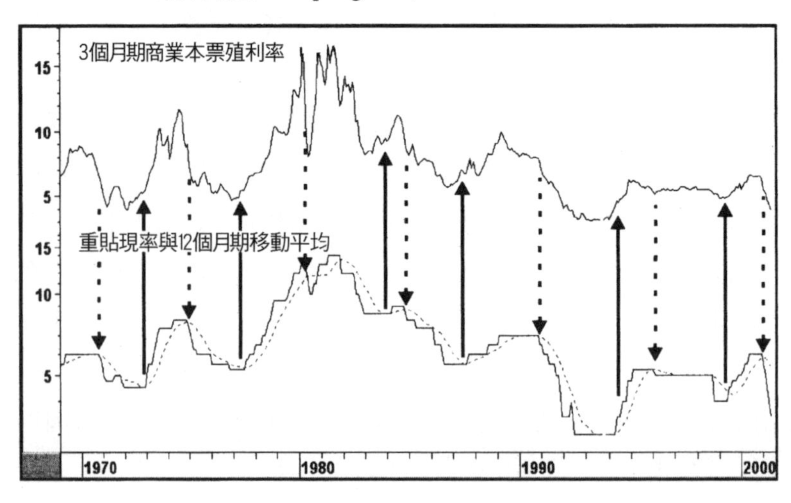

對於股票市場的影響

自從聯邦準備銀行形成正式組織後，在股票市場的每個峰位出現前，重貼現率幾乎都會調升，例外情況包括1937年經濟大蕭條、1939年第二次大戰期間，以及最近的1976年。至於重貼現率谷底領先股票峰位的程度，每次情況都不太相同。1973年，重貼現率於1月12日調升，股票多頭市場峰位出現在3天之後；可是，1956年的多頭市場峰位發生之前，重貼現率至少已經調升5次。

華爾街有句名言：調升三次，導致挫跌！（Three steps and stumble!）這是已故市場分析家艾德森・戈德（Edson Gould）提出的，意思是說：重貼現率只要連續調升三次，股票市場通常就難逃下跌命運（邁入空頭市場）。所以，三次調升法則可以確認利率趨勢已經處於上升狀態，貨幣政策已經緊縮。表25-1列示第三次調升重貼現率的日期，以及股票市場在該日期之後發生的下跌幅度與期間長度。

表25-1 重貼現率高點與隨後的股票市場低點，1919～2001

第三次調升重貼現率的日期		第三次調升到市場出現低點的時間	股價跌幅(%)
November	1919	21	29.86
May	1928	49	77.45
August	1949	0	0
September	1955	27	9.04
March	1959	19	4.31
December	1965	10	15.92
April	1968	27	20.99
May	1973	16	36.47
January	1978	2	1.58
December	1980	19	18.06
February	1989	20	Gain of 4.7
November	1994	1	0
November	1999	16*	16*

*截至2001年3月

調降重貼現率也同樣重要。一般來說，只要重貼現率繼續維持下降趨勢，股票市場的多頭趨勢基本上不會受影響。即使是最後一次調降，多頭走勢通常還能持續相當期間。多頭市場的最後一波中期修正，往往都發生在重貼現率即將調升之前，或調升當時。

重貼現率調降過程，會呈現階梯狀下降，但偶爾也會出現暫時性上揚，然後又恢復下降走勢。所謂重貼現率低點，是指重貼現率經過一系列調降之後的低點，而且該低點的水準至少在15個月之內保持不變，或隨後在兩個不同月份內發生兩次或以上調升。換言之，重貼現率下降過程，如果出現一次調升，除非調升之後的水準可以維持15個月以上，否則重貼現率仍然視爲處於下降過程；唯有當低點出現之後，15個月內出現兩次調升，趨勢才視爲反轉。由於重貼現資料保持相當完整，涵蓋通貨膨脹與通貨緊縮期間，所以應該反映許多不同的經濟環境。

表25-2顯示，1924年以來，重貼現率曾經發生15個低點。除了1987年的唯一例外，每當重貼現率觸及低點，股票市場隨後都大漲。由重貼現率低點的調降日起算，隨後的股價平均漲幅爲57％，上漲走勢截至最後峰位的平均持續期間爲31個月。

重貼現率只是一種指標，其條件雖然代表多頭意義，但當時的整體技術狀況也很重要。舉例來說，重貼現率低點通常雖然都發生在市場進入多頭階段不久，但當時如果已經處於超買狀況，隨後的漲勢在幅度、期間上都相對有限。另外，重貼現率的每個低點之後，雖然都會發生新的多頭市場高點，但不能排除行情可能出現中期修正。這種情況曾經發生在1934年、1962年、1977～

表25-2 重貼現率低點與隨後的股票市場峰位，1924～2000

重貼現率低點		S&P高點		S&P調降當時價格	S&P峰位	調降日到價格峰位的天數	漲幅%	每月平均漲幅%
August	1924	September	1929	10.4	31.3	61	200.1	3.3
June	1932	July	1933	4.7	10.9	13	132.0	3.3
January	1934	February	1937	10.3	18.1	125	75.7	10.1
August	1937	June	1946	16.7	18.6	94	11.3	0.1
April	1954	April	1959	27.6	48.1	25	74.3	3.0
April	1958	December	1959	42.3	59.1	20	39.7	2.0
August	1960	February	1966	56.5	92.7	65	64.1	1.0
April	1967*	December	1968	91.0	106.5	20	17.0	0.9
December	1971	January	1973	99.2	118.4	13	19.4	1.5
November	1976	February	1980	101.2	115.3	27	13.9	0.5
July	1980	November	1980	119.8	135.7	4	13.3	3.3
February	1982	July	1983	146.8	167.0	5	13.8	2.8
August	1986	August	1987	252	329	12	3.5	2.5
July	1992	January	1994	424	481	18	13.4	.7
October	1998	August	2000	1098	1517	22	38.2	1.7
Average						35	48.6	2.5

*1967年4月的調降，先前未發生一系列調降，而且是針對1966年景氣衰退。如果不考慮這次資料，平均結果將改善。

資料來源：www.pring.com

1978年與1998年。就1977～1978年的例子來說，NYSE騰落線衡量的大盤並未出現修正走勢，而是呈現不規則上升。走勢圖25-9顯示重貼現率與股票市場在20世紀後半段的關係。

處在股票市場的底部，重貼現率雖然經常領先下降，但兩者之間的關係，不如市場頭部那般明顯。舉例來說1929年到1932年的大崩盤期間，重貼現率至少調降7次，而1946年到1949年期間的空頭市場，重貼現率完全沒有調降。

長期利率的技術分析

在技術分析的領域裡，我們往往可以藉由某個市場的發展，預測另一個市場。這稱爲「跨市關係」（intermarket relationship）。

走勢圖25-9　S&P綜合股價指數，1950～2001，重貼現率
（資料取自www.pring.com）

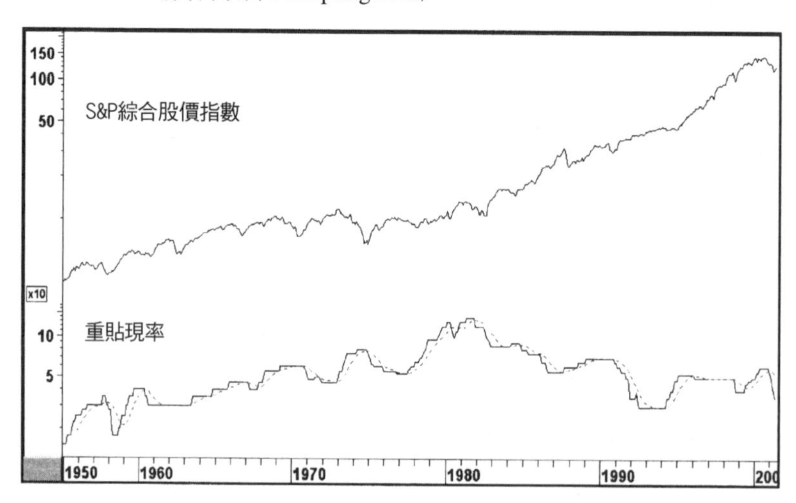

走勢圖25-10比較黃金長期動能與美國公債殖利率。這方面比較所根據的概念是：黃金（工業物料）價格能夠對抗通貨膨脹而預先反映，債券殖利率則會因應金價上漲。黃金動能是取3個月期移動平均除以24個月期移動平均。當黃金動能向上穿越零線，意味著金價預先反映通膨壓力，也意味著債券殖利率空頭市場隨即將告一段落（債券價格即將邁入空頭市場）。

這項指標的歷史績效紀錄雖然很不錯，但其訊號還是需要經過債券殖利率走勢本身的確認（譬如：突破趨勢線，穿越12個月移動平均……等）。垂直線代表黃金動能穿越零線的訊號（實線代表殖利率殖利率谷底，虛線代表殖利率峰位）。請注意，金價動能領先反映（5個月），所以當殖利率峰位／谷底出現時，我們已經知道黃金動能的穿越訊號。

走勢圖25-10　20年期公債殖利率與黃金動能，1972～2001
（資料取自www.pring.com）

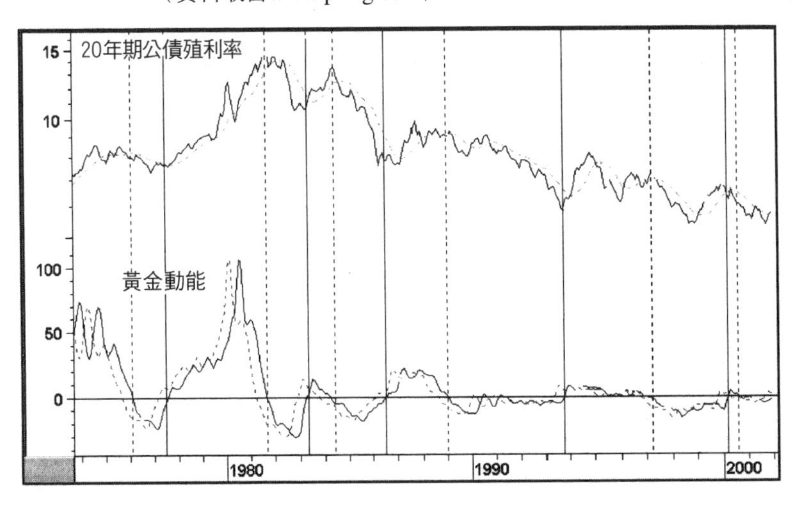

債券殖利率通常有顯著的循環性質。我們可以利用這種特性，譬如說，比較穆迪AAA信用等級公司債殖利率與其ROC指標。走勢圖25-11顯示這類的例子，箭頭標示12個月ROC動能指標由超買／超賣區域折返的殖利率買進／賣出訊號。這些訊號不能做爲實際的操作系統，因爲有時候沒有提供對應的反向訊號。譬如說，在1940～1981的極長期上升趨勢裡，1950年代到1981年之間沒有買進訊號。反之，在極長期下降趨勢裡，則連續出現幾個買進訊號。這也凸顯了擺盪指標的特質：指標在多頭市場經常滯留在超買區，空頭市場則經常滯留超賣區。對於目前這個例子來說，極長期趨勢是多頭市場，主要趨勢峰位落在超買區域。

走勢圖25-12的情況也很類似，但採用短期擺盪指標：9天期RSI的8天移動平均。殖利率走勢圖標示的箭頭，代表主要趨勢發

走勢圖25-11　穆迪AAA信用等級公司債殖利率，1950～2001，12個月期ROC（資料取自www.pring.com）

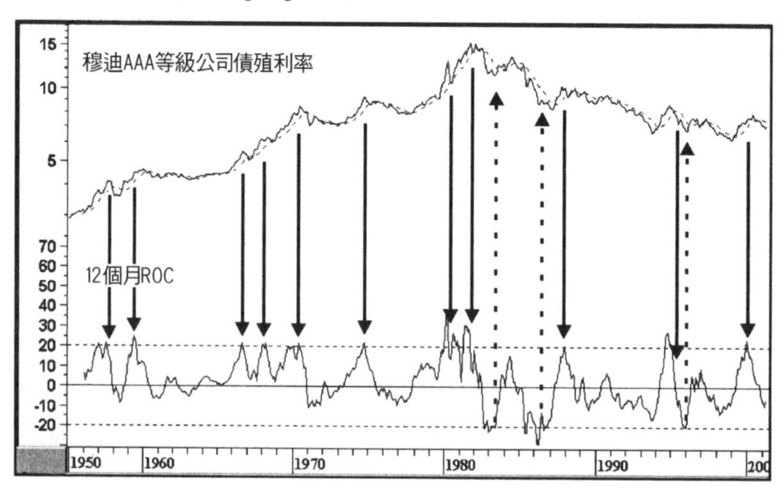

走勢圖25-12　30年期政府公債殖利率，1997～2001，平滑化RSI
（資料取自www.pring.com）

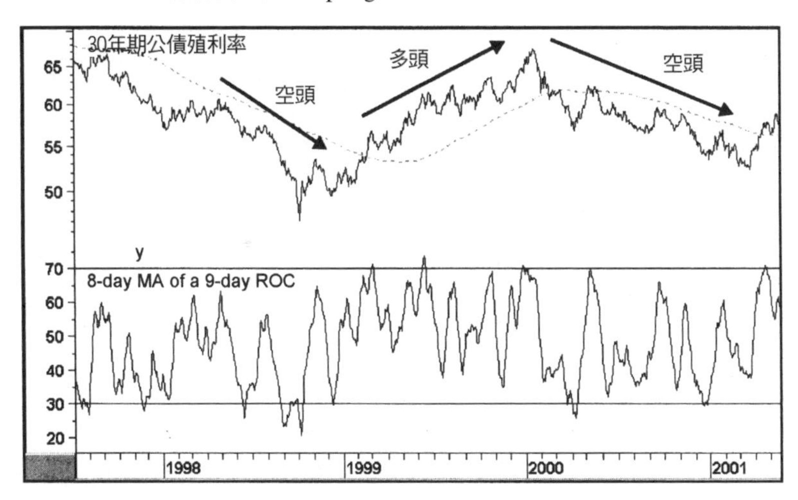

展方向。我們可以清楚看到，處在多頭市場裡，超買情況發生的頻率較高，空頭市場則較經常出現超賣情況。另外，200天移動平均可以做爲判斷主要趨勢方向的額外基準。請注意走勢圖的最右端，擺盪指標進入超賣區域，殖利率則向上穿越移動平均，顯示新的多頭市場正在進行之中。

走勢圖25-13顯示美國公債期貨永續契約與兩個ROC指標。由2000年初開始，一直到這份走勢圖的末端，主要趨勢都是向上的。10年期ROC標示的4個向上箭頭，代表指標處於或接近超賣狀態。我們看到，這4個訊號隨後都出現相當顯著的漲勢。至於圖形右端用橢圓形標示的超賣情況，我們發現價格並沒有發生預期的對應漲勢，這代表新的空頭市場可能已經來臨了。另外，價格與動能指標也出現幾個趨勢線突破的情況。請注意，此處的動能指

走勢圖25-13　美國長期公債期貨，1999～2001，兩個ROCs
（資料取自www.pring.com）

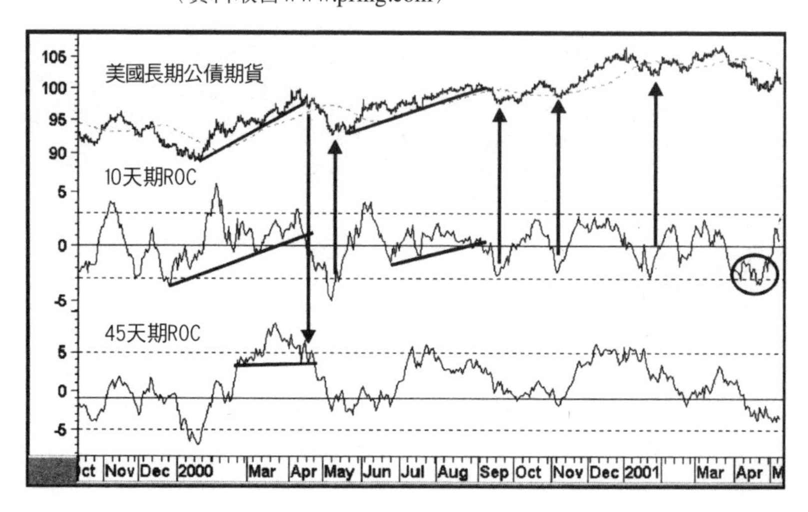

標計算期間爲10天與45天，差距頗大；所以，某個動能不能顯示的性質，可能會顯示在另一個動能指標上，反之亦然。如果三者同時顯示趨勢反轉的訊號（譬如2000年4月份的情況），結論當然最可靠。

彙總

- 利率會影響股票價格，因爲利率會影響企業獲利能力、改變價值關係，也會影響信用融通交易。
- 根據過去的資料觀察，在經濟循環的主要轉折點上，利率幾乎都會領先股票價格。

- 眞正能夠影響股票價格的，並不是利率水準本身，而是利率變動率（ROC）。
- 相較於長期利率，短期利率對於股價的影響較大。
- 重貼現率一旦發生變動，可以顯著確認貨幣市場的主要價格趨勢發生變動。
- 重貼現率趨勢反轉，是股票市場主要趨勢發生變動的早期警訊。
- 我們可以藉由跨市關係（intermarket relationships）預測或判斷債券價格／殖利率的主要趨勢反轉。

第26章 人氣指標

我愈來愈認爲，加入正確而少數的一方，
其中妙用無窮，因爲這通常是明智之舉。
——歌德

基本概念

處在主要的多頭與空頭市場循環裡，投資人的情緒經常擺盪於兩個極端：一是悲觀與恐懼，另一是貪婪、陶醉與過份自信。投資人的信心來自價格長期上漲，所以樂觀看法大致上會和行情同時到達顚峰。相反地，處在行情谷底，多數人會陷入絕望的悲觀情緒裡，而這實際上往往代表買進的最佳時機。不論是長期或中期的峰位／谷底，前述現象普遍存在，差別只是程度而已。就中期底部爲例，人們會感受到許多嚴重問題，但在主要谷底，人們認爲這都是無法克服的困境。一般來說，問題愈棘手，底部愈重要。

較明智的市場專業人士，譬如那些內線者和專業交易員，他們的行爲反應不同於多數人：在市場頭部賣出，在行情底部買進。這兩類人都歷經完整的情緒循環，但發展階段卻剛好相反。這並不是說在市場主要轉折點，一般大眾的看法必然錯誤而專業玩家必定正確；可是，整體來說，這兩類參與者的看法經常對立。

有關市場參與者的行爲，有很多歷史資料可供運用，我們可以設定一些參數，藉以分析某特定群體在行情主要轉折點的極端行爲。

不幸地，由於選擇權在1973年開始掛牌交易，1982年又引進股價指數期貨，這使得1980年代之前原本相當有效的指數，從此受到相當程度的扭曲，因爲指數期貨和選擇權買賣，已經取代了放空股票與其他投機活動，而這些正是過去用來建構人氣指標的基礎。

動能指標取代人氣指標

個別股票與很多市場並沒有公布人氣指數方面的相關資料。這種情況下，我們可以觀察擺盪指標，因爲超買區域與極端樂觀情緒之間存在顯著關連，反之亦然。

關於這方面的比較，請參考走勢圖26-1。《投資人情報》[1]（Investors Intelligence）每個星期都會整理許多投資通訊刊物的看法，將其歸納爲三類：偏多、偏空與修正。走勢圖26-1上側小圖即顯示看法偏空百分率的走勢（每週實際數據的13週移動平均），也就是一種簡單的趨勢偏離指標。這個走勢圖是顛倒繪製，使其

1. 屬於chartcraft.com。

起伏與股價動能指標的波動一致。下側小圖是根據S&P週線價格資料計算的類似動能指標。請注意，兩個動能指標的峰位／谷底位置相當一致（請參考箭頭標示），顯示兩者之間存在顯著的關連，雖然還是有程度上的差別。舉例來說，請注意1993年初的A點，S&P擺盪指標距離超買區域還很遠。還有，1995年底的B點，S&P相當接近超買區域，空頭人氣指數則否。

債券市場也存在類似的關係。舉例來說，走勢圖26-2比較《市場風向旗》（Market Vane）公布的看多交易者人數資料（10週移動平均），以及債券殖利率14週RSI的10週移動平均。圖形上的

走勢圖26-1 人氣指標vs.S&P價格動能，1992～1997
（資料取自 Investor's Intelligent）

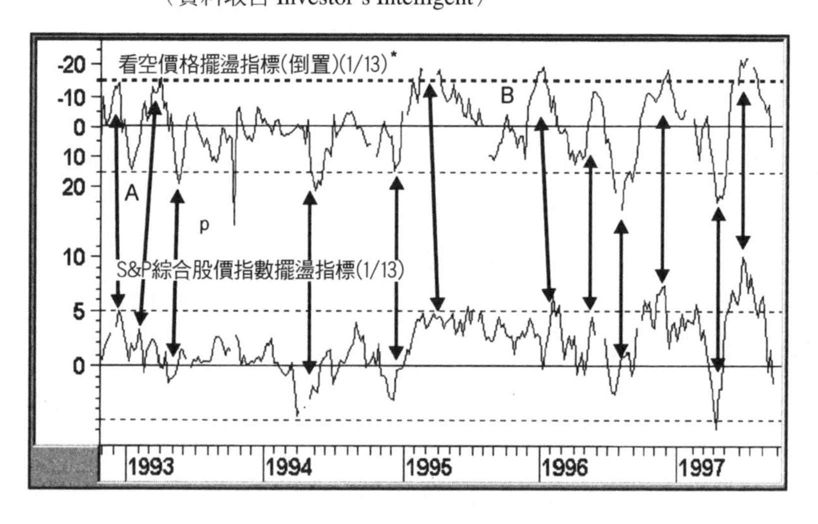

主要技術原則：價格擺盪指標與人氣指標之間存在顯著的關連。

波浪狀折線，基本上是反映看多交易者人數走勢的起伏波動，然後把該折線複製到平滑化RSI上。我們不難看出，兩個擺盪指標的走勢相當吻合。

本書第10章曾經指出，短期動能指標進入順勢極端區域，經常不能針對重要逆趨勢發展提供有效訊號；舉例來說，處在空頭市場，動能指標即使進入超賣區域，並不代表行情將回升。人氣指標也有類似情況。舉例來說，空頭市場發生一波重大跌勢之後，即使看多的人數很少，其蘊含的價格回升契機，有效程度絕對不能跟多頭市場的類似人氣讀數比擬。所以，多頭市場超賣讀數代表的意義，將顯著超過空頭市場的類似超賣讀數，反之亦然。

人氣指標與動能指標之間存在的顯著相關，應該不會讓讀者覺得意外，因爲價格上漲會讓更多市場參與者看好後市發展，價

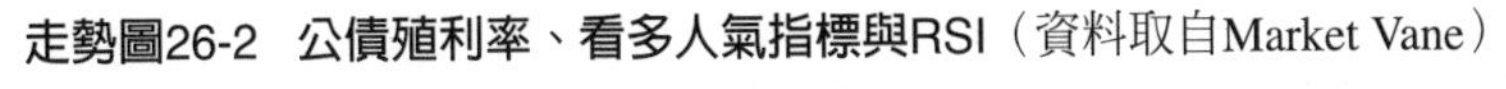

走勢圖26-2　公債殖利率、看多人氣指標與RSI（資料取自Market Vane）

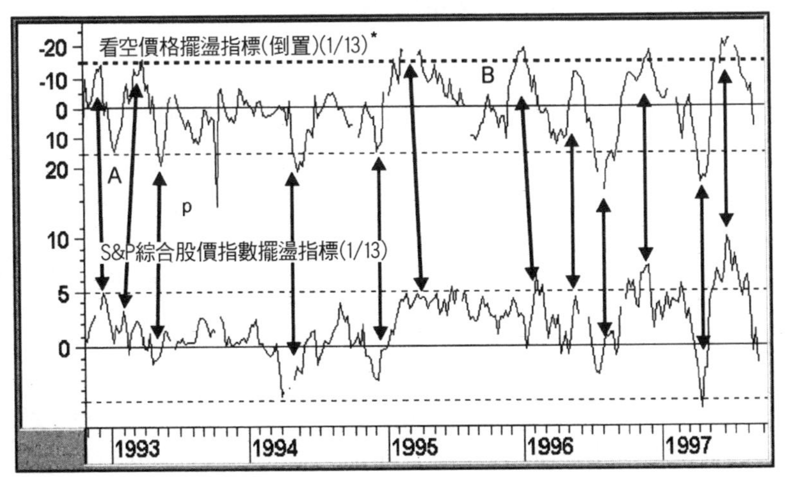

格持續下跌則會讓更多人覺得悲觀。當然，這並不代表每個人氣指標與擺盪指標之間都會保持這種密切關連。可是，我確實主張：如果沒有適當的人氣指標可供運用，動能指標可以是有用的替代品。接下來，我們準備討論一些常見的人氣指標。

關於放空

一般股票交易，是買進股票而期待價格將來上漲。放空股票的情況剛好相反。交易者預期股價將走低，於是向經紀商借入股票，趁著高價賣出。將來，放空者必須買回股票，然後把股票償還給經紀商而結束空頭部位。股票購買者通常是買進之後繼續持有，但放空股票在本質上就有顯著的投機性質。所以，放空交易的相關資料，非常適合用以衡量市場人氣。

專業報價商／投資大衆的比率

此處所爲的專業報價商，是指那些在紐約證交所，針對特定股票負責提供造市服務的經紀商或交易員。所以，對於他們所負責的股票，這些人都是眞正的專家。走勢圖26-3顯示NYSE專業報價商（精明資金）與一般大眾（非精明資金）的融券比率。相較於一般大眾，如果專業報價商持有大量融券部位，代表多頭訊號，反之亦然。

我們可以由幾個不同角度解釋這項比率。一般來說，買進訊號的效果似乎比較理想。有些人可能認爲，低於32%的極端讀數

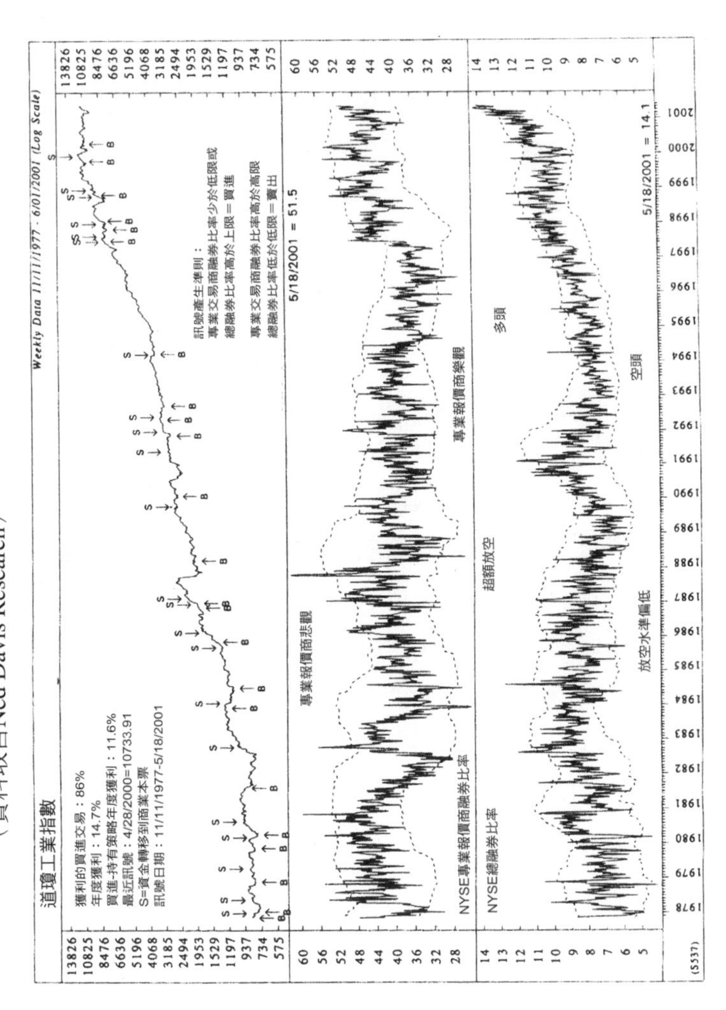

走勢圖26-3　道瓊工業指數1978～2001，專業報價商與NYSE融券部位
（資料取自Ned Davis Research）

代表多頭意義，但情況通常不是如此。某些情況下（譬如1983年底），這類訊號完全不可靠，因爲是發生在主要下跌走勢。另一個辦法是根據偏離計算而建構上、下限的區間，藉由折返中性區的穿越做爲買進訊號。

如同走勢圖顯示的，這種包絡是動態性的，會隨著時間經過而變動。賣出訊號相對不可靠。1987年股市崩盤時，這個比率出現明顯看空的極端讀數，所以應該被解釋爲極端偏多的訊號。一般來說，52%應該就是極限了。

融券餘額比率

融券餘額（short interest）數據會在每個月底左右公布，代表NYSE的放空股票數量，其他交易所也會公布類似資料。融券餘額是一種資金流量數據，因爲每筆放空交易遲早都需回補，但也可以用來衡量人氣。融券餘額愈大，代表市場的空頭氣氛愈強，反之亦然。經過多年觀察，技術分析者發現，融券餘額對前一個月每天平均成交量的比率，其訊號較融券餘額本身更可靠。當這項比率讀數爲1.8或更高，代表多頭訊號。融券餘額比率讀數如果小於1.0，代表市場參與者普遍看好後市，所以應該解釋爲空頭訊號。另外，融券餘額愈小，也意味著將來需要回補（買進）的數量愈少。

不幸地，自從1982年以來，這項指標存在明顯偏多的傾向，讀數經常維持在2.0以上。因此，對於1983～1984年空頭市場與1987年崩盤，該指標都沒有提供訊號，這可能是因爲選擇權與股價指數期貨交易日益普及的緣故，很多這方面的放空交易都跟避險（hedging）有關，不適合用來衡量人氣。所以，這項指標可能已經不具備以往的功能。

請參考走勢圖26-4，中間小圖的比率走勢圖，是取融券餘額除以每天成交量的12個月平均值，而不是取月份成交量的平均值。這項指標近期呈現的扭曲現象很明顯。最下方小圖的訊號時間比較理想，這是根據年度化融券餘額比率減掉16個月平滑化之差值判斷訊號。

走勢圖26-4 S&P綜合股價指數，1945~2001，兩個融券餘額比率

（資料取自Ned Davis Research）

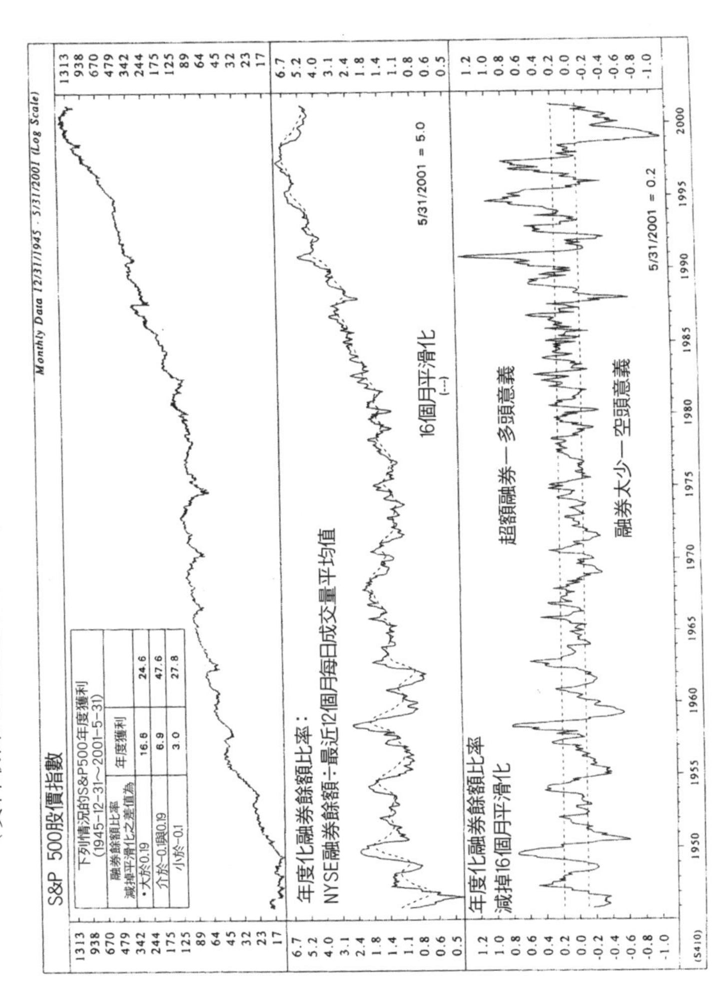

內線交易

控股（具有投票權者）比率超過5%的公司股東，或公司內部可以得知重要資訊的主管或員工，這些人從事股票交易必須在10天內向「證管會」報備。整體而言，「內線者」的交易行爲通常正確；在行情上漲階段，他們傾向於賣出，反之亦然。

走勢圖26-5的下側小圖顯示內線賣出／買進每週數量比率的5週移動平均。我們看到，當股價走高時，內線交易者會加速賣出（相對於買進）。當這個比率上升幾個月而開始向下反轉，通常代表價格峰位的訊號。就這方面來說，當指標讀數到達70%，然後順著股價指數方向反轉，通常代表股價將下跌。可是，內線交易者往往會提早採取行動，因此在行情向下反轉之前，指標與股價指數之間往往會出現負向背離（虛線標示）。基於這個緣故，這項指標只能當做背景參考，不適合當做時效判斷工具。

在行情主要底部，當指標讀數跌到60%或更低，通常代表價格見底，下檔相對有限。可是，當指標在40%之下向上反轉，通常代表價格即將上漲。

投資顧問

1963年以來，《投資人情報》[2]（Investors' Intelligence）彙編有關投資顧問報告的資料。理論上，投資顧問是金融投資領域的

2.屬於chartcraft.com。

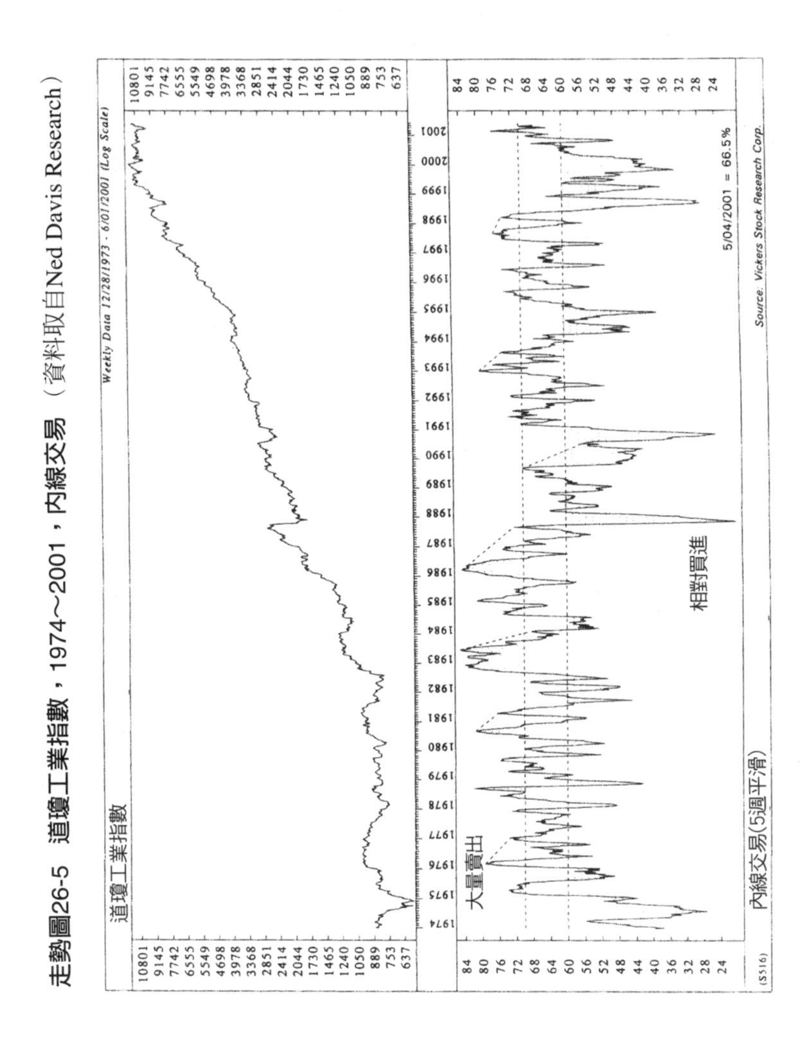

走勢圖26-5　道瓊工業指數，1974～2001，內線交易（資料取自Ned Davis Research）

專家，他們應該在市場頭部建議賣出，在市場底部建議買進。可是，實際情況並非如此；各方面的證據顯示，投資顧問的整體性看法，基本上是與投資大眾一致的，所以是很好的反向指標。

走勢圖26-6顯示的指標是：投資通訊刊物作者之中看多行情

人數的百分率。當行情處在多頭市場峰位，投資通訊刊物作者看多行情的比率最高；反之，當行情處在市場底部，投資通訊刊物作者的立場大多悲觀。所以，投資人應該根據投資顧問整體看法做反向的操作。

走勢圖26-6 S&P綜合股價指數，1968~2001，投資通訊刊物作者人氣
(資料取自Ned Davis Research)

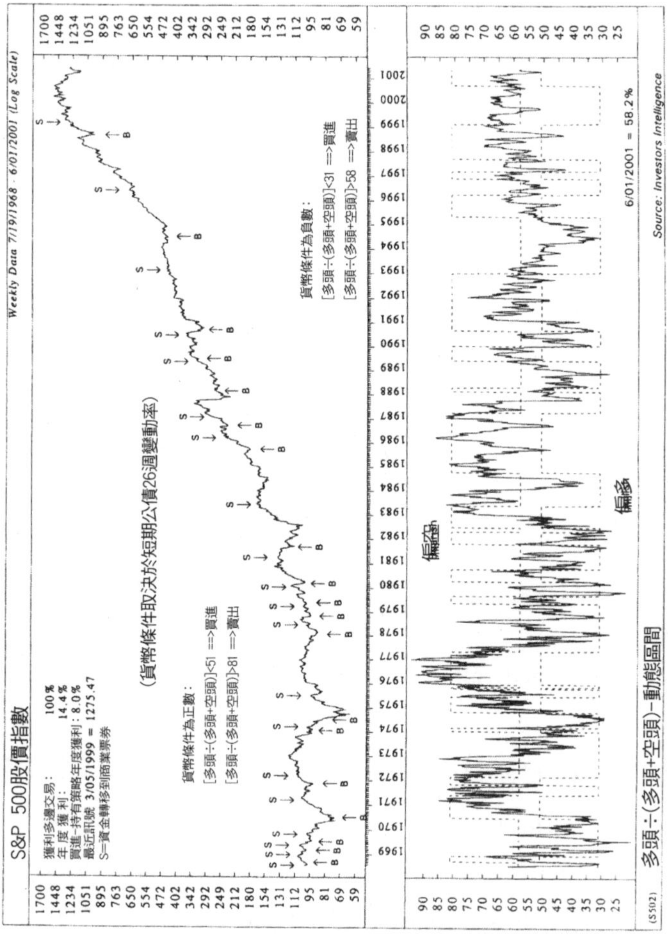

透過這項指標，我們也可以看到市場心理狀態如何在極端樂觀和極端悲觀之間做大幅擺盪。舉例來說，在1968年初的行情主要底部，幾乎所有接受調查的投資顧問都很悲觀。等到價格開始回升，他們的看法立即變得比較樂觀，到了行情峰位，看法則是毫無保留的樂觀。

對於1973～1974的空頭市場，這項指標相當有用。1973年，大盤指數曾經發生兩波嚴重跌勢，但該指標從來沒有下降到行情底部應該出現的30%。

請觀察走勢圖26-6下側小圖，每當投資顧問人氣指標跌到動態區間下限（虛線）而又反向穿越（由超賣區折返中性區），通常代表重要的買進訊號。處在行情頭部，指標一旦向下穿越區間上限（由超買區折返中性區），通常是相當可靠的賣出訊號。

走勢圖26-7下側小圖顯示投資通訊刊物看空行情的人數。請注意，爲了讓指標起伏與股價指數漲跌方向一致，所以指標走勢圖是倒置的。這項指標也適用背離現象的解釋。舉例來說，1982年的低點和1987年的高點發生之前，都曾經出現背離。

主要技術原則：對於行情主要轉折點的判斷，人氣指標的趨勢往往同樣重要。（這項結論也適用於基本面指標，譬如本益比等。）

根據走勢圖26-7，我們發現這項指標也適用趨勢線突破的解釋。指標突破趨勢線，即代表趨勢反轉訊號；垂直虛線標示賣出訊號，垂直實線標示買進訊號。

一般來說，買進訊號與行情低點相當接近，但賣出訊號的時效通常較差。

走勢圖26-7　S&P綜合股價指數，1976～2001，投資通訊刊物作者看空者
（資料取自Investors' Intelligent）

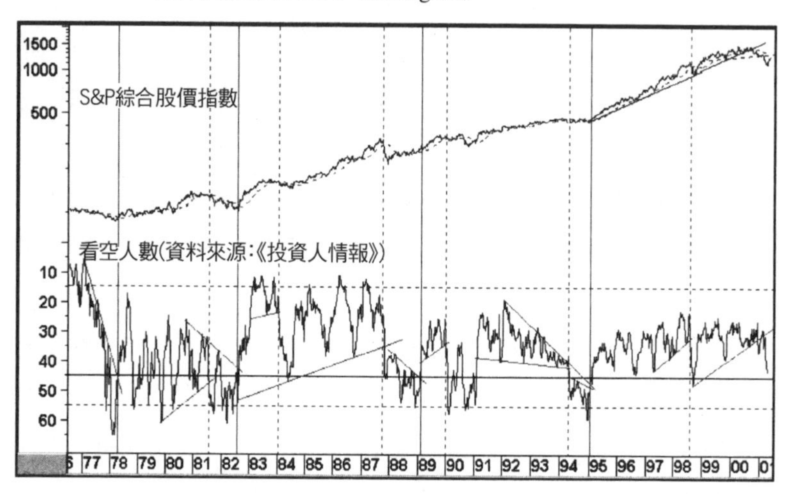

《市場風向旗》與債券市場人氣

期貨市場也有類似的人氣指標，其中以《市場風向旗》（Market Vane）公布的資料最受重視。《市場風向旗》每週都會針對市場參與者做抽樣調查，公布看多行情人數的百分率。這項指標的概念如下：看多行情的人已經建立多頭部位，如果這項比率讀數很高，代表多數人已經建立多頭部位，也意味著市場上的潛在買盤相對少，所以行情只能往下發展。同理，如果絕大多數人看空行情，代表賣壓已經發展到頂點，價格即將向上反轉。

這項指標採用的統計數據存在一個問題，因為抽樣調查是以短期交易為主，數據波動非常劇烈，而且只適合用於判斷短期價

格走勢。所以，我們可以取原始資料的移動平均，藉以消除每週資料之間的波動。

走勢圖26-8顯示長期公債殖利率與《市場風向旗》資料的4週移動平均。標示在70%與30%的兩條水平狀虛線，分別代表超買與超賣。

當指標由超買區向下穿越70%水準（折返中性區），代表賣出訊號；同理，指標由超賣區向上穿越30%（下側水平狀虛線），代表買進訊號。可是，如果出現延伸性趨勢，前述訊號往往會過早發生。舉例來說，1986年1月，當指標由超買區折返穿越70%而發出賣出訊號，債券價格卻持續上漲，甚至發展爲1984～1986年期間最具爆發性的漲勢。

走勢圖26-8　公債殖利率，1980～2001，債券人氣指標與人氣動能指標
（資料取自www.pring.com / Market Vane）

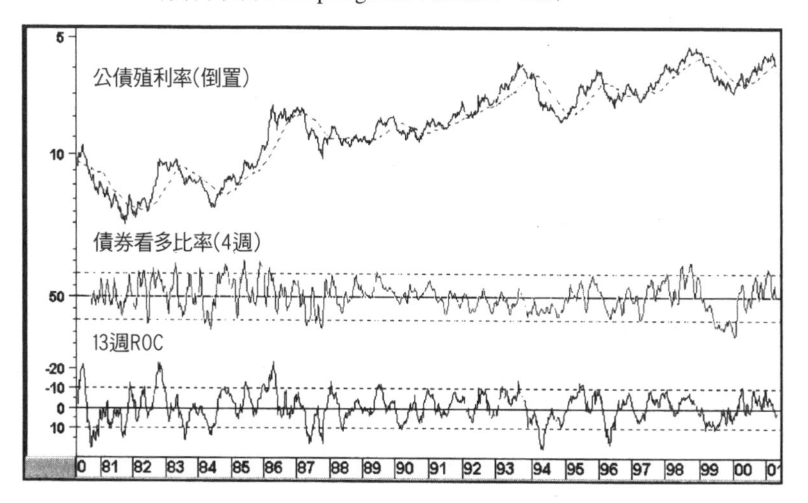

另外，1987年春天出現買進訊號，債券價格隨後雖然出現一波小漲走勢，但很快又暴跌。其他過早的賣出和買進訊號，還包括1982年底和1984年初。這些有瑕疵的訊號，意味著該指標必須配合其他證據做判斷。

這項指標如果由逆趨勢的極端區域折返，訊號時效通常都不錯。舉例來說，在1984年初的空頭市場裡，價格漲勢吸引很多人看好後市，使得指標讀數穿越70%，但當指標由超買區域折返中性區，價格快速崩跌。同樣地，在多頭市場裡，指標如果由超賣區折返中性區，買進訊號的時效通常很理想。1987年春天便發生相當典型的案例。所以，運用這個指標時，務必要瞭解當時市場的既有趨勢。

結合人氣指標與動能指標

為了即早判斷趨勢反轉徵兆，我們可以把人氣指標與動能指標結合為單一指標。請參考走勢圖26-9，此處結合兩種指標，一是前一節討論的平滑化多頭共識指標，另一是雷曼債券指數（Lehman Bond Index）13週ROC的8週移動平均。

當這種多頭動能指數進入超買／超賣區域，然後再朝零線方向折返穿越，代表主要的賣出／買進訊號。除了1986年初的情況之外，每個賣出訊號發生之後，債券都出現相當長期的修正，或是下跌，或是橫向整理。

某些情況下，當多頭共識指標進入極端超買／超賣區域，但價格動能卻沒有呈現類似走勢做確認；這往往是趨勢即將反轉的

走勢圖26-9　雷曼債券指數，1984～1989，債券人氣指標
（資料取自www.pring.com / Market Vane）

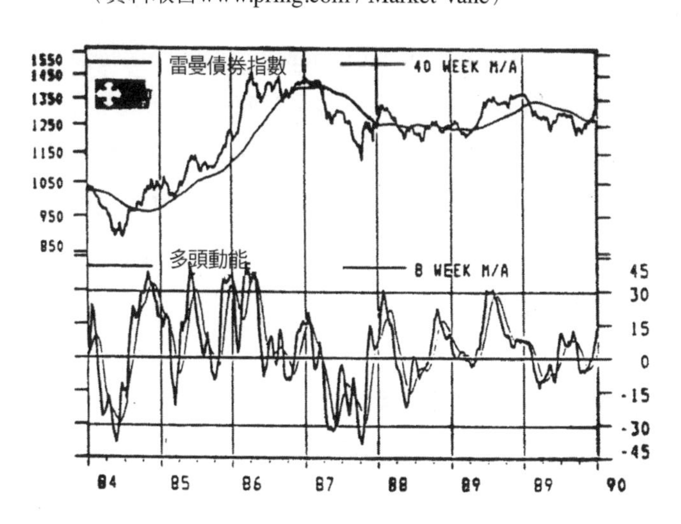

徵兆。一般來說，唯有價格大幅上揚，才能吸引多頭；唯有價格大幅下跌，才足以吸引空頭，但前述現象顯然違背這個法則。

請參考前一節的走勢圖26-8。

1982年的年中，人氣指標顯示極端空頭讀數，但價格動能幾乎沒有下降。1986年的情況剛好相反，人氣指標呈現極端多頭讀數，但價格動能幾乎沒有上升。這類矛盾現象不經常發生，不過發生時很可能代表重要的趨勢反轉。

我們知道，一般情況下，價格（動能）上升會吸引多頭，價格（動能）下降會吸引空頭。可是，如果人氣指標進入極端區域，而價格沒有呈現類似反應，表示市場的樂觀或悲觀看法並不正確，所以價格必須做調整。

共同基金

投資公司協會（Investment Company Institute）每個月會公布共同基金相關資料。這些統計數據很有參考價值，因爲可以同時反映一般大眾與機構投資人的活動。技術分析者通常都計算共同基金持有現金佔其資產的比率。由某個角度來說，這種資料應該視爲現金流量指標，但此處將其視爲人氣指標，因爲可以反映各種市場參與者的態度。

共同基金持有現金／資產比率

共同基金的投資組合內，通常必須持有某些數量的流動性資產，藉以因應客戶贖回基金。我們可以設計某種指標，計算共同基金之現金部位佔其總資產價值（total asset value）的百分率，請參考走勢圖 26-10。這項指數會與股票市場呈現相反方向的走勢，因爲當股價下跌時，共同基金所持有的現金比率會上升，反之亦然。

這種現象可以由三方面解釋。第一，行情下跌時，基金的整體投資組合價值會跟著下跌，所以現金部分的比率會自動提高，即使沒有新的現金流入也是如此。第二，行情下跌，基金的買進決策會更謹慎，因爲足以創造資本利得的機會較少。第三，股價趨於下跌，客戶贖回基金的可能性提高，基金公司爲了因應這方面的需要，通常會提高現金持有比率。另一方面，行情上漲時，情況剛好相反，因爲股價上漲會讓現金比率自動下降，基金銷售量會提高，基金經理人在績效壓力下必須儘可能充分投資。

這種方法有個缺點，因爲從1978年到1990年之間，共同基金的現金比率大體都維持在9.5%之上，喪失了做爲時效分析工具的價值。雖然行情基本上確實是處於上升趨勢，但這項指標未能顯示主要下跌趨勢，例如：1980年與1981～1982年的空頭行情，更別提1987年的崩盤。

走勢圖26-10 S&P綜合股價指數，1966～2001，共同基金現金／資產比率
（資料取自Ned Davis Research）

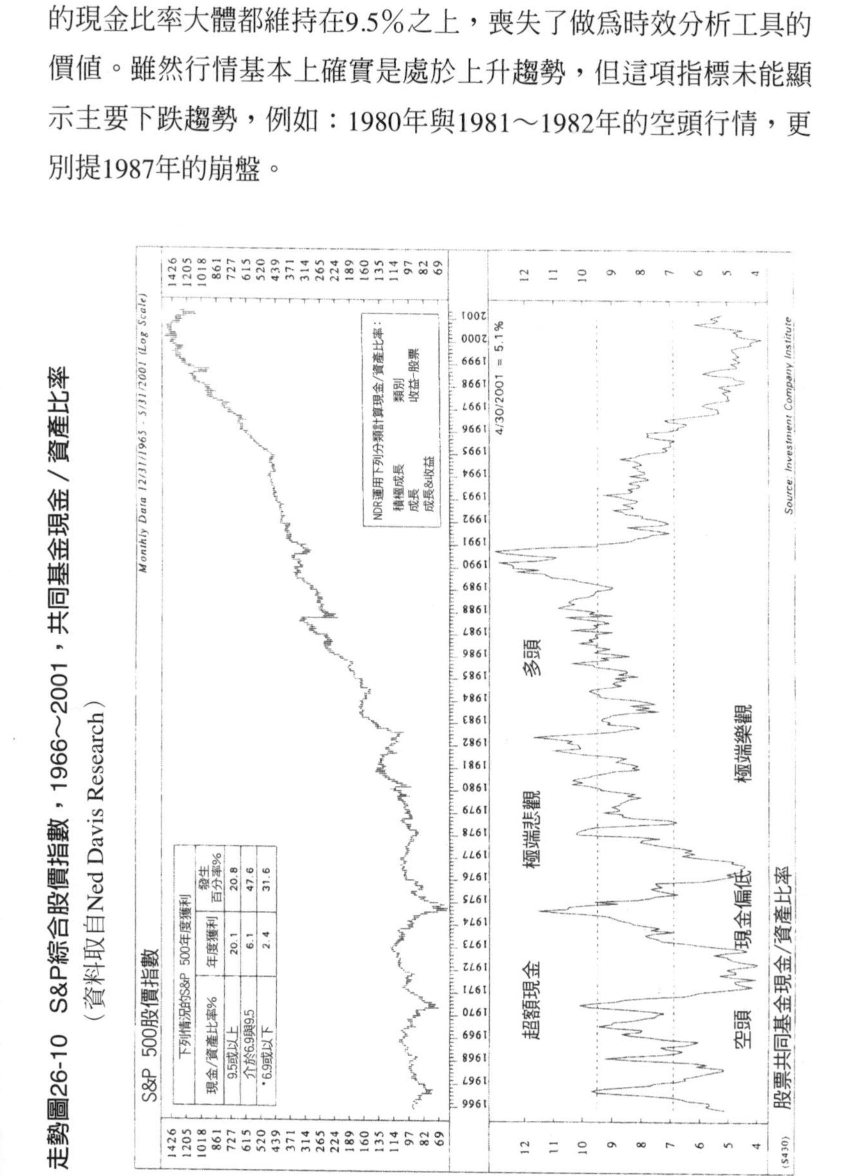

市場邏輯公司（Market Logic）的諾曼・福茲別克（Norman Fosback）提出一種解決辦法，他把上述現金比率減去短期利率，如此可以排除基金經理人在高利率誘惑之下持有大量現金。走勢圖26-11的中間小圖顯示這種經過調整的現金／資產比率。

走勢圖26-11　道瓊工業指數，1965～2001，兩種共同基金現金／資產比率
（資料取自Ned Davis Research）

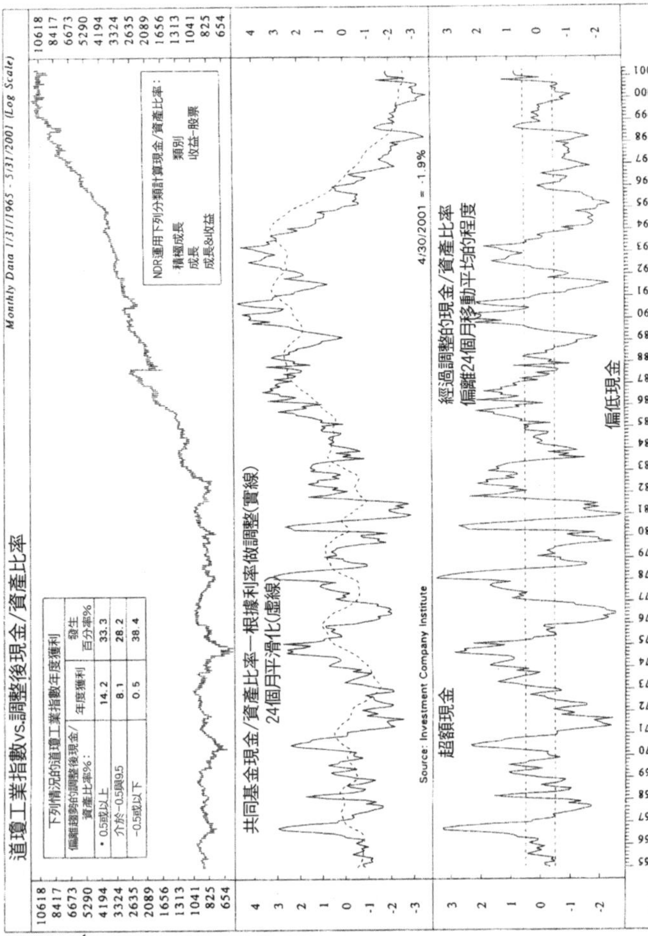

指標的表現雖然有改善，但還是沒能解釋1987年的崩盤。奈德戴維斯研究機構（Ned Davis Research）提出另一種方法，比較轉換基金現金與基金經理人持有現金／資產比率。這項指標也根據利率做調整，結果似乎最理想。請參考走勢圖26-12，指標向下

走勢圖26-12 S&P綜合股價指數，1965～2001，轉換基金現金／資產比率
（資料取自Ned Davis Research）

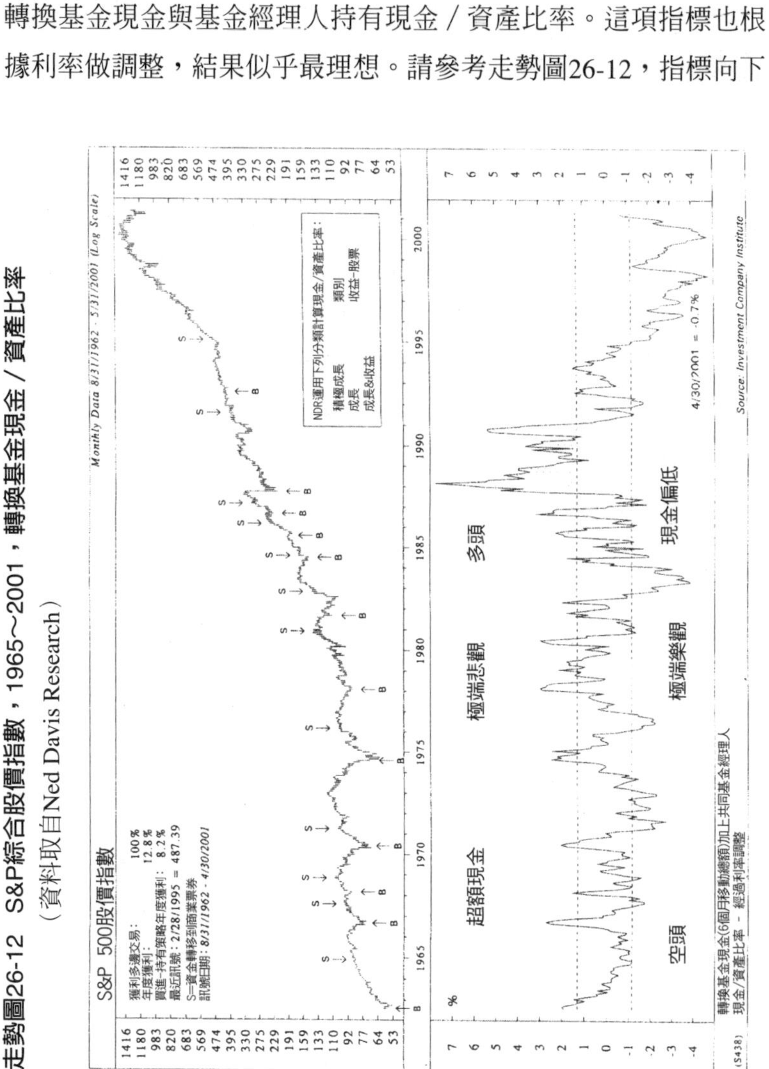

穿越下端虛線，代表買進訊號；訊號繼續有效，直到調整後轉換現金向上穿越上端虛線，才轉變爲賣出訊號。

證券融資

有關證券融資（margin debt）的趨勢發展，或許更適合被歸類爲現金流量指標，但因爲證券融資趨勢與水準也可以反映投資人的信心程度，所以在本節討論。證券融資是以證券做爲抵押，向經紀商或銀行借取款項，通常是用來購買股票。在典型的股票市場循環初期，證券融資餘額相對偏低；股票市場見底之後，隨著股價回升，融資交易者會愈來愈有信心，藉由融資擴大股票持有部位，所以融資餘額也會跟著走高。

主要上升趨勢發展過程，證券融資是股票市場資金的重要來源。由1974年到1987年之間，融資餘額增加將近10倍，顯示其重要性。現金買進與融資買進之間有項重大差別，融資買進的股票，將來某個時候必須賣出，藉以清償債務；另一方面，運用現金購買的股票，理論上可以永遠持有。股票價格下跌時，證券融資將呈現相反功能，成爲賣壓的主要來源。

這種現象之所以會發生，理由有四點。第一，整體而言，融資買進的投資人比較有經驗，當他們發現資本利得的潛在機會明顯減少時，會開始賣出股票，清償融資借款。由1932年以來，在每個多頭市場峰位出現的3個月以內，融資餘額就會開始下降或不增加。

第二，在主要多頭市場峰位出現之前，利率水準通常會上升，使得融資成本提高，所以投資人的融資意願會降低。

第三，自從1932年以來，聯邦準備理事會有權設定和調整融資自有資金比率（margin requirement），可以限制經紀商和銀行對於證券融資的放款數量。這是一種必要的規定，因爲融資餘額在1920年代末期曾經大幅膨脹，使得隨後的融資斷頭賣壓讓1929～1932年大空頭市場更是雪上加霜。股票價格顯著上漲之後，市場會萌發投機心理，融資餘額也會快速上升。由於擔心局面失控，聯邦準備理事會可能調高融資的自有資金比率，降低投資大眾的股票購買力。一般來說，自有資金比率必須調升數次，才能明顯影響投機客的購買力。這是因爲股票價格大漲之後，融資抵押證券的價值也會顯著增加，抵銷了自有資金比率提高的影響。

第四，隨著股價下跌，融資抵押證券的價值也會下降。這種情況發展到某種程度，融資買進的投機客必須選擇補繳現金，或是賣出股票，清償債務。最初，追繳保證金的過程不至於造成嚴重問題，因爲股價剛開始下跌，多數融資客還有能力補繳現金。可是，等到空頭市場發展一陣子之後，股價跌勢加劇，融資投機客或是沒有能力補繳現金，或不願意繼續補繳，於是造成斷頭賣壓，市場將呈現不計代價求現的盤勢。股價下跌與斷頭賣壓之間會形成惡性循環，彼此強化，直到融資餘額下降到合理水準爲止。

就這方面資料的運用，多數人可能認爲融資餘額本身最重要。沒錯，融券餘額水準愈高，其趨勢一旦反轉向下，股票市場承擔的壓力愈大。可是，更好的辦法，或許是把融券餘額表示爲資本市值的百分率。這種情況下，市場承擔的壓力，更能夠透過「比例」格式來表達。事實上，我們眞正關心的是融券餘額發展的趨勢，因為其趨勢反轉可以顯示交易者的信心（增加融資）或悲觀（減少融資）程度。基於這個緣故，我們可以分析融券餘額與其12個月EMA之間的關係。請參考走勢圖26-13，藉由EMA穿越訊號判斷主要趨勢反轉。

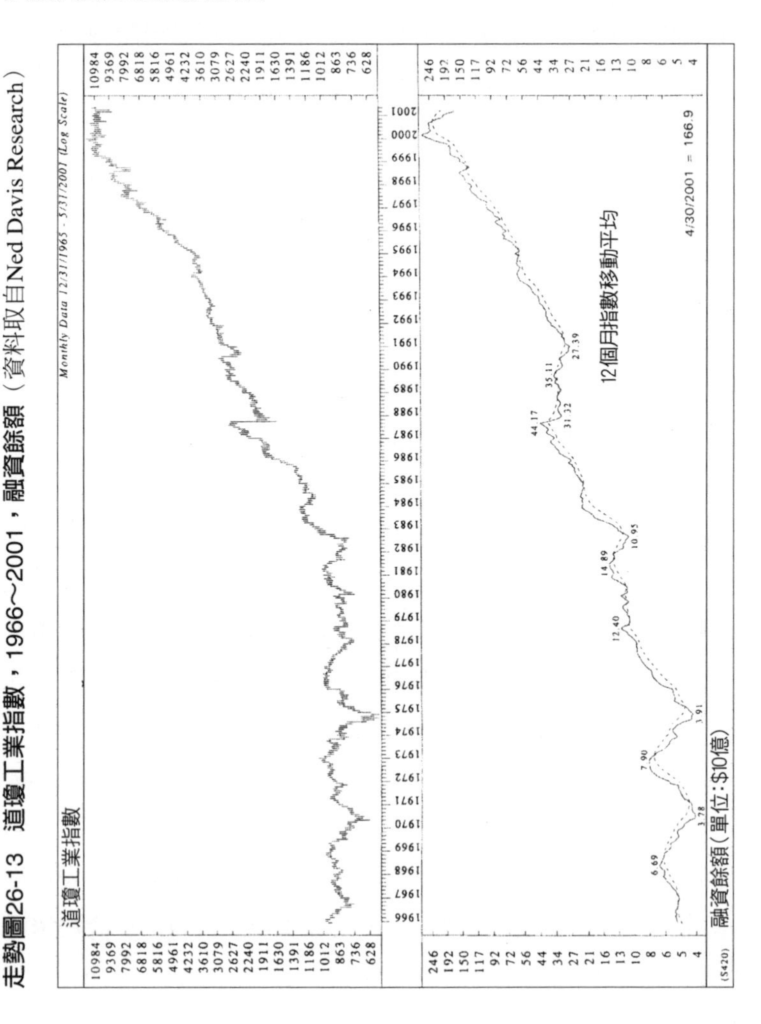

走勢圖26-13 道瓊工業指數，1966~2001，融資餘額（資料取自Ned Davis Research）

賣權／買權比率

根據融券資料而設計的人氣指標，近年來明顯出現扭曲，一方面可能是因爲市場引進掛牌交易的選擇權。可是，由另一個角度看，選擇權資料可以用來建構新的人氣指標。這些指標的表現雖然不完美，但還是値得參考。

有關選擇權的人氣指標之中，賣權成交量對買權成交量的比率（put/call ratio），或許是最受重視的一項數據。所謂「賣權」（put），其持有者有權利在契約期間內，根據固定價格賣出特定數量之股票或商品。換言之，賣權持有者將因爲根本資產價格下跌而受益。這是一種放空的形式，但持有者可能發生的最大損失爲賣權成本。直接放空股票所承擔的風險，理論上爲無限大。

另一方面，「買權」持有者將因爲根本資產價格上漲而受益，因爲他有權利在契約期間內，根據固定價格買進特定數量之股票或商品。正常情況下，買權成交量會多於賣權，所以賣權／買權比率通常小於1.0（或100）。這項指標可以衡量人氣在多、空之間的擺動。理論上，這項比率的讀數愈低，代表群眾看法愈偏多，行情下跌的可能性愈高，反之亦然。讀數偏低，意味著賣權（看空）交易量小於買權（看多）；讀數偏高，代表看空行情的人多於正常水準。走勢圖26-14顯示的賣權／買權比率，是把賣權成交量4週移動平均，除以買權成交量4週移動平均。當指標讀數超過69而折返重新穿越該水準，代表買進訊號。對於1993～2000期間來說，這項指標的運作狀況相當理想，但到了2000年底，出現錯誤的買進訊號。頭部訊號的時效不可靠。

倒置殖利率動能

就歷史資料觀察，每當S&P綜合股價指數的股息殖利率跌到3%，代表投資人支付的股價過高，空頭市場即將來臨。從1990年

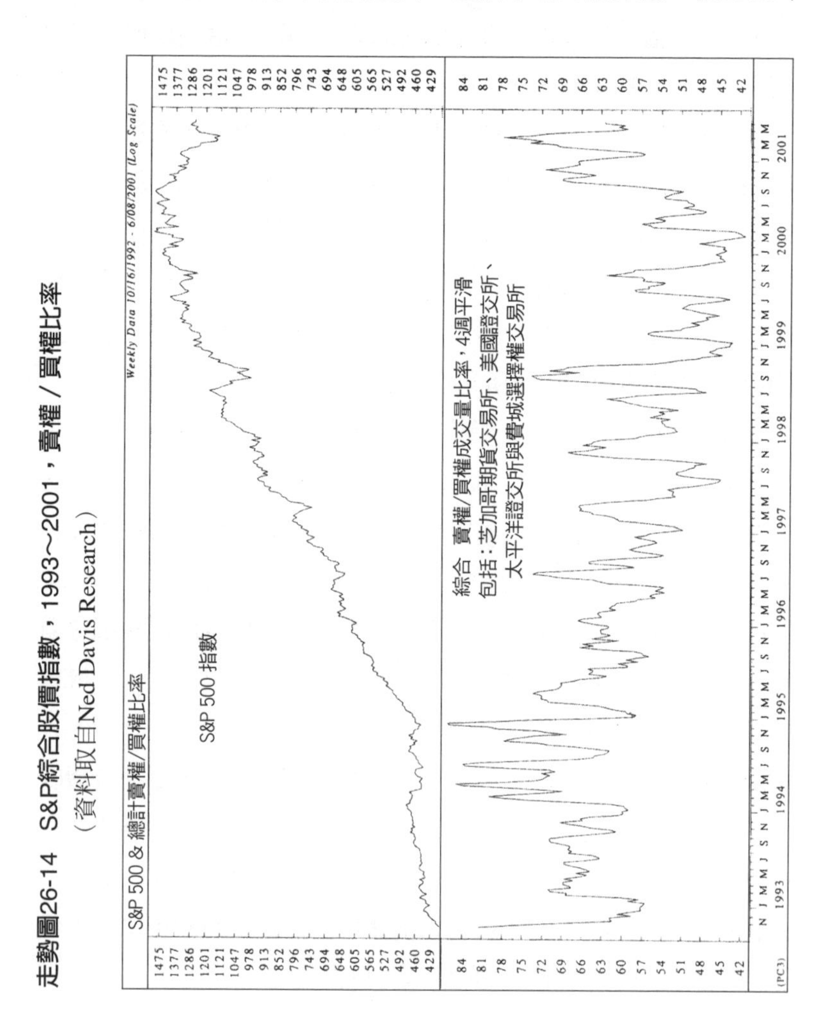

走勢圖26-14 S&P綜合股價指數，1993～2001，賣權／買權比率
（資料取自Ned Davis Research）

代中期以來，股息殖利率持續下滑，最終幾乎跌到1%水準，，遠超過以往的紀錄2.7%。這段經驗完全否定了這項指標用以衡量人氣的功用，也說明了指標發展趨勢的重要性。

當股息殖利率由3%左右的偏多極端，擺盪到5～6%的偏空極端，可以顯示股票投資人心理狀態的變動。投資人如果願意接受3%微不足道的股息收益，意味著他們對於股票市場的價格表現極具信心；反之，如果他們要求5～6%的收益，這代表他們對於股票市場的看法非常悲觀，所以要求較高的收益，用以彌補預期偏高的價格損失風險。

另外，我們也可以把股息殖利率表示為動能格式，如同走勢圖26-15顯示的。此處的指標是股息殖利率的24個月ROC，為了讓殖利率波動與股價漲跌方向一致，圖形座標倒置。把經濟基本面指標（股息殖利率）繪製為擺盪指標格式，可以更精準地反映人氣心理狀態的變動。

請參考走勢圖26-15，垂直線標示擺盪指標由超買區折返中性區的賣出訊號，代表股票市場將出現某種程度的空頭行情。反之，由超賣區折返中性區，通常代表相當及時的買進訊號。超買與超賣水準分別設定在＋20%和－20%。

市場對於新聞事件的反應

評估市場人氣時，還有一種重要而不太精準的方法：觀察市場對於新聞事件的反應，尤其是意外新聞。這種方法非常具有參考價值，因為市場只關心未來，會將所有可預期事件都反映在價

走勢圖26-15　S&P綜合股價指數，1957～2001，倒置的股息殖利率動能
（資料取自www.pring.com）

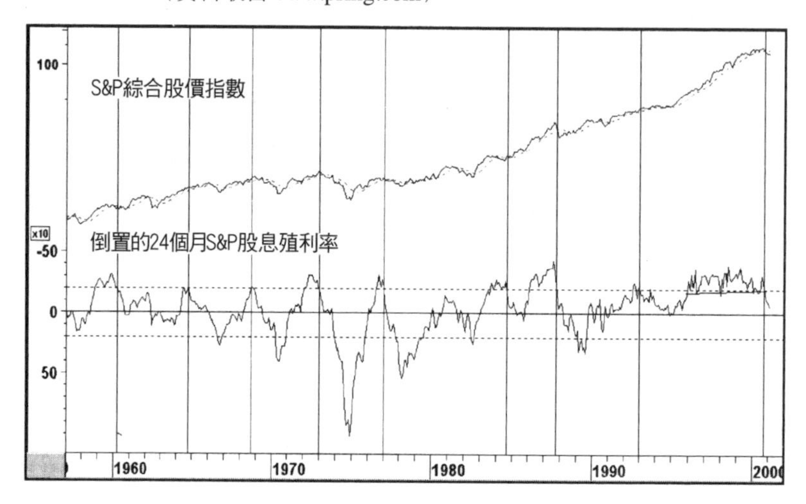

格結構內。如果某種消息通常應該會、而實際上卻沒有影響價格，意味著市場已經預先反映該消息。

1988年底出現一個很典型的案例。當時，某重大內線交易醜聞逐漸浮出檯面，首先是對於David Levine與Ivan Boesky的控訴。正常情況下，這類消息應該會導致股票市場下跌，但當時的行情只是稍做停頓，接著就開始大幅上揚。

1978年春天，美國調高重貼現率。這原本應該會造成股價下跌，但市場實際上卻是帶量上漲。當時，就長期角度來看，市場處於嚴重超賣狀態，而且在底部浮現之後，股價創新高淨家數也急遽上升。所以，當時的技術面可以解釋市場對於重貼現率的反應：利空出盡。另一個例子發生在2001年初。聯邦準備理事會宣布調降重貼現率，這是一系列調降行動的開始。結果，幾天之

後，債券價格反而跌破重貼現率調降當天的水準。這是對於利多消息的強烈逆勢反應，債券價格在隨後幾個月內持續下跌。

大利多消息發生時，市場經常沒有反應；碰到這種情況，持股者往往會觀望，想等待市場參與者最終能夠「瞭解該利多消息的眞正影響」。可是，價格通常都會下跌。所以，當市場出現不「該」有的反應，最好的辦法就是設定適當的停損，該認賠就及時認賠。記住，新聞的說服力愈強，市場反應愈遲鈍，那麼行情隨後愈可能往相反方向移動。我們可以看到很多這類的市場和案例，它們代表的基本原理都相同。如果市場對於新聞事件的反應與正常情況不同，代表趨勢即將反轉。這類的判斷難免涉及濃厚的主觀性質，但如果配合其他技術指標運用，還是有很大幫助。

彙總

- 人氣指標可有效輔助其他章節介紹的趨勢判定技巧。人氣指標能夠用以判定市場的普遍觀點，然後由相反角度進行操作。
- 很多人氣指標的作用，會隨著市場、環境結構變遷而異動，所以運用上應該考慮整類指標，不要仰賴少數一、兩種個別指標。

致謝

特別感謝Ned Davis Research的提姆・海耶斯（Tim Hayes）和奈德・戴維斯（Ned Davis），他們提供很多圖形供本章使用。他們在人氣指標領域貢獻良多，感謝他們允許本書引用他們的研究成果。

第27章 反向理論的技術分析

高度組織化的群眾，其心理狀態是統合的。
在情緒影響之下，群眾的個別構成份子
將喪失其個人意識，而透過群眾愚蠢的指揮，
呈現一致性的行爲。
——坦伯頓（Thomas Templeton Hoyle）

反向觀點：定義

韓福瑞・尼爾（Humphrey Neil）根據其經驗與想法而整理成爲一套理論，與過去相關領域內其他學者的研究成果，包括查爾斯・馬凱（Charles Mackay，《集體妄想》[Popular Illusion]）、古斯塔夫・勒龐（Gustav Le Bon，《烏合之眾》[The Crowd]）、迦布里埃・塔爾德（Gabriel Tarde）等人，彙整爲所謂的「反向觀點理論」。

目前，人們普遍認爲，由於「群眾」在市場主要轉折點的看法通常都是錯的，所以想要成爲贏家，只能成爲反向操作者（contrarian）！不幸地，每當某種想法或理論一旦通俗化之後，其中心概念往往就會被扭曲。換言之，那些表面上引用這套理論的人，大多懶得確實去瞭解相關理論的內涵。事實上，尼爾認爲，群眾的看法多數時候都是正確的。唯有在重要轉折點，多數人的看法才會發生錯誤；這才是反向觀點理論的眞正關鍵所在。

某種看法一旦形成，就會被多數人模仿，直到幾乎每個人都同意爲止。如同尼爾（1980年）所說的：

> 當每個人的想法都相同，那麼每個人可能都是錯的。當群眾接受某種概念之後，在情緒主導之下，行爲就會脫離正軌。當人們再也不能自行「思考」，他們的決定就會變得很類似。

尼爾特別強調「思考」，反向觀點的方法屬於藝術領域，不是科學。想要成爲眞正的反向思考者，我們需要研究，要有創造力，秉持的耐心，注重經驗。記住，沒有任何兩種市況會完全相同；歷史雖然會重演，但不太可能全然相同。事實上，我們不能單純地認爲：「因爲每個人都看空，所以我看多。」

關於反向觀點的定義，已過世的約翰·薩爾茲（John Schultz）提出很好的看法。1987年即將崩盤之前，薩爾茲在《拜倫雜誌》發表一篇文章談到：

> 反向思考的投資準則，並不是多數人的看法——傳統智慧永遠是錯的。多數人的看法經常會整合爲教條，但這些看法的基本前提則會慢慢喪失當初的適用性，市場價格的脫序程度也會愈來愈嚴重。

這段陳述中，有三個詞需要特別強調，因爲它們凸顯了反向觀點論述的精義。第一，最初的概念被整合成爲「教條」。第二，教條喪失「適用性」，而新的因素（或一系列因素）已經出現。第三，群眾走向極端，導致價格嚴重「高估」。薩爾茲認爲，新趨勢產生的初期，少數具有遠見的人，對於行情發展提出一套不同的見解。

稍後，隨著價格上漲，有些人開始相信這套見解是正確的（適用的）。然後，隨著趨勢延伸，愈來愈多人接受這套見解，因爲價格確實上漲了。最後，這套見解或論述變成了教條，被視爲福音。可是，到了這個時候，市場行情已經反映了這套觀點，甚至是過份反映而驅使證券價格高估。即使價格沒有高估，前述見解也慢慢失去當初的適用性，市場的環境已經不同了。那些根據舊有概念下注的人，將會因爲價格向下反轉而發生虧損。

這些趨勢之所以會產生，因爲投資人在群居本能驅使之下，會成爲群眾的一份子。投資人如果可以不受他人影響而自行思考，行爲通常會更合乎理性。舉例來說，你看到股價已經出現相當漲勢，現在又開始大幅飆漲。即使你知道股價不可能永遠上漲，恐怕也很難不受市場氣氛感染，尤其是你認爲稍早的價格已經不合理，但現在的價格還繼續上漲。

處在這種環境裡，一般人很難不受市場公認看法影響而能獨立思考。

主要技術原則：優秀的反向思考者，不該為了反向而反向，而應該學習如何反向地思考，有創意地建構不同於群衆的觀點。換言之，思考群衆為什麼是錯的。

群衆爲何不理性？

尼爾認爲，群眾心理取決於幾種他所謂的「社會」法則：

1. 群眾存在一些獨立個人所沒有的本能。
2. 人們會情不自禁地跟隨群眾（下文將說明其中理由）。
3. 群眾內的少數份子會受感染或模仿，所以個人會受到暗示、命令、習慣與情緒的影響。
4. 聚集爲群眾，人們通常會喪失理性思考或質疑的能力，而會傾向於情緒化，盲目遵從暗示或命令。

在行情轉折點，群眾的看法爲何總是錯的？當每個人都認爲行情將繼續上漲，這些人都已經進場買進，潛在的買進力道將變得很有限，沒有辦法持續推升價格。如同約翰・薩爾茲所說的，如果市場價格高估，其他替代投資將變得更具吸引力。所以，資金會由價格高估的市場，流向價值比較合理的其他市場。

處在下跌趨勢中，情況當然剛好相反。舉例來說，經濟陷入嚴重衰退；景氣快速滑落，失業新聞經常佔據報章媒體的頭版。股票市場在一年前就開始持續下跌，整個經濟似乎失控而陷入惡性循環。當每個人都往壞處看的時候，反向思考者應該要往好處想，提出問題。

情況如何能夠好轉？這也是不同觀點的發源處。記住，人們是理性的。當環境變得艱困，他們會隨之調整計畫。企業會減少存貨，辭退員工，清償債務。做了必要的調整之後，結構會恢復穩定；經濟狀況一旦好轉，企業很快又能賺錢。企業相關的瘦身調整，會減少信用需求，所以信用價格──利率──也會下降。

利率下降會刺激消費需求，人們更願意購買房屋，鋪下經濟復甦的道路。

如同尼爾描述的，「在歷史金融時代，當景氣衰退時，遮掩在悲觀的表象之下，經濟會開始自行調整，埋下復甦的種子。」

股票市場的情況也是如此。如果人們認爲股價將大幅下跌，沒有人願意持有股票，所以他們會賣出。當這些人都賣掉股票之後，股價只剩下一個走向：上漲！到了這個時候，反向思考者認爲，情況已經不能再壞，「否極泰來」的可能性很高，空頭市場的條件已經不存在。

整個過程中，什麼時候應該持有反向觀點，時間拿捏很重要，因爲群眾行爲往往會很極端，使得行情發展遠超過該有的轉折點。以1928年和1999（網路類股）爲例，專業玩家知道情況已經嚴重脫序。他們認爲，當時的股票價格明顯高估。這些人的看法雖然正確，但時間太早。經濟趨勢的變動往往需要時間醞釀，投機狂熱會把價格推升到全然不合理、甚至荒謬的地步。群眾的心理狀態，有點像長期擺盪指標一樣，可能出現數十年難得一見的極端讀數。正常情況下，當擺盪指標進入超買區域，價格就會反轉，但在某些罕見情況下，擺盪指標可能嚴重超買而行情卻繼續挺進。走勢圖27-1就是很典型的例子，其中顯示那斯達克的走勢，以及18個月ROC。在走勢圖的右端，ROC上升到過去20年不曾發生的水準；事實上，這種水準甚至超過S&P綜合股價指數過去200年最高讀數的兩倍。

群眾的心理狀態如果會反映在價格擺盪指標，我們就不難理解群眾情緒的所謂極端，是可以發生在許多不同水準的。歷史上

走勢圖27-1　那斯達克綜合股價指數，1974～2001，18個月ROC
（資料取自www.pring.com）

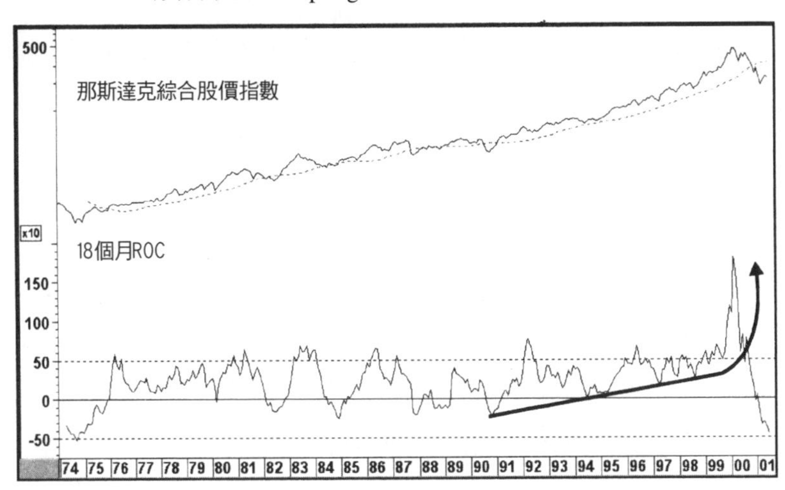

有很多極端的案例，譬如：發生在本世紀交替的那斯達克行情，1980年的黃金頭部，還有1929年的股票市場峰位。可是，擺盪指標可以根據日線或週線資料計算；同理，反向觀點也可以運用於短期轉折點。差別只在於當時的情緒涵蓋程度和強烈程度，或許稍遜於金融泡沫破裂之前。

有了初步的瞭解之後，接下來準備探討群眾情緒發展到極端的種種徵兆。我們將考慮小型趨勢與大型趨勢的反轉，說明技術分析如何運用於這些狀況。

主要技術原則：在行情的主要轉折點，群眾情緒會發展到全然極端。至於短期或中期趨勢的轉折點，群眾情緒展現的強烈程度，通常會稍微緩和一些。

反向思考的難處

研究如何進行反向思考是一回事，但把資金投入市場而實際運用這套方法，那又是另一回事。

在市場上建立不同於多數人觀點的部位，涉及相當大的困難，理由有幾點：

1. 我們持有的觀點需要得到別人的認同。
2. 假定我們已經告訴朋友自己爲什麼看空行情的理由，萬一價格又大幅上揚，我們恐怕不太可能繼續堅持反向觀點，因爲看起來會非常可笑。
3. 在群眾裡持有反向觀點，通常會受到排斥。
4. 我們通常都喜歡根據最近的經驗向未來延伸。
5. 相較於自行思考來說，接受「專家」的意見往往更能夠產生安全感。走勢圖27-2標示四位著名專家在某個時點發表的意見（他們應該希望自己不曾這麼說過）。記住，多數「專家」對於自己公開發表的意見，都存在既得利益。
6. 我們通常都相信「當局」知道如何處理。各位不妨想想當初美國如何參與越戰、蘇俄如何入侵阿富汗，以及張伯倫（Neville Chamberlain）在第二次大戰即將爆發之前有關和平時代的著名演講。所以，關於專家的能力，我們或許應該多想想。

走勢圖 27-2　S&P綜合股價指數，1921～1935，市場評論
（資料取自www.pring.com）

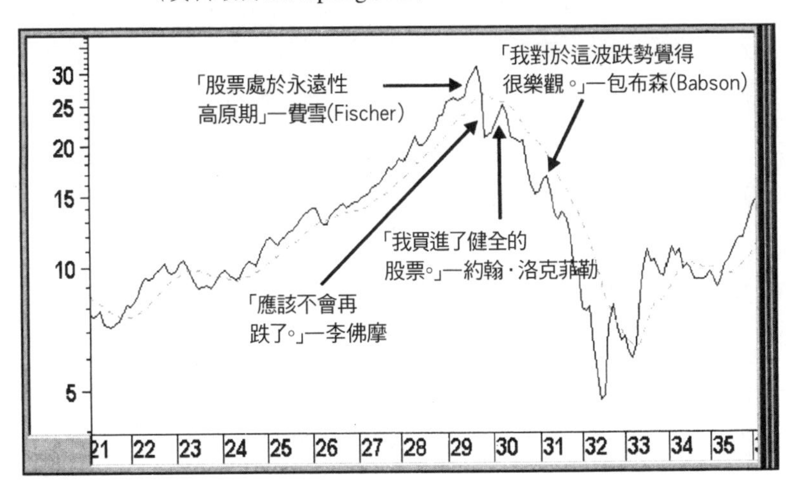

建構反向觀點的三步驟

1. 瞭解群衆的想法

第一步驟是試著瞭解人們對於整體市場或某特定股票是否存在共同看法。如果群眾的看法不存在高度共識，那就無能爲力，因爲我們只想根據群眾的極端共識來判斷趨勢反轉。請記住，在趨勢發展過程，群眾的看法通常都是對的；唯有在行情轉折點，群眾的看法才永遠是錯的。評估市場參與者的多數看法，我們可以運用前一章討論的人氣指標，甚至是擺盪指標。多數情況下，這些指標不能顯示什麼，不過讀數一旦擺動到極端水準，則傳達了重要訊息。

另一個辦法是觀察價格。如果證券價格處於正常可接受範

圍，則沒有可供運用之處，但價格如果發展到極端，則是重要線索。我們也可以觀察媒體報導，尤其是財經方面的媒體，我們可以藉此瞭解一般人的看法。如果群眾不存在明確的共識，意味著行情還沒有發展到極端，因此也很難據此採取行動。

當我們察覺市場存在強烈的共識，而且這種共識幾乎發展為教條，這就是發揮反向思考創意的時候了，請參考第二步驟。

2. 建構非主流的發展情節

這個時候，我們已經知道群眾怎麼想，接著要盤算群眾看法為何會錯誤的可能理由。我們要由群眾之中抽離出來，從相反角度做思考。進行這個過程，我們對於相關市場當然要深入瞭解。舉例來說，請參考走勢圖27-3黃金市場的1980年極長期頭部。這段黃金大多頭行情，大約起漲於1968年，晚間新聞充斥著相關的行情報導。

1979年底，對於大多數人來說，通貨膨脹與黃金價格的漲勢看起來似乎永遠沒完沒了。可是，我們可以由比較切合實際的反向角度思考，通貨膨脹會自行孕育通貨緊縮，因為短期利率持續上升，終究會造成經濟衰退，黃金價格高居不下，會誘使礦場增加生產，運用更先進技術降低生產成本。當然，技術分析也可以提供協助，請參考走勢圖27-3，黃金價格12個月ROC呈現突兀狀走勢，意味著群眾看法趨於極端。這段期間內，白銀價格也出現重大漲勢，由微不足道的水準，飆漲到$50美元以上。人們談論韓特兄弟（Bunker Hunt）如何炒作軋空行情，價格將持續飆漲。這個時候，反向思考者會想，過去已經開採了很多銀礦而製造為各

走勢圖27-3　黃金，1970～1999（資料取自www.pring.com）

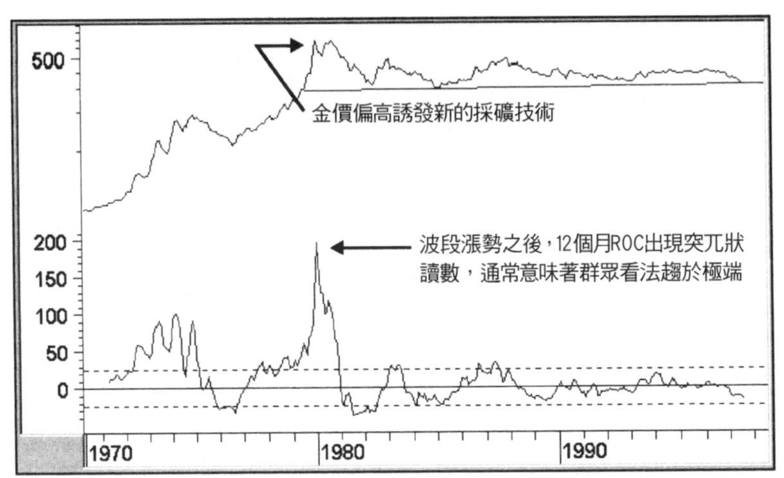

種銀器，只要銀價上漲到某種程度，人們很可能會融化銀器而大量拋售。事實上的發展也是如此，銀價愈是上漲，供給也源源不斷；就在這個時候，由於利率顯著上揚，融資成本提高，促使多頭部位大量了結。

走勢圖27-4顯示債券殖利率與商品價格。當殖利率上升走勢看起來沒完沒了的時候，我們不妨思考，殖利率通常較商品價格領先峰位，而商品又領先整體經濟出現峰位，前述現象反映在走勢圖標示箭頭的傾斜角度上。所以，當我們看到商品價格走勢出現頭部時，很可能意味著經濟將陷入衰退。

3. 判斷群眾的看法何時發展到極端

問題不是群眾的看法是否會發展到極端，而是什麼時候和什麼程度的問題。換言之，當群眾的看法發展到極端時，既有趨勢

走勢圖27-4　商品與債券殖利率，1970～1998（資料取自www.pring.com）

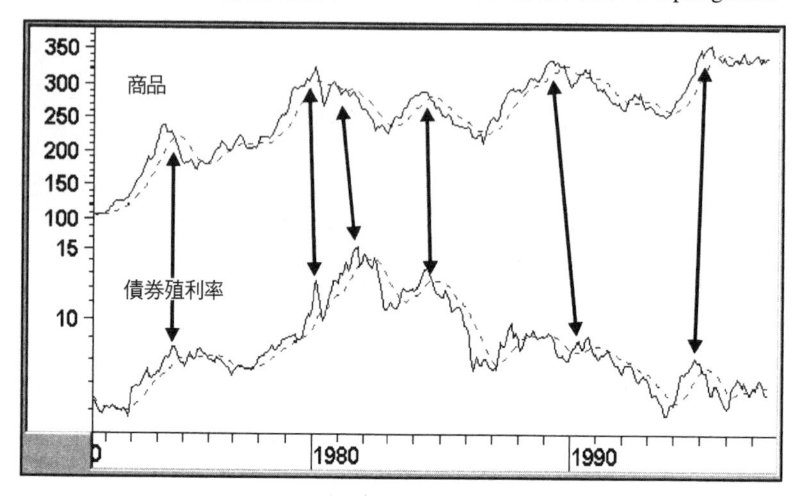

是否會繼續，已經不是問題，問題只在於時間和程度。這個時候，專業分析家提出一些過去被認爲令人難以置信或荒唐的評論，但在高度情緒化環境裡，卻可取信於眾人。以下列舉一些可能的情形。

人氣指標與擺盪指標　人氣指標或長期擺盪指標進入極端區域，這是衡量群眾看法是否趨於一致的可能方法之一。

媒體　有些市場並沒有人氣指標可供運用；這種情況下，不妨研究大眾媒體或財金新聞報導。一般情況下，一般媒體不會深入報導金融市場或個別股票。所以，當這些媒體做大量報導時，就值得注意了。行情的主要頭部或谷底出現當時，媒體通常會由專文報導。我個人最喜歡的刊物包括：《時代週刊》、《新聞週刊》、《商業週刊》與《經濟學人雜誌》等。媒體報導的篇幅愈大，訊號愈明確。記者或雜誌編輯總是剛好在市場頭部做偏多的報導，在市場底部做偏空的評論，並不是因爲他們很蠢，而是因爲他們是媒體人，需要反映社會（群眾）的脈動。就新聞工作人的職責來說，他們需要用更大的篇幅來報導當時最極端、最普遍的事件。理性、平靜的市場，沒有什麼新聞價值；激情、恐慌的行情，才值得深入報導。

一般來說，專題報導是趨勢即將反轉的可靠指標，但也不是萬無一失，較實際轉折點往往會領先一個星期左右。如同任何分析形式一樣，常識判斷很重要。舉例來說，1982年底部發生之後的幾個星期，《時代週刊》有篇醒目的專題報導「公牛誕生」（Birth of the Bull），請參考走勢圖27-5。

如果盲目地反向操作，會認定多頭市場將在未來幾個星期內結束。可是，請注意，群眾情緒發展到極端程度，需要相當長時間的醞釀，因爲價格長時間上漲，才能孕育普遍的多頭信念。另外，空頭市場發生之前，利率通常會先上升。1982年秋天，聯邦準備銀行持續採行寬鬆的貨幣政策，銀根完全沒有緊縮的徵兆。

1990年的情況剛好相反，《商業週刊》報導證券經紀產業遭遇的麻煩（請參考走勢圖27-5）。當時，經紀商股價已經顯著下跌，但聯邦準備銀行採行寬鬆的貨幣政策，這不只對於整體股票市場很有利，經紀商更是特別受惠，因爲可以賺取更多的股票承銷與佣金收入。另外，經紀業者才歷經相當艱困的期間，企業瘦身而營運成本相對偏低，所以多頭行情帶來的收益大部分可以直接轉化爲盈餘。

走勢圖27-5　S&P綜合股價指數與重貼現率，1970～1999
（資料取自www.pring.com）

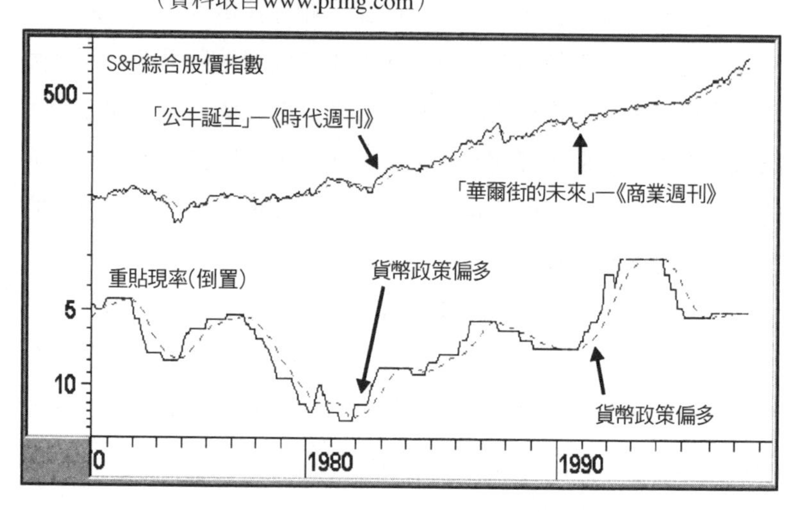

還有一種媒體現象能夠預示主要行情轉折，那就是我所謂的「錯置報導」（misfit story）：媒體突然顯著報導原本從來不注意的市場。舉例來說，財經媒體會報導有關股票與債券市場的發展，這是常態，所以沒有特殊之處。可是，一般媒體如果突然報導某個人們罕知的市場，那就值得琢磨了。譬如說，糖價在1980年由長期大多頭市場反轉。當糖價收盤創新高時，CBS晚間頭條新聞報導交易者如何預測糖價將繼續走高。根據我的瞭解，CBS從來沒有深入報導糖價新聞。對於反向思考者來說，這是不尋常而值得注意的事件。同樣地，當美國媒體大幅報導某個海外市場、外匯或其他市場，往往也是相關市場發展至極端的徵兆。

暢銷書　非小說類的暢銷書，也是值得觀察的重點之一。如果財經類書籍登上這類暢銷書名單，通常代表特定市場已經成為群眾注目的焦點，不論利多或利空因素，大概都已經充分反映了。所以，1987年崩盤後不久，Ravi Batra對於經濟蕭條預測的著作成為暢銷書，這是行情見底的典型現象。同樣地，1968年底，當共同基金最興盛的期間，Adam Smith的《金錢遊戲》（The Money Game）成為暢銷書。貨幣市場的相關書籍成為暢銷書，幾乎是不可能的事情，但在1981年當短期利率處於極長期趨勢峰位，William Donahue的著作卻成為暢銷書。

政治人物　政治人物的態度也是很好的反向指標，尤其是對於那些可能影響選舉的負面新聞。政治人物很重視民意（調查），但他們總是最後才採取行動，所以是很好的落後指標。當政治人物採取行動，往往也是新趨勢已經展開的時候。舉例來說，福特總統於1974年底引進對抗通貨膨脹的著名WIN——Win Inflation Now（立即戰勝通貨膨脹）——胸章，但消費者物價指數當時已經開始由峰位反轉而下。

1981年秋天，當時利率處於極長期峰位而開始向下反轉，我在新聞上經常看到國會議員回到華盛頓宣稱「準備好好處理利率偏高的問題」。他們之所以打算採取這些行動，是因為聽到選民的抱怨。可是，經濟過熱的狀況當時已經逐漸冷卻，利率也開始下滑。所以，當我們聽到政治人物呼籲控制物價時，大概可以確定商品價格已經呈現頭部了。

由於價格走高而企業大量開採，通常也是頭部的徵兆。石油市場的很多案例都是如此。

離譜的價格水準　當某市場的價格高估或低估程度創歷史紀錄（根據John Schultz的說法，價格脫序現象 [mispriced] 愈來愈嚴重），通常也代表群眾共識已經發展到極端。舉例來說，在日本房地產熱潮高峰期，東京日本皇宮的價值，據說超過加州所有土地的總值。大衛・德拉曼（David Dreman）在其著作《股票市場心理》（Psychology and the Stock Market）內談到，1920年代佛羅里達房地產熱潮時代，邁阿密地區從事房地產仲介的經紀人數量竟然高達25,000人，佔當地人口的1/3。這雖然稱不上是價格指標，但這方面的數據清楚顯示情況已經失控。在1990年代科技類股狂潮的某個階段，某家網路旅行社的資本市值，竟然超過該公司所代表的數家航空公司總市值。這家旅行社的股價最高曾經到達每股$160左右；可是，一年之後，價格跌到不滿$1。

技術分析的運用

群眾看法確實可能發展到極端，遠超過正常水準，但過早介入仍然會造成財務上的嚴重傷害。所以，就這方面來說，同時運用技術分析與反向思考理論，可以提供助益。讓我們觀察一些例子。1980年代的日本股票大多頭市場，可以視爲典型的群眾狂熱案例，不論是從股價本益比或其他價格基準做衡量，群眾共識都已經發展到極端。在整個1980年代，人們經常預測股票市場頭部即將發生，但從來沒有眞的實現。

所以，市場共識雖然高度一致，但價格繼續創新高。最終，股票市場泡沫被一種最可能的事件戳破：利率上揚。請觀察走勢

走勢圖27-6　日經股價指數與日本短期利率，1982～1997
（資料取自www.pring.com）

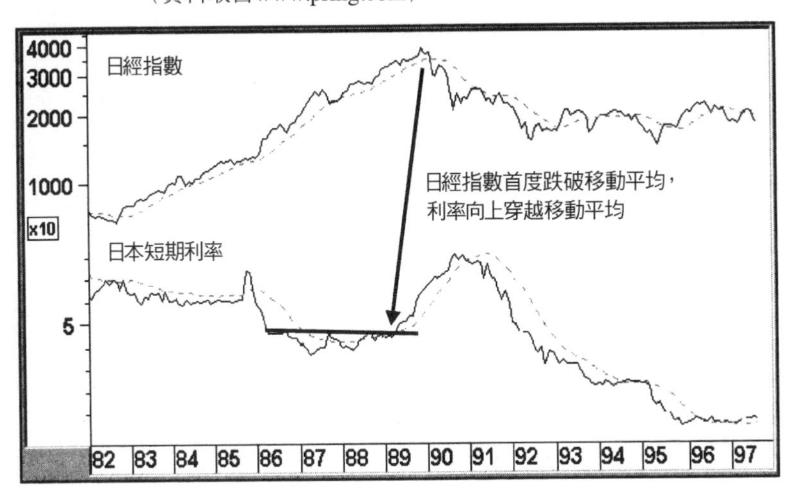

圖27-6，在股票峰位出現之前不久，日本短期利率向上穿越12個月移動平均；隨後，日經股價指數也跌破12個月移動平均。另外，股價與短期利率分別突破趨勢線，技術面有充分證據顯示泡沫已經破裂。11年之後，日經指數甚至只能在當初最高水準的1/3位置沉浮。

請參考走勢圖27-7，《商業週刊》在1982年與1984年有關美國債券市場的兩篇專題報導，顯示群眾看法已經取得高度共識。接下來，我們準備從技術分析角度評估趨勢反轉的可能性。就1982年的案例來說，走勢圖27-8的18個月ROC顯然已經完成長達4年的底部而向上突破。稍後，價格也向上突破。兩個突破的時間雖然相隔幾個月，但此處考慮的是長期趨勢反轉，這種規模的趨勢變動需要時間醞釀。

走勢圖27-7　美國公債價格，1977～1990，18個月ROC
（資料取自www.pring.com）

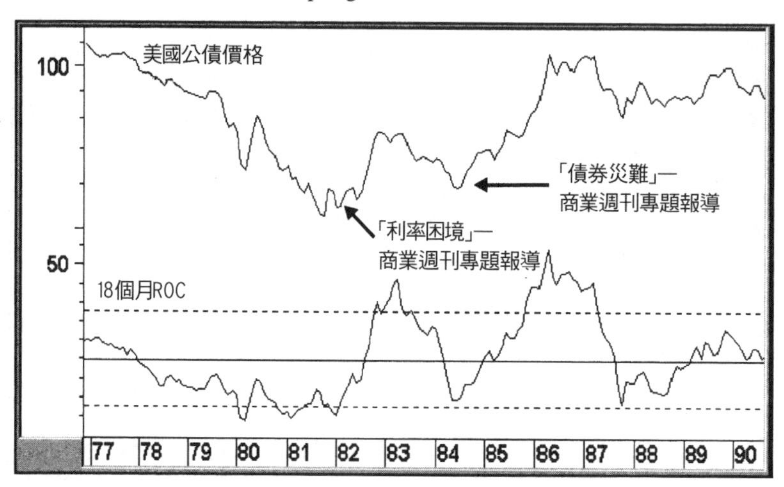

走勢圖27-8　美國公債價格，1977～1990，18個月ROC
（資料取自www.pring.com）

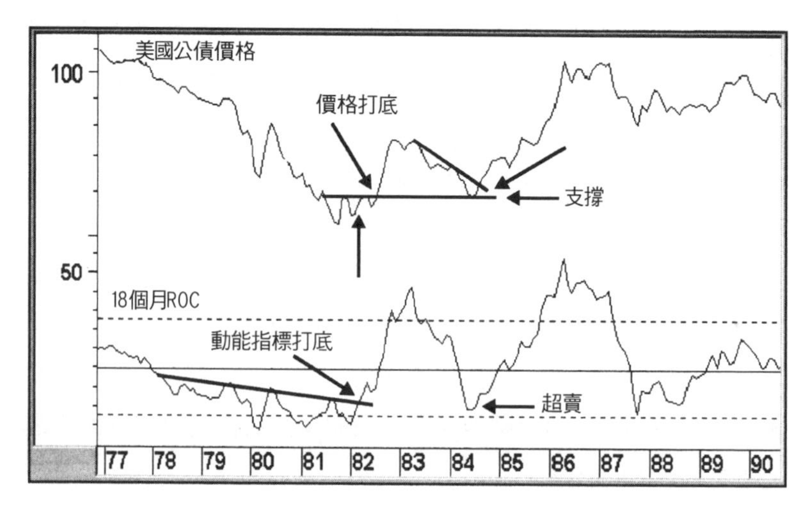

1984年，「債券災難」敘述的是長達兩年的下跌走勢。關於這個例子，ROC下降到超賣區域，價格則跌到下檔重要支撐。價格突破下降趨勢線，代表群眾的情緒已經由空頭極端開始朝另一端擺動。不論是1982年或1984年的案例，重要媒體的專題報導都顯示空頭論述已經充分反映在市場價格上了，趨勢線突破則代表當時是進行反向操作的適當時機。

短期與長期轉折點的差異

結束這方面討論之前，我們還需要瞭解群眾共識可能發展到某種較不極端的水準。這種心理狀態可能發生在短期或中期趨勢轉折點。譬如說，玉米價格出現2、3個星期的急漲走勢，《華爾街日報》的商品版出現一篇專題報導。這類的專題報導並不罕見，因爲《華爾街日報》每天都有商品方面的報導。重點是，當某種商品特別受到青睞，通常都代表該商品出現不尋常的漲勢或跌勢。這類報導之所以會出現，是因爲該商品交易出現不尋常的熱潮，使得市場群眾的共識程度達到短期極端。這類現象如果得到技術面證據的確認（譬如說，爲期1、2天的價格型態、趨勢線突破、重要移動平均的穿越等），通常就適合進行反向操作。

讓我們看另一個例子，政府最近公佈的就業報告資料非常理想，遠超過一般市場的預期。對於這項利多消息，債券市場出現負面的反應，價格暴跌。投機客的心態也由正面轉爲負面。除了債券價格下跌之外，通貨膨脹的謠言也導致價格更進一步下挫，人氣更是偏空。這可能意味著行情已經發展到短期頭部。

這個時候，反向思考者應該觀察就業資料或其他經濟數據，評估最近的報告是否只是暫時異常。

彙總

- 趨勢發展過程中，群眾的看法通常都是正確的。唯有在趨勢轉折點，群眾才是錯的。
- 反向操作得以成立的三個前提：當初的理由演變為教條，理由已經喪失適用性，市場價格脫序程度愈來愈嚴重。
- 採取反向操作的三個步驟：瞭解群眾的想法，建構替代論述，判斷群眾的共識程度何時達到極端。
- 由於周遭的壓力，我們很難從事反向操作。
- 問題不是群眾看法的共識程度是否會到達極端，關鍵是何時發生？共識程度多高？
- 群眾看法達到極端共識程度的種種現象：雜誌封面故事、暢銷書、政治人物的反應、人氣指標出現極端讀數、離譜的價格。
- 群眾心理狀態可能完全脫離常軌，所以應該藉由技術分析判斷群眾的心理鐘擺什麼時候開始朝另一端擺動。
- 反向觀點分析只是判斷行情發展的眾多證據之一。

第28章 股票市場主要峰位／谷底辨識概要

主要多頭市場的峰位和谷底很難掌握，主要是因爲它們總是發生在人們最想不到的位置。對於那些剛好能夠判斷多頭市場峰位的人，他們總認爲價格會立刻下跌。情況通常不是如此發展，因爲眞正的出貨程序涉及很多彼此衝突的力量。做頭過程通常會有段交易區間，讓多、空雙方在此攻防。某方會先取得上風，然後是另一方。當出貨程序完成時，多空雙方也難免精疲力盡。空方即使最終獲勝，恐怕也會被假反彈消磨許多銳氣。這些反彈漲勢都是在一片樂觀氣氛中展開的，也正因爲如此，讓許多人信以爲眞。我們知道，市場峰位總是充斥著利多消息，當時的樂觀氣氛總是讓市場參與者認爲情況會變得更好。谷底的情形則剛好相反：到處都是利空消息，但我們相信情況還會變得更糟，價格還會繼續下跌。或者，我們認爲還有另一場災難，就像大地震過後一樣，人們預期還有恐怖的餘震。

市場峰位的結構

「典型」的市場峰位應該呈現著循環領先者與落後者之間的戰

鬥。在頭部發展的初期，資金驅動類股的峰位會較早出現，首先邁入空頭市場（請參考圖28-1）。反之，循環落後類股則處在多頭市場的最後階段，協助推升大盤指數繼續走高。如果盈餘驅動類股的挺升力量很強，足以彌補其他股票的弱勢表現，則大盤指數會繼續創多頭市場的新高價。

這也是為什麼市場廣度指標在多頭市場峰位，會出現背離現象的主要理由。1973年，商品行情使得股票多頭市場得以延伸，至少就大盤指數而言是如此，但NYSE騰落線的峰位則早在9個月之前已經發生。2000年，科技類股──屬於循環落後類股──史無前例的表現，推升大盤指數繼續走高，但一般股票的峰位早在1998年初已經出現。

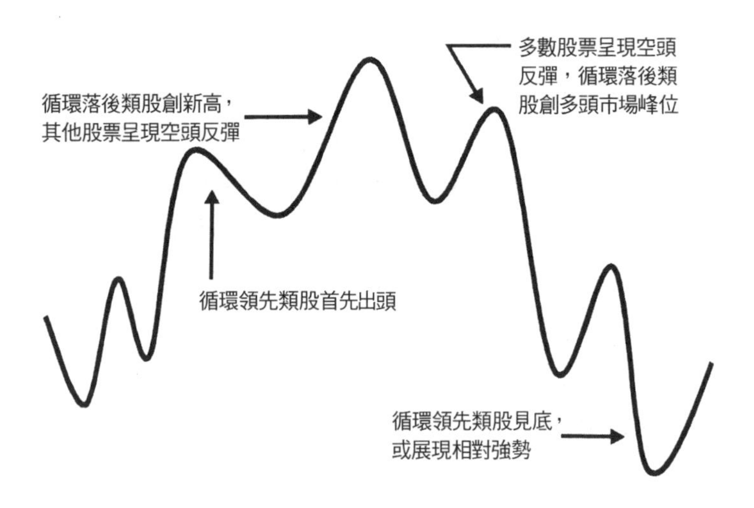

圖28-1　循環的類股輪替

何謂市場峰位？

本章的目的，是要提供一份核對清單，列舉典型市場頭部和谷底的特徵。嚴格來說，沒有所謂「典型」的轉折點，因爲沒有任何兩種市況會完全相同。可是，畢竟還是有足夠的共通特徵，得以辨識市場頭部或底部的微妙發展。

就規模來說，市場頭部有三種類型：最重要者，是涵蓋數個經濟循環的延伸性多頭市場峰位。這類峰位通常都與某種投機泡沫有關，火力往往都集中在某些類股上。這個時候，舊有法則似乎都已經不適用，每個人都可以是投資專家。這類峰位很難判定什麼時候發生，因爲傳統準則已經不適用。事實上，在最後的上升過程中，人們會創造許多新標準，讓股票市場的漲勢能夠取得合理基礎。這種情況下，傳統的價值衡量標準將完全被超越。

一般的技術指標的極端讀數也不再極端，背離現象到處可見而不再受到重視。最終，甚至根據群眾正常行爲而建構的反向操作策略也不再有效，因爲群眾的非理性極端行爲有了新的定義。新世代的想法主導一切，傳統標準被擱置一旁，甚至成爲群眾取笑的對象。多頭們宣布：「這次情況不同了！」對於這類市場峰位，最後把投資人拉回現實的，幾乎都是短期利率。

1929年與1966年就是具備前述某些性質的兩個市場峰位。1990年的日本股市峰位也算得上典型案例。1929年，股票價格在3年之內大約跌掉90%的價值。1966年峰位之後的空頭市場拖得很長，包括幾個小型的多頭和空頭市場。如果根據通貨膨脹做調整，那麼這波空頭市場的眞正底部——就主要股價指數衡量——

發生在16年後的1982年。至於2000年的股票市場頭部（至少就科技類股而言是如此），其重要性可能不下於1929年與1966年，因爲在價值衡量、人氣狀況與技術特質等諸多方面，相似之處頗多。

後續空頭市場之所以如此嚴重、時間拖得很長，主要理由有兩點：第一點也是大多頭行情直接導致的結果：「草率的投資決策」。空頭市場必須負責清理那些不合理的投資決策和財務結構。當然，每個市場峰位結束之後，情況都是如此，但先前多頭市場的規模愈可觀，後續空頭市場的調整也就愈嚴重。第二，人類情緒的鐘擺——價格的最後仲裁者——會擺向另一個極端。如果某邊的情緒發展到極端，那麼另一邊的情緒也會發展到極端。大空頭市場之所以發生的必要條件，似乎是先前曾經發生大多頭市場。這種人氣變化可能因爲價格暴跌而變動得很快，也可能是種漫長的程序，讓多頭慢慢由失望變成絕望。

第二類型的峰位，可以稱爲「景氣衰退相關的頭部」（recession-associated top），通常也最符合本書（上冊）第1章談論的主要趨勢。這種情況下，經濟復甦造成的扭曲，也就足以引發產業獲利能力普遍下滑的景氣衰退。每個不同循環裡，導致扭曲的產業也各自不同。1970年代初期，麻煩似乎來自房地產；1974年，主要原因則是商品價格上漲引發的存貨過多。1990年，問題出在金融產業。由於這類的空頭市場是與景氣收縮和復甦有關，所以需要一些時間醞釀，通常會持續1～2年，涵蓋面相當廣，修正可能很嚴重。

第三類型的峰位，也就是本書第2章談到的成長衰退或雙重循環，隨後通常會發生幅度不大、時間相對短暫的空頭市場。成長衰退實際上是經濟成長趨緩，不是眞正的經濟衰退。過程中，某些產業會有衰退的現象，但其他產業繼續成長，而且足以帶動整體經濟免於陷入衰退。因此，表現較差的產業會出現1～2年的空頭市場，其他產業則大體上是呈現橫向整理。

1984年與1994年曾經發生雙重循環的空頭市場。某些空頭市場是因爲一些經濟指標表現遲緩，先前又曾經出現不合理的投機熱潮。結果出現技術性修正，由於修正程度相當嚴重，使得市場心理產生變化而足以糾正先前的投機歪風。1962年與1987年的行情下跌，就屬於這類例子。

以下列舉的所有性質，未必會發生在每個股票市場頭部，相關性質的強烈程度也未必符合描述。此處只是談論市場峰位值得注意的一些典型現象。

市場主要峰位的典型性質

1. 多頭市場的峰位得以形成，先前必須先發生一段多頭行情。所以，我們必須清楚看到先前曾經有明顯的價格漲勢，涵蓋期間至少是9個月。

貨幣與類股輪替因素

2. 所有的多頭市場峰位發生之前，短期利率幾乎都會出現上升趨勢。領先時間可能是幾個月或數年。利率如果沒有出現上升走勢，那麼市場形成頭部的機會將顯著降低。相關案例請參考第25章的走勢圖25-1(a)與(b)。
3. 留意重貼現率調升的可能性。本書第25章談到「調升三次，導致挫跌」的程序是否發生？若是如此，股票市場或許已經進入出貨階段，持有股票的風險將顯著提高。

4. 很多情況下，市場出現頭部之前，道瓊公用事業指數會先出現頭部，因爲這些成分股對於利率上漲非常敏感。
5. 觀察一些循環領先和落後類股的長期相對動能表現，經常可以察覺多頭市場形成頭部。凡是金融、公用事業、消費者非耐久財等類股，經過平滑的長期相對動能早已經發生頭部，那麼大盤指數很可能出現頭部。由另一個角度說，當整體大盤正在做頭的時候，基本物料、天然資源等循環落後類股會繼續走強，甚至其平滑動能指標正在做頭。

技術面因素

6. 當利率開始上升時，金融類股與優先股會首當其衝受害。因此，正常情況下，相較於一般大盤指數（譬如：道瓊指數、S&P綜合指數），NYSE騰落線會領先做頭。領先的程度經常與後續空頭市場的規模有關。
7. NYSE騰落日線或／與價值線算術指數（Value Line Arithmetic Index）如果低於200天移動平均，意味著整體大盤處於空頭市場。即使道瓊工業指數與S&P綜合指數繼續創新高，廣度指標的疲弱狀態，說明了市場呈現個股表現的發展。處在這種環境下，比較不容易找到價格趨於上漲的股票。所以，減少股票市場的曝險程度應該是明智之舉，因爲勝算愈來愈小。同理，如果大盤處於跌勢而騰落線上揚，情況剛好相反。

8. 創新高數據是觀察市場廣度發展的另一個技術指標。創新高淨家數的走勢與大盤指數之間，是否呈現負向背離？這個問題的答案如果是否定的，很可能代表大盤還沒有開始做頭。反之，答案如果是肯定的，意味著大盤走高的驅動力量，仰賴著愈來愈少的股票，這種現象屬於技術面弱勢表現。如果創新高家數顯著萎縮，股票市場將愈來愈難賺錢，因爲選股技巧變得愈來愈重要。
9. 動能通常會領先價格，尤其是在市場頭部。有些情況下，長期ROC指標會出現長達多年的頭部排列，或趨勢線突破。舉例來說，如果你看到12個月、18個月與24個月ROC皆有趨勢線突破的現象，意味著這些循環都開始反轉。某些ROC的超買／超賣水準，有助於判斷頭部／底部訊號，請參考本書第18章的走勢圖18-5(a)與(b)，其中顯示S&P綜合指數9個月期ROC的超買／超賣水準，相當有用。
10. 判斷多頭趨勢是否做頭，可以觀察另一種動能指標：經過平滑的長期擺盪指標，譬如KST。處在行情頭部，這種指標通常會由超買區域向下反轉。這類案例請參考走勢圖28-1標示的垂直線，KST向下穿越9個月移動平均。根據這份走勢圖觀察，這套方法適用於正常循環狀況下的多頭市場。可是，如果是極長期的大多頭市場（譬如：1990年代的情況），這種指標提供的訊號過早。正因爲如此，所以相關訊號需要經過價格本身趨勢反轉的確認。另一種辦法，是根據短期擺盪指標的極端超賣（mega-oversold）訊號做判斷。

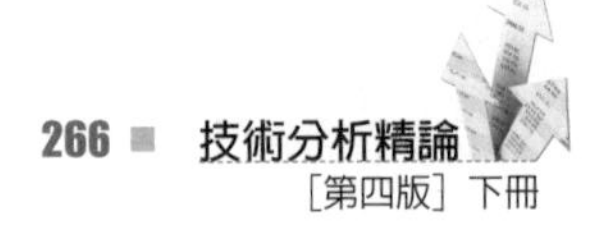

走勢圖28-1　S&P綜合股價指數，1950～2001，長期KST
（資料取自www.pring.com）

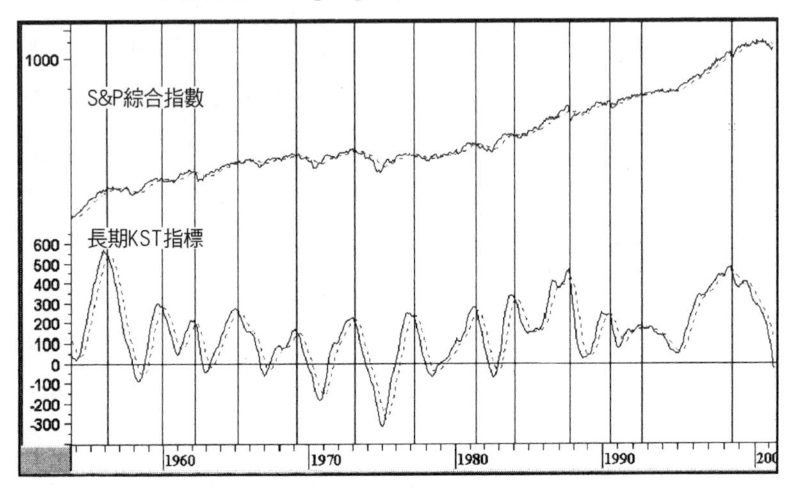

11. 當道瓊工業指數或S&P綜合指數跌破12個月移動平均，很可能代表空頭市場已經出現了，前提是其他技術指標呈現類似結論。7個月移動平均的穿越，效果有時候也不輸給12個月移動平均。關於趨勢反轉，我們也應該根據道氏理論，觀察工業指數與運輸指數之間的關係。

心理因素

12. 上市公司發表盈餘利多消息，股價不漲反跌，代表技術面極端疲弱。不論個別股票或整體市場，對於利多消息沒有產生正常反應，意味著技術面存在問題。記住，利多消息如果不能刺激股價上漲，那還能期待什麼？

13. 關於人氣指標的頭部訊號，請留意《投資人情報》空頭百分率讀數處於10～20%。專業報價商／投資大眾放空比率超過52%，內線賣出／買進每週數量比率的5週移動平均到達70%，這些也都是頭部訊號，尤其是內線比率走勢與價格之間產生顯著的負向背離。最後，融券餘額最近如果向下穿越其12個月EMA，這顯示兩件事：第一，交易者信心流失。第二，價格已經不能仰賴融券餘額擴大來支撐，融券減少將造成股價下跌壓力。融券餘額跌破12個月EMA，通常是很好的賣出訊號。
14. 媒體報導如果充斥著樂觀消息，渲染市場賺錢機會，這通常是頭部即將發生的現象。另外，報章雜誌開始出現這方面的專題報導或封面故事，尤其是對於多頭行情領導產業或類股，倡言「市場價值評估的新標準」。
15. 行情上漲過程，難免會讓人心存疑惑。可是，當股票市場發展到峰位，股票是否是理想投資工具的問題，已經不容置疑。這個時候，人們爭論的問題不是價格會或不會上漲，而是價格會漲到哪裡、哪些類股的表現會最好……等。處在這種環境下，過去被視爲荒唐的預測，現在則被視爲理所當然。
16. 證券經紀商會因爲多頭市場而受惠，它們會賺不少錢。我們如果看到這些證券商搬到更高級、更寬敞的辦公大樓，上升趨勢大概就發展得差不多了。另外，交易所或經紀商的後勤單位很忙碌，這也是徵兆。

時間順序與循環因素

17. 隨意瀏覽三個市場與其12個月移動平均之間的關係，很容易就能掌握循環發展的現況。處在市場頭部，3個月商業票據殖利率應該位在12個月移動平均之上。重貼現率「調升三次，導致挫跌」的現象可能已經發生（參考第25章）。公司債與公債殖利率的情況也應該是如此。S&P綜合股價指數應該高於移動平均，CRB現貨物料指數也應該位在移動平均之上。股價如果已經由峰位反轉而下，S&P指數可能跌破移動平均。CRB現貨物料指數如果已經跌破均線，那麼原物料類股也很難繼續上漲，這種現象通常會發生在循環末期，也代表空頭市場來臨。
18. 爲期4年的股票市場循環相當可靠，所以每4年就會出現一次買進機會。現在如果距離前個4年期循環低點大約2、3年，市場很可能就處於多頭行情峰位。如果還有此處討論的其他做頭訊號，那麼頭部發生的可能性很高。
19. 多頭市場是否已經出現三波段的中期上升走勢？如果現在是第三波中期走勢的頭部，那很可能也是主要趨勢的頭部。當然，這個準則並非萬無一失，因爲有些多頭市場是由兩波中期走勢構成，有些則呈現四波浪或以上的漲勢。可是，這些訊號如果彼此驗證，應該是相當可靠的。

主要市場底部

空頭市場底部的情況，剛好和多頭市場頭部相反。消息面很悲觀，人氣極端偏空，長期擺盪指標通常處於嚴重超賣狀況。主要低點與主要高點之間的最重要差別，或許是空頭市場的持續期間幾乎總是比較短。關於這點，只能說是「幾乎」，因爲1929～1932年的空頭市場延續了3年，不過空頭市場的平均涵蓋期間要短得多。主要低點的特色如下：

貨幣與類股輪替因素

1. 所有的空頭市場低點發生之前，幾乎都會先看到短期利率的峰位。此處說的是「短」期利率，但「長」期利率幾乎也都是如此。差別是短期利率變動對於股票的影響，顯著超過長期利率。利率峰位領先股票低點的時間距離，每個循環的情況都不一樣，但一般來說，領先時間愈長，後續的股票多頭走勢愈可觀。舉例來說，1966年的利率峰位與股價低點幾乎同時出現，但1920年與1982年的情況則不同，則利率峰位提早1年發生。1967～1968年的多頭市場氣勢不強，遠不如1920年代和1980年代的多頭行情。這當然不是說利率峰位每當領先股價低點到達1年，股票市場就會出現大多頭行情，我們只強調兩者之間存在某種程度的關連。
2. 處在股票市場低點，觀察產業（類股）結構可以發現，循環領先類股（譬如：公用事業、多數金融股與多數消費者非耐久財類股）的相對強度（RS）與平滑化長期動能相對指標都有翻強的傾向。反之，循環落後類股（譬如：天然資源、基本工業與科技類股）的相對強度與平滑化長期動能相對指標則會趨於惡化。不妨觀察S&P金融類股指數的平滑化長期動能相對指標，其底部往往很接近市場底部。盈餘驅動類股的弱勢表現，適合用來確認底部。

技術面因素

3. 相對於頭部的負向背離，主要指數與騰落線之間的正向背離現象比較罕見。事實上，在多數空頭市場低點，騰落線低點都有落後的傾向。可是，正向背離還是可能發生，而且隨後發生的多頭走勢通常都有平均水準以上的表現。這類案例請參考走勢圖24-1與24-2，包括1942與1982年的市場底部。
4. 創新高家數與大盤指數之間很少出現背離現象，但這類案例也曾經出現在1982年（6週移動平均）與1974年（5天移動平均）。
5. 股票市場低點的另一個確認訊號是大成交量，譬如：1978年、1982年與1984年。另外，多數底部會有重複測試低點的現象；換言之，先出現第一波反彈，然後價格折返而重新測試先前的低點。測試如果成功的話，第二波反彈會穿越第一波反彈高點，然後出現一系列峰位／谷底愈墊愈高的走勢。一般來說，這是相當可靠的訊號，尤其是配合道氏理論的買進訊號。另外一個非常重要的確認訊號，是S&P綜合指數穿越12個月移動平均。
6. 延伸性空頭市場的最終低點，通常會得到平滑化長期動能指標見底訊號的確認。就這方面來說，本書（上冊）第10

章談到的卡帕克指標或許最可靠（請參考走勢圖10-8），該指標適用於許多不同市場。空頭市場發生時，整體經濟如果沒有明顯衰退，股價跌幅往往不大；若是如此，平滑化長期動能指標的變動通常很鈍。這種情況下，或許可以藉由長期ROCs觀察動能價格型態突破或趨勢線向上突破。

7. 短期擺盪指標如過進入極端嚴重超買情況（如同本書上冊第10章說明的），往往也代表投資人心理狀態好轉的徵兆。

經濟因素

8. 正常情況下，股票市場低點發生之前，經濟基本面的消息應該會發展到最糟的程度。請參考走勢圖28-2(a)與(b)，在股票市場的底部，經濟同時指標的9個月趨勢偏離指標出現

走勢圖28-2 (a) S&P綜合股價指數，1956～1980，同時指標（趨勢偏離）
（資料取自www.pring.com）

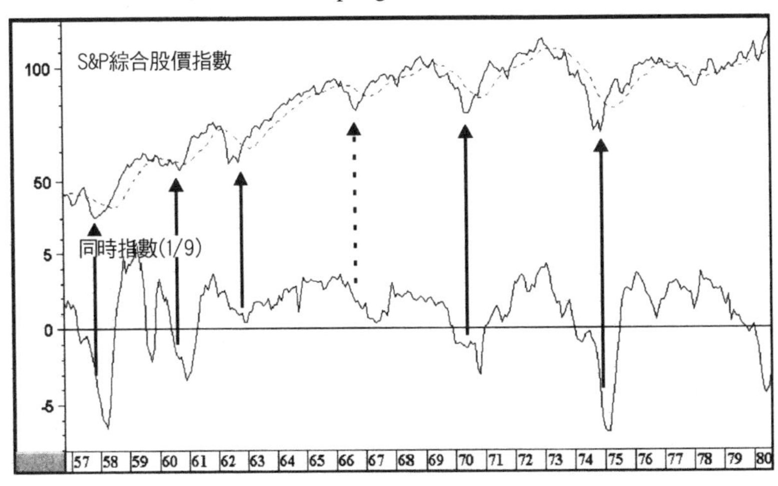

走勢圖28-2 (b) S&P綜合股價指數，1978～2000，同時指標（趨勢偏離）
（資料取自www.pring.com）

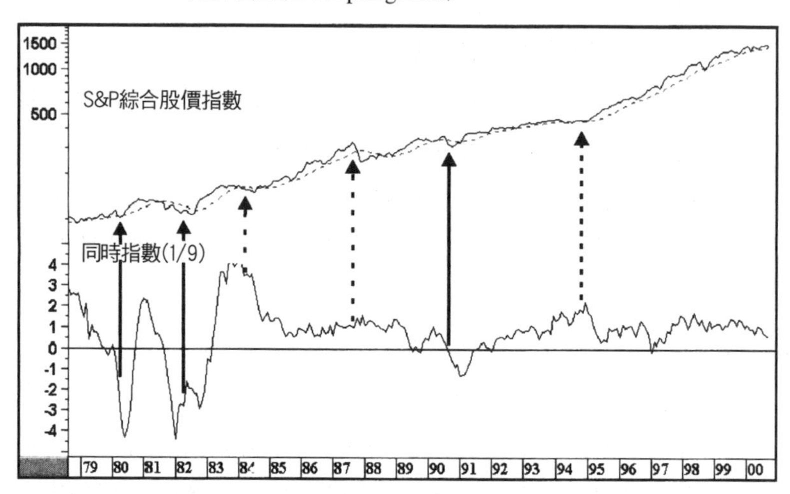

負值讀數，而且接近低點。虛線箭頭標示例外情況（1984年與1994年），因爲這兩個案例不屬於典型的空頭市場。

時間順序與循環因素

9. 就金融市場現象發生的時間順序來說，在股票市場底部出現之前，3個月商業票據殖利率通常會先向下穿越其12個月移動平均。處在實際的底部，S&P應該位在12個月移動平均之下，CRB原物料現貨指數也是如此。如果殖利率與商品指數位在移動平均之下，但S&P停留在移動平均之上，則S&P穿越移動平均可以確認底部形成，如同本書（上冊）第2章說的，市場處於第2階段。

10. 對於經濟衰退相關的空頭市場，是否看到三波浪明顯的中期跌勢？這種現象雖非萬無一失，但通常是很好的訊號。
11. 在爲期4年的股票市場循環低點應該出現的時間，是否看到上文提到的各種特徵現象？若是如此，主要低點發生的可能性提高。如果相關低點發生在「4」結尾的年份，底部發生的可能性也會提高，因爲「5」結尾的年份，其走勢通常最強勁。舉例來說，1954、1974、1984與1994都是股票市場的主要低點（第一個低點實際發生在1953年底）。對於這些案例，隨後「5」結尾的年份都出現強勁走勢，唯一例外是1984年。

心理因素

12. 主要低點的人氣狀況通常很悲觀。人氣指標的讀數會極端偏空，譬如：投資顧問指標、專業報價商／交易大眾放空比率、賣權／買權比率等，並且由超賣區折返中性區。
13. 市場人氣也會反映在媒體上。專題報導或封面故事是觀察群眾共識的場所之一。有時候，經紀商也會藉空頭市場引發的買進機會來大作廣告。這並不代表經紀商很精明，雖然勇氣確實可嘉。事實上，這指代表股價跌勢已經引起大眾的注意。記住，當每個人的想法都相同時，行情即將發生轉折。
14. 市場對於利空消息的反應如何？空頭行情裡，股價理當因爲利空消息──譬如：特別差的盈餘報告、失業增加、大型企業破產等──而下跌。可是，行情如果碰到利空消息而不跌，甚至上漲，意味著市場的心理狀態已經發生變化。

彙總

關於股票市場峰位與谷底的特殊現象，如果需要進一步強調的話，或許可以歸納爲下列幾點：

- 群眾心理發展到極端，而且可以衡量。
- 利率趨勢已經反轉。
- 長期動能指標處於極端狀況，甚至已經反轉。
- 領先與落後類股的技術狀態符合相關的趨勢轉折。
- 相關現象得到價格本身的確認，或是完成價格型態，或是穿越趨勢線或重要移動平均（譬如12個月或200天移動平均）。

自動化交易系統

近年來，技術分析大量運用個人電腦。當然，這會鼓勵許多交易者與投資人自行設計機械性或自動化交易系統。這些系統只要不試圖取代人性判斷和思考，應該是很有幫助的。本書始終強調一種重要觀念：技術分析是一門藝術，根據科學方法推演各種不同而可靠的指標，然後加以解釋。

我認爲，交易系統應該由兩種角度運用；比較適當的方法，是採用謹愼策劃的機械性交易系統，藉由系統提醒我們趨勢反轉可能已經發生。對於這種方法，機械性交易系統提供過濾器的功能，代表整體決策程序的另一種指標。

另一種運用方法，是根據機械性交易系統的每個訊號採取行動。一套系統如果經過審愼規劃，應該具備長期獲利能力。可是，如果不透過其他獨立的技術準則，而任意篩選交易系統提供的訊號，很可能會讓情緒因素干擾交易決策，如此也將完全抹殺機械性方法的效益。

不幸地，大多數機械性交易系統都是根據歷史資料，運用最佳套入方式（perfect fit）決定系統的參數。這等於是假定歷史會重複發生於未來。可是，這種假定通常不能成立，因爲市況會不斷發生變化。雖說如此，一套經過周詳策劃的機械性交易系統，應該可以提供合理的績效。就這方面來說，系統設計上不該盲目追求完美的套入，而應該更精確地反映正常市況。務必記住，我們從事股票投資，目的是追求未來的獲利，而不是追求歷史模擬的完美績效。歷史測試過程中，如果我們試圖透過種種特殊法則來提升系統的操作績效，那麼該系統運用於未來實際市況，成功的機會將大幅降低。

機械性系統的優點

將理論付諸實現，當交易涉及實際金錢輸贏時，難免會因爲情緒干擾而產生很多困難。此處列舉的各項優點，是假定投資人或交易者會根據每個訊號採取行動。

- 機械性系統的最大優點，是自動決定何時採取行動，排除情緒和偏見的影響。消息面或許很惡劣，但系統一旦發出買進訊號，我們就必須進場；同理，當價格似乎漲得沒完沒了時，只要系統發出賣出訊號，就必須服從地出場，不論我們主觀判斷的看法如何。
- 交易者和投資人在市場上發生虧損，主要往往是因爲缺乏紀律。如果採用機械性交易系統，操作者只需要恪守一項紀律：完全遵從交易系統的指示。
- 相較於個人主觀的買賣決策，一套明確的機械性交易系統，績效比較穩定。
- 強勁的上升趨勢中，機械性系統會讓獲利部位持續發展；

震盪趨勢中，則會自動侷限損失。

- 理想的交易系統會掌握每個重要的趨勢，不會錯過眞正的賺錢機會。

機械性系統的缺點

- 沒有任何系統可以適用於所有市況，一套交易系統無法有效運作的期間可能很長。
- 根據歷史資料設計的系統，未必適用於未來，因爲市況會不斷變動。
- 設計交易系統時，多數人會採用最佳套入方式設定參數值，但經驗與研究資料顯示，根據歷史資料做最佳套入，相關參數值通常都不適用於未來。
- 設計不當的系統，可能無法因應隨機事件。1987年崩盤期間，香港的情況就是典型的案例，當時市場連續休市7天。這種情況下，即使系統顯現賣出訊號，使用者也沒有機會出場。當然，這是極端不尋常的事件，但特殊情況經常讓交易系統不能有效運作。
- 最成功的機械性交易系統，通常都是順勢系統。可是，市場經長出現漫長的横向走勢；順向系統運用於横向走勢，將持續發生虧損。
- 歷史測試績效未必代表將來的實際表現。基於各種原因，交易未必能按照系統指定的價格水準進行，譬如說市場缺乏流通性、經紀人不能及時執行交易指令、行情跳空等。

設計成功的系統

理想的交易系統應該儘可能發揮機械性方法的優點，設法克服前述缺點。就這方面來說，不妨考慮下列8項重要準則：

- 系統的歷史測試，應該針對不同市況、不同股票進行，測試期間要夠長。測試範圍愈廣，系統未來實際運用的績效愈可靠。
- 根據歷史測試結果，評估交易系統的績效。這個程序需要分爲兩個步驟。第一，根據某歷史期間的資料設計交易系統，譬如1977～1985年的債券市場。第二，把前述系統運用於某段歷史期間，譬如1985～1990年，觀察該系統在市場上運作的情況。換言之，我們設計的系統，需要先在歷史期間做模擬交易，避免直接在市場上「盲目飛行」。
- 明確界定交易系統。這可以由兩方面來說：第一，交易法則在解釋上不該模稜兩可，否則會造成某種程度的主觀判斷。第二，每個買進訊號都必須有對應的賣出訊號，反之亦然。如果系統是以超賣區穿越爲買進訊號，並以超買區穿越爲賣出訊號。這種情況下，交易系統的運作在某期間內可能不錯，請參考圖29-1(a)。可是，我們必須考慮其他可能性，萬一在某個訊號發生之後，相關指標很長一段期間都沒有進入另一極端區，則相反訊號不會產生。所以，交易系統法則如果沒有明確的界定，可能造成嚴重虧損，例如圖29-1(b)的情況。
- 必須確定有足夠的資本，用以度過最惡劣的連續虧損。使

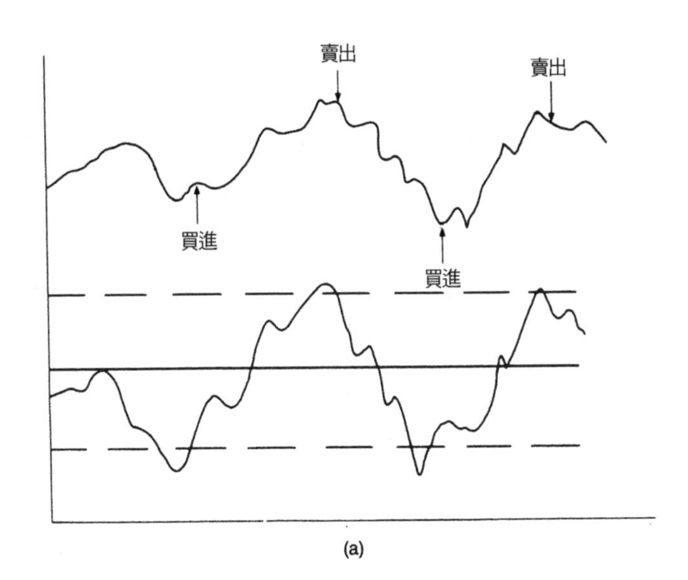

(a)

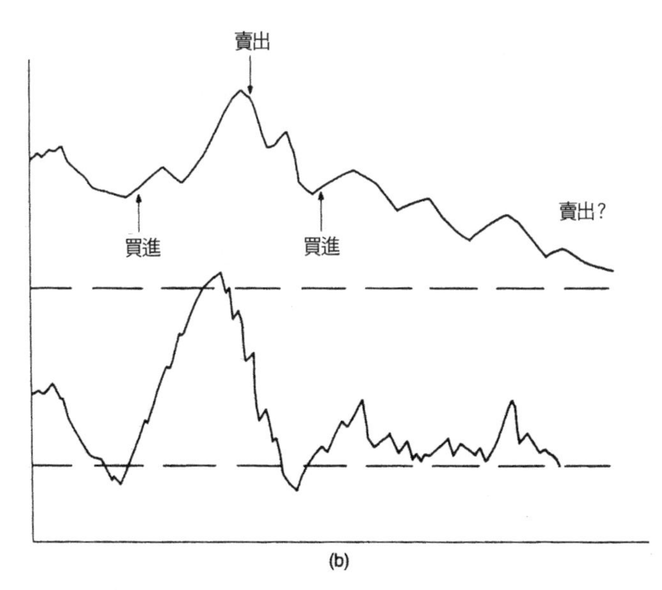

(b)

圖29-1 超買/超賣穿越系統

用一套交易系統之前，應該假定自己會遭遇最不順利的情況，預先準備充分的資本。就這方面來說，請注意那些獲利最豐碩的走勢，往往都發生長期震盪之後。

- 毫不遲疑地遵從交易系統的每個訊號。如果對於系統有充分的信心，絕對不該猶豫。否則的話，沒必要的情緒與不合紀律的行爲，將會干擾我們的決策。
- 採用分散性投資組合。同時在幾個不同市場進行投資，風險會變得較小。所以，即使某個市場出現異常不利的走勢，也不至於造成重大傷害。
- 只挑選趨勢明確的市場進行交易。走勢圖29-1顯示木材市

走勢圖29-1　木材，1985～1989，CRB週線圖

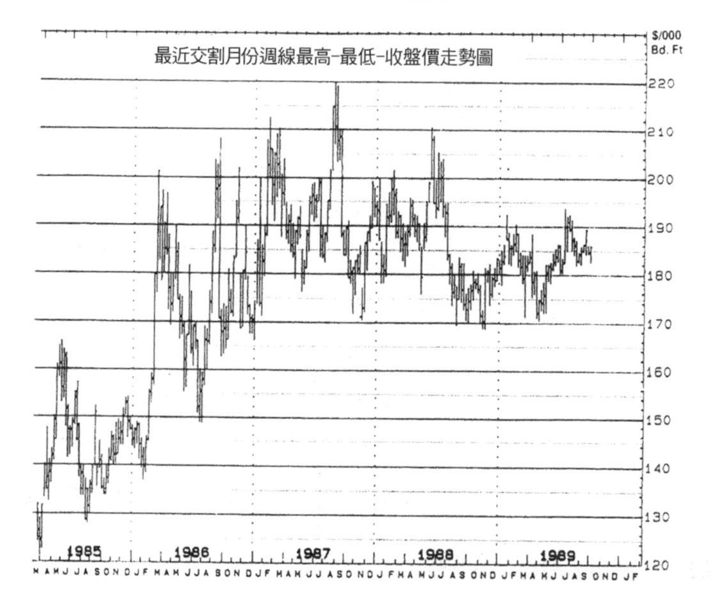

場在1985年到1989年的走勢。這段期間內，價格波動劇烈，幾乎呈現純粹隨機性的走勢，所以不適合採用順勢交易系統。另一方面，商品研究局（CRB）的原物料現貨指數（請參考走勢圖29-2）雖然處於令人迷惑的區間走勢，但趨勢相當穩定。

- 保持單純。對於已經發生的歷史資料來說，我們不難藉由特殊交易法則來提高歷史測試績效。務必要克服這方面的誘惑。交易法則應該儘可能保持單純，參數的種類不要太多，交易法則必須合理。單純而合理的交易系統，其歷史測試績效雖然不會最理想，但未來的獲利能力比較可靠。

走勢圖29-2 CRB原物料現貨指數，1985～1989，CRB週線圖

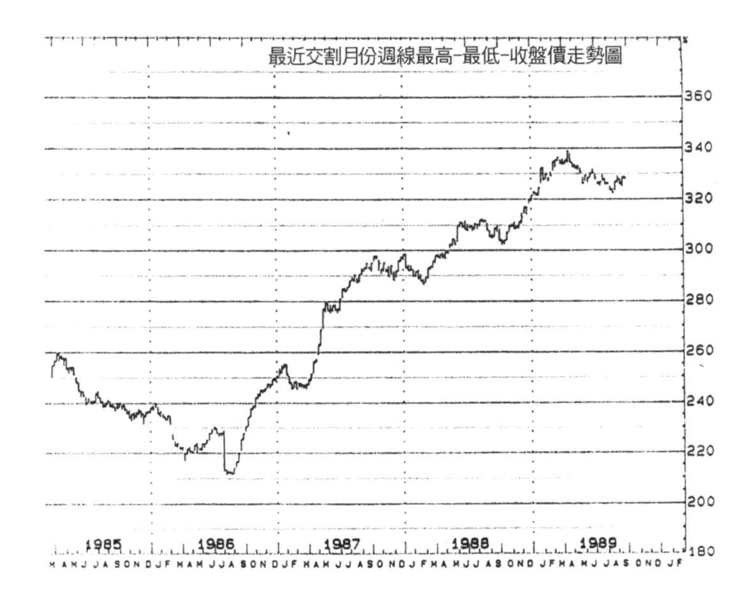

交易區間與趨勢明確的市場

行情市況可以分爲兩種類型：趨勢明確的市場，以及橫向發展的交易區間。趨勢明確的市場（請參考圖29-2），顯然適合採用移動平均穿越或其他順勢交易系統。這種情況下，務必界定風險，因爲移動平均必須同時考慮時效性與波動性。請參考圖29-2，短期均線（虛線）與價格（實線）之間的最大距離，即代表最大風險。不幸地，短期移動平均比較敏感，產生好幾個錯誤訊號。由移動平均穿越訊號所界定的個別交易，風險雖然不大，但訊號錯誤的機率頗高。另一方面，長期移動平均（由X構成的曲線）的最大風險比較高，但產生錯誤訊號的機會比較少。

圖29-3的橫向交易區間裡，移動平均幾乎毫無用處，因爲剛好穿越價格波動走勢的中央，買進與賣出訊號的價位非常接近。

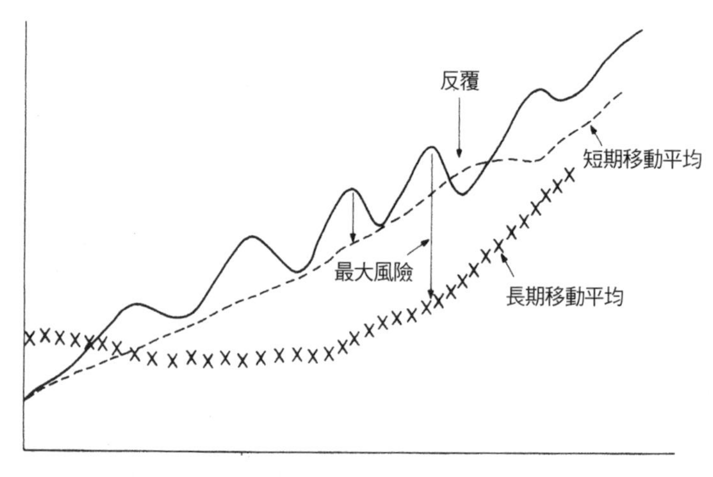

圖29-2　時效性與敏感性之間的取捨

反之，對於這種橫向走勢，擺盪指標如魚得水，在超買與超賣區域之間來回擺盪，不斷發出及時的買進和賣出訊號。可是，對於持續上升或持續下降的走勢，擺盪指標的用處就很有限了，因爲所產生的訊號通常都太早，經常在某重大波段走勢之初發出相反訊號。所以，理想的自動化交易系統，應該同時包含擺盪指標和順勢交易指標。

擺盪指標根據超買、超賣程度發出的訊號，其獲利與風險之間的關係，請參考圖29-4。座標橫軸代表潛在交易機會的數量，縱軸代表風險程度。超買或超賣讀數愈極端，擺盪指標出現的機會愈小；可是這類機會一旦發生，每筆交易獲利愈大、風險愈小。擺盪指標比較經常出現中等程度的超買或超賣，但這類交易的獲利較少、風險較高。最後，稍微超買或超賣的交易機會相當常見，但每筆交易的風險極高而獲利很有限。理想的機械性交易系統在設計上，每筆交易應該具備「獲利高而風險小」的特性。所以，理想的交易系統，操作上需要有耐心，因爲交易機會相對有限。

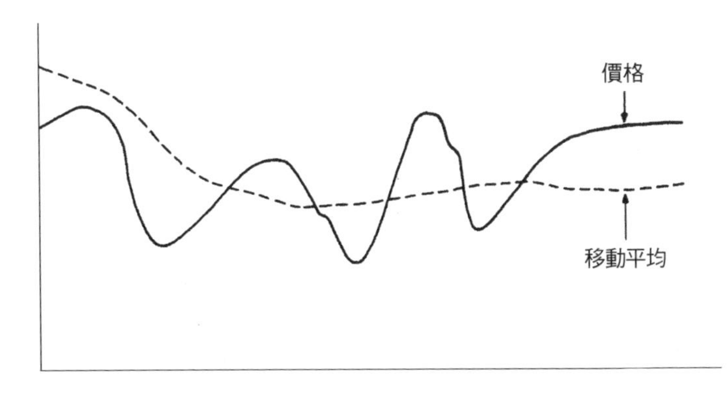

圖29-3 橫向走勢的移動平均穿越

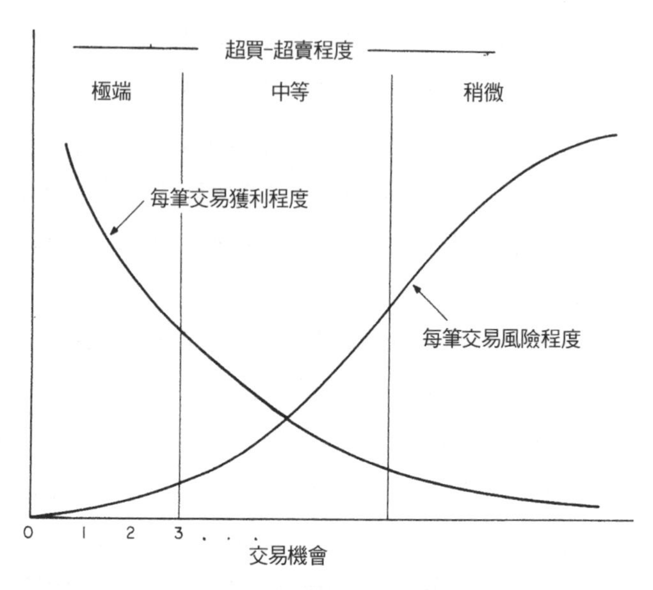

圖29-4 根據交易機會比較每筆交易的獲利／風險關係

價格趨勢發生反轉之前，擺盪指標經常產生背離現象，所以除了極端讀數的訊號之外，還應該結合某種移動平均穿越系統。當然，這絕對不是完美指標，但可以過濾某種程度的假訊號。

評估測試績效的準則

對於所設計的交易系統，當我們拿歷史資料進行測試，自然希望系統的獲利情況會很好。可是，請注意，歷史測試績效最高的系統，未必是將來實際運用的最好系統，理由如下：

- 某套系統的全部或大部分獲利，可能來自單一訊號。若是如此，這套系統將來能夠獲利的勝算不高，因爲績效缺乏一致性。表29-1列示的案例，便是績效不具一致性的系統，該系統的訊號採用擺盪指標穿越10天移動平均，而該擺盪指標是以30天移動平均除以40天移動平均（換言之，某種MACD）。所測試的歷史資料取自1987～1988年期間的香港股市。整個測試期間內，這套系統總共獲利將近1200點，買進-持有策略在同一期間內則虧損800點。可是，如果不是因爲1987年崩盤前的放空訊號，這套績效看似傑出的系統，仍然會處於虧損狀態。

- 另一個考量是最大連續虧損。某套系統即使可以在相當長期間內創造可觀獲利，但如果沒有足夠資本度過虧損期間，那也是枉然。這方面需要考慮兩點：連續虧損訊號的個數，以及這段期間累計的最大損失。
- 某套系統創造的獲利，如果是來自很多筆交易，則在實際運作上，績效恐怕不如交易筆數相對少的系統。這是因爲交易筆數愈多，滑移價差（slippage，由於市場缺乏流動性，導致實際成交價格不同於系統所顯示的價格）等因素的潛在成本愈高。另外，交易筆數愈多，需要投入較多的時間、精力、佣金成本……等。

順勢訊號通常最好

最理想的訊號，幾乎都是順勢訊號（換言之，交易系統在多頭市場發出的買進訊號，或在空頭市場發出的賣出訊號）。由事後角度觀察，我們不難判定主要趨勢進行的方向，但在實際交易之

表29-1　香港恆生指數個月永續契約，30/40擺盪指標的績效，1987～1988

日期	交易	價位	盈虧				
			目前交易		累計		
			點數	%	點數	%	金額
08/19/87	賣出	3559.900	0.000	0.000	0.000	0.000	0.000
09/30/87	買進	3843.900	−284.000	−7.978	−284.000	−7.978	−79.78
09/09/87	賣出	3696.900	−147.000	−3.824	−431.000	−11.802	−114.97
09/25/87	買進	3918.900	−222.000	−6.005	−653.000	−17.8[illegible]7	−168.12
10/14/87	賣出	3999.000	80.100	2.044	−572.900	−15.763	−151.11
12/15/87	買進	2099.900	1899.100	47.489	1326.200	31.726	252.02
02/04/88	賣出	2269.900	170.000	8.096	1496.200	39.822	353.38
02/22/88	買進	2374.900	−105.000	−4.626	1391.200	35.196	290.77
03/28/88	賣出	2459.900	85.000	3.579	1476.200	38.775	336.97
04/08/88	買進	2639.900	−180.000	−7.317	1296.200	31.458	239.14
04/19/88	賣出	2584.900	−55.000	−2.083	1241.200	29.374	213.32
06/06/88	買進	2612.900	−28.000	−1.083	1213.200	28.291	200.18
07/05/88	賣出	2702.900	90.000	3.444	1303.200	31.736	241.52
07/06/88	買進	2774.900	−72.000	−2.664	1231.200	29.072	208.45
07/18/88	賣出	2722.900	−52.000	−1.874	1179.200	27.198	185.80

多邊交易總筆數	7	空邊交易總筆數	7
多邊交易成功率	4 (57.1%)	空邊交易成功率	1 (14.3%)
買進停止總計	0	賣出停止總計	0
最大獲利	1899.100	最大虧損	−284.000
連續獲利	3	連續虧損	3
盈虧總計	$1179.200	平均盈虧	84.229
		盈虧總計%	18.58%

資料來源：Pring Market Review/MetaStock

中，則需要仰賴某些客觀方法協助判斷主要趨勢方向。

方法之一，是採用12個月移動平均，根據價格與移動平均的相對位置，判斷當時的主要趨勢進行方向。這類系統是根據每天或每週資料產生交易訊號，唯有當價格高於移動平均，我們才接受買進與賣出訊號；唯有當價格低於移動平均，才接受放空與回補訊號。

這種方法有兩方面的缺點。第一，市場可能長期處於橫向走勢，移動平均穿越系統不能正確辨識主要趨勢。第二，空頭市場的第一波反彈過程，價格很可能位在12個月移動平均之上。所以，價格漲勢引發的買進訊號，將是逆勢訊號。可是，多數情況下，股票市場都存在明確的趨勢，這種方法可以過濾許多逆趨勢的交易訊號。

另一種方法，是採用長期動能指標，譬如：月線KST指標（計算方法請參考本書第12章）。當KST處於上升階段，而且價格高於12個月移動平均，代表大環境屬於多頭，所以只由多邊立場進行交易（換言之，不放空）。當KST處於下降階段，而且價格仍然高於12個月移動平均，代表主要趨勢可能做頭。這種情況下，不可建立新的多頭部位，既有多頭部位應該了結一部份，剩餘部位則等待移動平均的負面訊號。唯有當價格、移動平均與KST呈現一致性狀態，才可以進行積極交易。舉例來說，當KST處於下降階段，而且價格低於12個月移動平均，代表大環境屬於空頭，所以只由空邊立場進行交易（換言之，不持有多頭部位）。如果所使用的技術分析套裝軟體沒有KST指標，不妨採用18/20/9組合的MACD，結果相當類似。

結合擺盪指標與移動平均的一套簡單方法

投資人可以結合移動平均與擺盪指標的概念，同時掌握趨勢明確與橫向發展的行情。當擺盪指標穿越某特定超賣水準，而且價格向上穿越移動平均，這代表買進訊號；當價格向下穿越移動平均，則是賣出訊號。如果擺盪指標穿越特定超買水準，但價格尚未向下穿越移動平均，應該了結部分部位，剩餘部位等待移動平均的賣出訊號。

這種方法可以掌握趨勢明確的行情，但當價格進入波動劇烈的交易區間，會先了結部分獲利。

由於擺盪指標在市場重要的轉折點，經常會提前發生背離現象，所以前述交易系統可以把這點考慮進去。根據移動平均穿越訊號買進之前，等待擺盪指標第二次進入超賣區域。賣出訊號方面也做同樣處理。

案例

現在，讓我們看看結合這兩種方法的實際系統。此處挑選美國長期公債連續契約，其移動平均和價格擺盪指標，請參考走勢圖29-3。價格擺盪指標是取短期均線除以長期均線。此處的短期均線採用單期，也就是直接取每天收盤價爲短期均線；長期均線則取10天移動平均。長期均線與價格繪製在一起，價格擺盪指標則繪製在下側小圖。

走勢圖29-3顯示這套系統的運作狀況。操作法則很單純：當價格向上穿越移動平均，代表買進訊號（譬如7月底的A點）。接著，價格擺盪指標到達特定水準，則結束多頭部位（賣出訊號）；另外，價格向下穿越移動平均，代表賣出與放空訊號。對於在A點買進的部位，賣出訊號發生在幾天之後，當擺盪指標後到達特定水準（B點）。目前這個例子，我選擇±2%；換言之，超買／超賣水準設定爲價格高於／低於10天移動平均2%。稍後，8月初，價格向下穿越移動平均，這是放空訊號（C）。這個空頭部位回補於8月底的D點，相當接近實際低點。次一個買點發生在9月初的E點，價格向上穿越移動平均。隨後，擺盪指標沒有機會發展到2%水準，因爲價格先跌破移動平均。這個放空訊號產生反覆，反轉建立的多頭部位結束於F點，稍有獲利。

關於這套系統的最佳化參數設定，我針對移動平均和擺盪指標挑選一個參數值，超買／超賣水準則另外挑選一組參數值。歷

走勢圖29-3　美國長期公債與1/10價格擺盪指標

（取自Martin Pring, Breaking the Black Box, McGraw-Hill, New York, 2002）

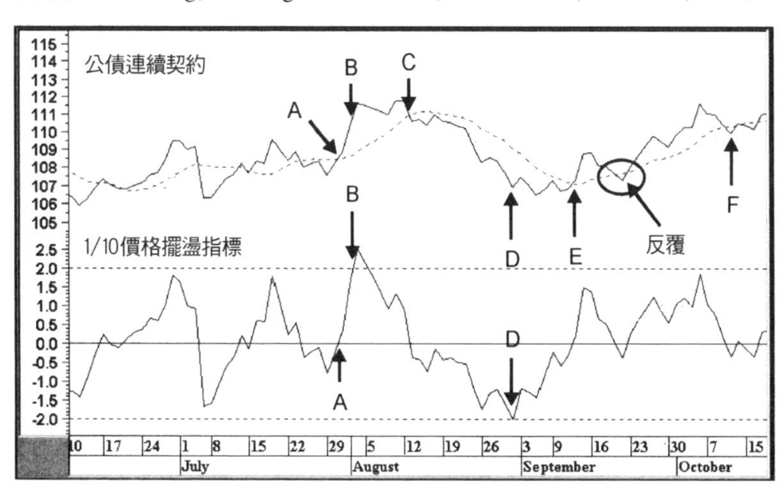

史測試績效最佳的參數組合爲26/2/－4，請參考表29-2。可是，我實際挑選的參數組合並非這組，因爲我希望超買／超賣讀數的數值相等。讓我稍微說明其中緣故。引發訊號的超買／超賣最佳讀數，會隨著主要趨勢方向而變動。對於多頭行情來說，擺盪指標會出現較極端的超買讀數，但指標只要稍微呈現超賣讀數，往往就會引發價格漲勢。

所以，如果我們知道當時處在多頭行情，就可以採用向上偏頗的超買／超賣水準，反之亦然。可是，很不幸地，我們通常都要在主要趨勢反轉一陣子之後，才能察覺趨勢反轉。另外，如果我們採納適用於多頭行情的超買／超賣水準，則該系統在空頭行情一定會遭逢壓力。

所以，我們有理由把超買／超賣水準設定在數值對應的正、負讀數，這也是我之所以挑選28/2/－2的原因。我原本可以挑選26/2/－2，但這組參數的績效只不過稍高一點，訊號數量則明顯超過28天期移動平均，而且訊號反覆的情況更常見。

表29-2　長期公債

		美國長期公債200003連續契約						
獲利	%	總計	成功	失敗	平均	最佳參數1	最佳參數2	最佳參數3
6039	160.39	387	126	261	2.6001	26	2	−4
5680	156.80	388	137	251	2.2558	26	2	−2
5573	155.73	365	131	234	2.2056	28	2	−2
5362	153.62	425	133	292	2.7005	24	2	−4
4968	149.68	426	145	281	2.3202	24	2	−2
4452	144.52	365	119	246	2.6470	28	5	−2
4389	143.89	365	119	246	2.6598	28	6	−2
3052	130.52	387	127	260	2.4372	26	2	−3
2980	129.80	353	110	243	2.7424	30	5	−2
2833	128.33	365	118	246	2.4860	28	2	−3

使用28/2/－2參數組合，這套系統的成功交易筆數爲131，失敗交易筆數爲234。乍看之下，績效似乎慘不忍睹，實際不然，請仔細觀察表29-3的資料。每筆成功交易的獲利，平均是每筆失敗交易虧損的2.2倍。這意味著這套系統能夠迅速認賠，而讓成功交易持續發展。

走勢圖29-4的上側小圖是這套系統的淨值曲線。起始投入金額$1，最後成長爲$2.55。這套系統的績效雖然不如買進-持有策略，但整個過程的峰位到谷底最大虧損很有限，最嚴重者是1994年的10%。對於總獲利150%，年度化報酬率9.4%的系統來說，應該算是很不錯了。

表29-3 長期公債

目前部位	空頭	部位建立日期	10/19/98
買進-持有策略的獲利	1.12	測試天數	6291
買進-持有策略盈虧點數	111.83	買進-持有策略年度化報酬	6.49
交易完成筆數	365	佣金費用	0.20
每筆交易平均獲利	0.00	成功交易平均獲利對失敗交易平均損失的倍數	2.21
多邊交易筆數	183	空邊交易筆數	182
多邊交易成功筆數	70	空邊交易成功筆數	61
成功交易筆數	131	失敗交易筆數	234
成功交易金額	4.15	失敗交易金額	-3.36
成功交易平均獲利	0.03	失敗交易平均虧損	-0.01
最大獲利交易	0.10	最大虧損交易	-0.06
成功交易平均持有天數	8.05	失敗交易平均持有天數	4.52
最長成功交易	21	最長失敗交易	18

走勢圖29-4 美國長期公債，1991～1998與1/28價格擺盪指標

（取自Martin Pring, Breaking the Black Box, McGraw-Hill, New York, 2002）

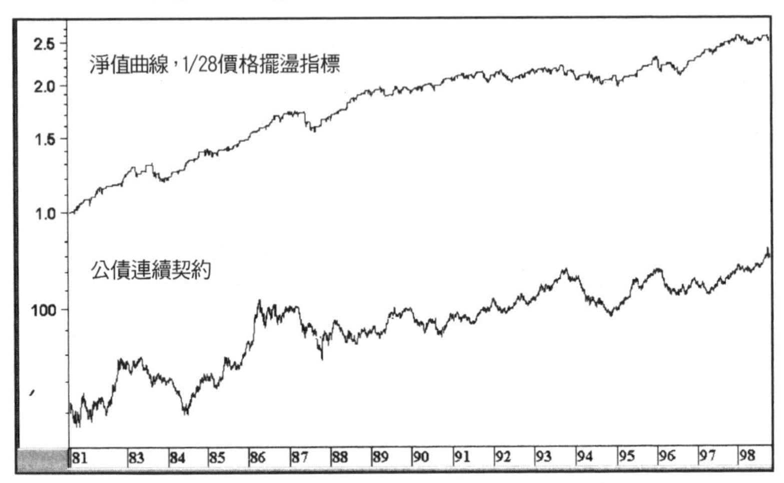

這套交易系統採用28/5/－5參數組合（擺盪指標為每天收盤價除以28天移動平均，超買／超賣水準設定為＋5%與－5%），也曾經用來測試1980年代與1990年代的許多封閉型共同基金，績效相當穩定。

這套系統採用10/10/－10參數組合則用來測試羅素2000指數，涵蓋期間為1978年到2001年，1978年的起始投資金額為$1，到了2001年成長為$20。走勢圖29-5顯示這部分操作的淨值曲線，整個期間內沒有發生嚴重的連續虧損。

所有這些系統都假定佣金成本為0.01%，現金部位能夠賺取$5利息。只建立多頭部位，沒有空頭部位。

走勢圖29-5　羅素2000指數，1978～2001

（取自Martin Pring, Breaking the Black Box, McGraw-Hill, New York, 2002）

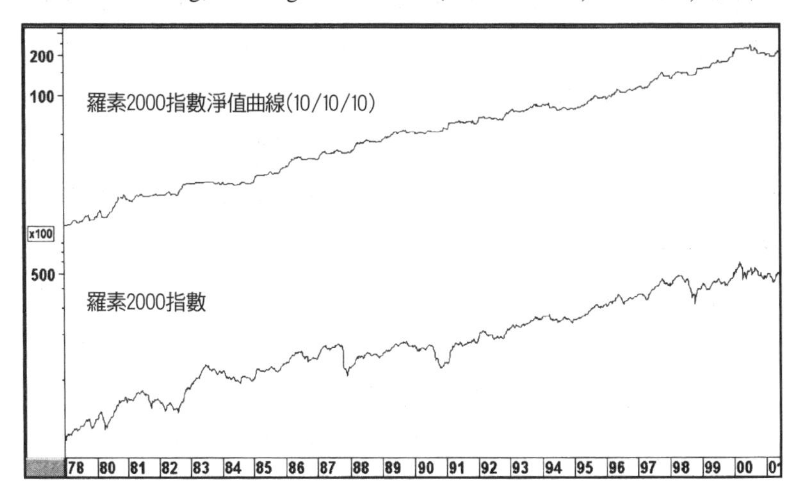

三項指標的交易系統

一套具備幾種不同訊號機制的交易系統，務必納入不同時間架構的不同指標。不同時間架構很重要，因爲價格在任何時候都受到很多不同週期長度之循環的影響。我們當然不可能同時考慮每種循環，但應該嘗試掌握重要的循環，或起碼要試著追蹤一種以上的循環。

我在1970年代末期設計一種系統，採用移動平均穿越和兩種ROC指標：10週簡單移動平均，6週ROC，以及13週ROC。所以，這套系統包含兩種類型的指標，順勢的移動平均，另外有兩個擺盪指標。

另外，這套系統採用三種不同的時間架構。買進與賣出訊號的相關法則很簡單。當價格高於10週移動平均，而且兩個ROC指標讀數都大於零，則買進；反之，當價格低於10週移動平均，而且兩個ROC指標讀數都小於零，則賣出。唯有當三者一致，才發出訊號，因為我們希望三種不同時間架構之循環彼此一致，才採取行動。最初，我把這套系統運用於美元／英鎊的匯率交易，因為其趨勢相當穩定。

首先，根據走勢圖29-6觀察10週簡單移動平均穿越訊號，在1974年中期到1976年的操作情況。向上箭頭標示買進（回補）訊號，向下箭頭標示賣出（放空）訊號。整段期間內，總共有13個訊號；假定起始投資為$1，總獲利為$0.19。同一期間內，買進-持有策略則發生大約$0.70損失。

走勢圖29-6 英鎊系統與10週移動平均

（取自Martin Pring, Breaking the Black Box, McGraw-Hill, New York, 2002）

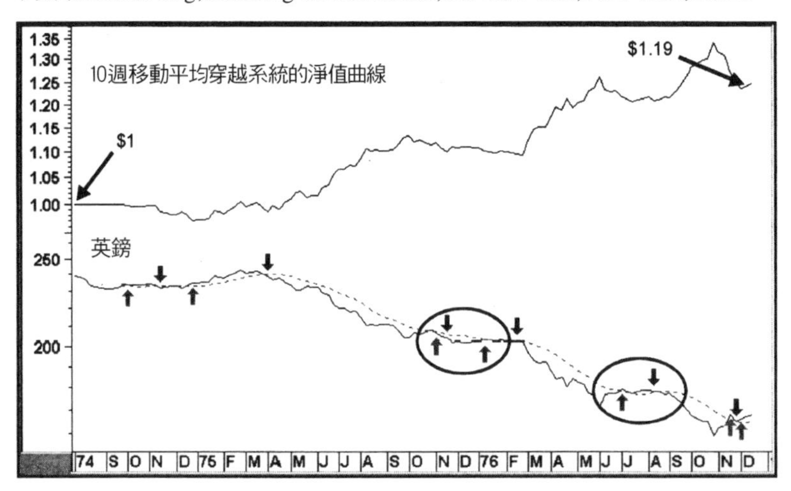

單就這點來看，這套系統表現得不錯，但請記住，這段期間的大多數時候，英鎊都處於跌勢。1975年底與1976年中期，曾經發生兩個反覆訊號（標示爲橢圓狀），不過對於整體績效沒有太大影響。接著，我們引進13週ROC。13週ROC向上／向下穿越零線，分別代表買進／賣出訊號。請參考走勢圖29-7，這套系統總共有6個訊號，淨獲利爲$0.23。這個績效優於移動平均穿越系統，尤其是訊號數量顯著較少，訊號反覆的機會理當減少。雖說如此，1976年還是兩度出現反覆訊號。

其次，再引進第二個ROC指標，可以進一步過濾反覆訊號。我之所以挑選6週ROC，主要是因爲其時間長度爲13週的一半。績效稍微改善爲$0.24，但訊號數量也增加到12個。相關情況請參考走勢圖29-8。

走勢圖29-7 英鎊系統與13週ROC

（取自Martin Pring, Breaking the Black Box, McGraw-Hill, New York, 2002）

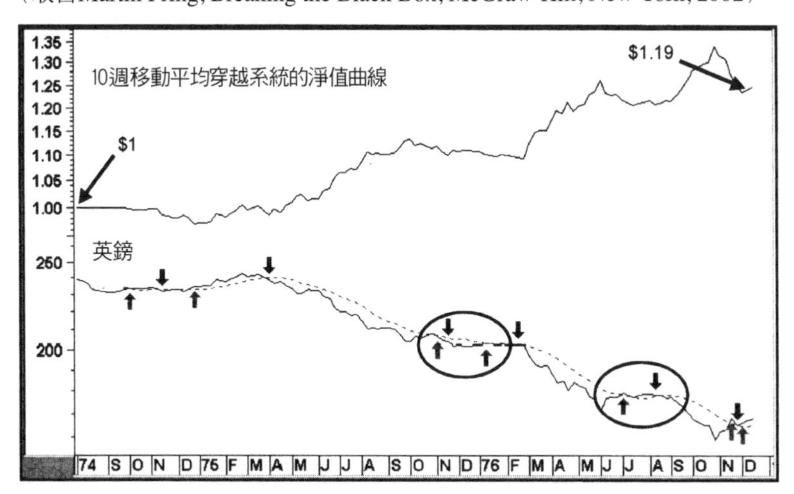

走勢圖29-8　三個指標的英鎊系統

（取自Martin Pring, Breaking the Black Box, McGraw-Hill, New York, 2002）

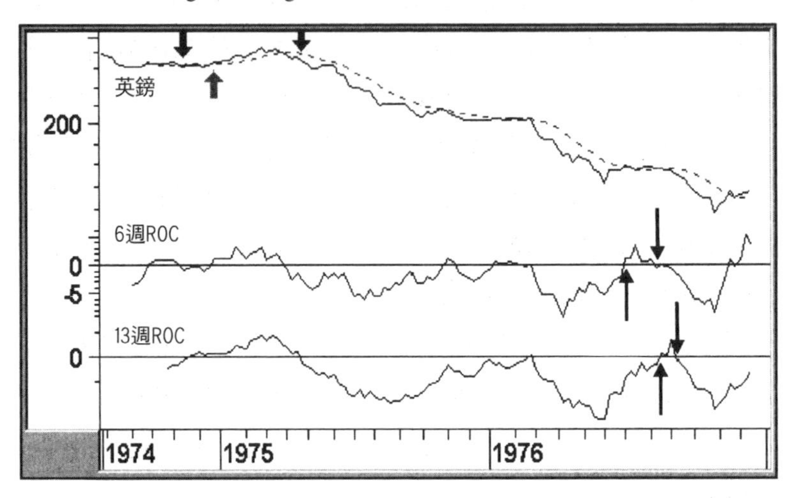

整合三種指標

走勢圖29-8把三種指標結合在一起，讓我們看看結果有何改善？單就最終獲利來看，相較於先前6週ROC的測試，此處的績效只不過稍微提升。可是，眞正的重點是訊號數量顯著減少爲三個。請注意，第一個（賣出）訊號發生在1974年10月，當時6週ROC追隨另外兩個指標進入負值讀數區域。到了12月，13週ROC首先向上穿越零線，然後價格緊跟著向上穿越移動平均。最後，6週ROC向上穿越零線而發出買進訊號。1975年4月，三種指標都進入負值讀數區域，移動平均與6週ROC首先聯袂翻空，13週ROC最後跟進。一直到1976年底，這套系統始終持有空頭部位。1976年稍早，這套系統差一點就翻多，因爲價格與6週ROC在2月份都進入正值讀數區域，但13週ROC當時仍然停留在零線之下；後來，當13週ROC向上穿越零線，但價格與6週ROC反而進入負值讀數區域。所以，這段期間內，三個指標始終沒有出現一致性訊號。1976年7、8月份的時候，情形也是如此，兩個ROC指標輪流翻多與翻空，始終沒有出現一致的讀數。在我舉辦的動能研究課程裡，學員們稱此爲複雜的負向背離。對於當時的市場環境，這套三個指標的系統運作得很好。不過，這大概也是最好的情況了。

系統評估

我最初是在1981年於《輕鬆投資國際市場》[1]（International Investing Made Easy）介紹這套系統，當時頗爲猶豫，因爲市況環境難保能夠讓這套系統繼續適用。1992年，在本書第3版，我抱著相同的態度重新介紹這套系統。我當時表示，「務必注意，這種處理方法未必適用於將來的環境，未必能夠帶來更大的獲利。此處談到的英鎊案例，只能視爲例外，不是常態，目的是鼓勵讀者朝著這方面做嘗試、研究。」

如同走勢圖29-9上側小圖淨值曲線顯示的，這套系統在很長一段期間內繼續有效。可是，很慶幸地，我稍早曾經做了保守的警告，因爲這套系統在1993年之後就崩潰了。讀者請參考走勢圖29-10，尤其是1993年到1998年的淨值曲線。1993年，當英鎊匯價由$2下來之後，走勢就呈現橫向發展，出現許多反覆訊號。這個例子也告訴我們，即使是過去20多年來都運作得很好的系統，也可能因爲市況環境變化而不再適用。當然，我們只能在一段時間

1. McGraw-Hill, 1980。

之後，才知道市況環境發生變化。有沒有什麼辦法可以處理這種情形呢？採用很長期的移動平均是一種辦法，或針對淨值曲線做趨勢線分析。

走勢圖29-10繪製了300週簡單移動平均。我之所以採用300週期間，因爲我們需要夠長的時間，才能判斷這類系統是否不再適用。這套英鎊系統的歷史可以回溯到1970年代，所以利用6年的均線做判斷，應該不算太長。

我的想法如下：如果淨值曲線跌破300週移動平均，意味著該系統發生嚴重問題，至少應該暫時停止使用。這個時候，應該重新做評估，看看是否能夠改進，這不是說引進一些新法則藉以避開績效不彰的期間。我們可以退場觀望，等待淨值曲線重新回到移動平均之上。

走勢圖29-9 英鎊交易系統結果，1983～1998

（取自Martin Pring, Breaking the Black Box, McGraw-Hill, New York, 2002）

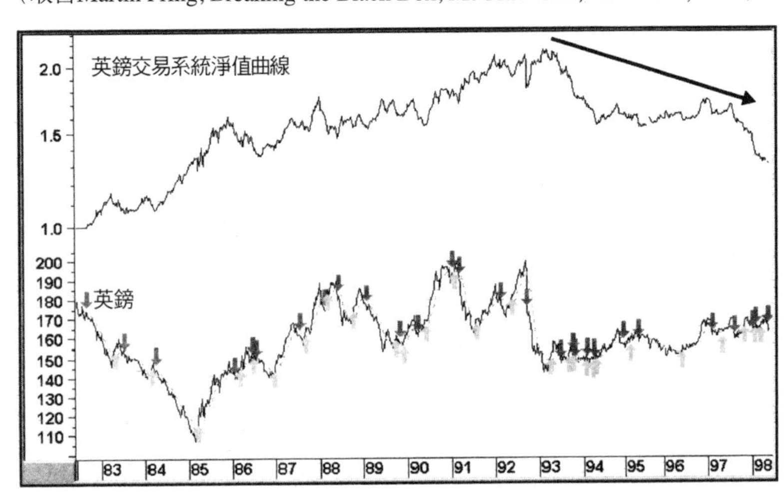

走勢圖29-10　英鎊交易系統，運用300週均線

（取自Martin Pring, Breaking the Black Box, McGraw-Hill, New York, 2002）

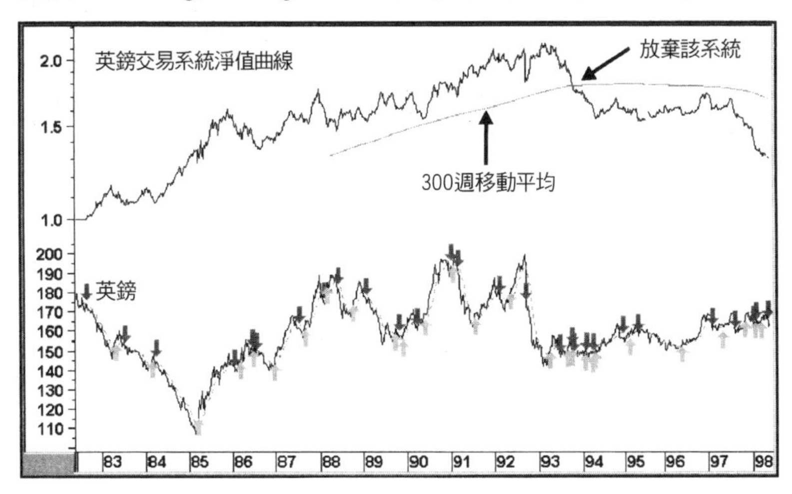

分散投資的優點

第二種可能性，是把這套系統運用於其他不同市場，也就是分散投資。請注意，對於準備交易的市場，系統必須針對歷史資料進行測試。走勢圖29-11顯示前述系統運用於日經指數的情形，績效相當不錯，而且很穩定。

1990年代初期曾經發生一些嚴重的最大虧損。1992年的最大虧損有20%，但在整個12年期間內，操作情況大體上很不錯。這套系統運用於個別股票、S&P綜合指數、AAA等級債券殖利率與德國馬克，結果都相當成功。

走勢圖29-11 英鎊交易系統運用於日經指數
(取自Martin Pring, Breaking the Black Box, McGraw-Hill, New York, 2002)

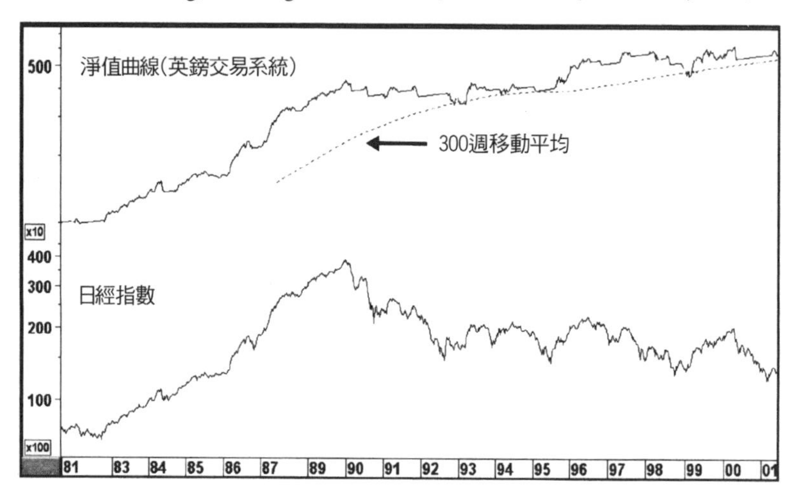

跨市系統

跨市關係

截至目前爲止，我們都是單獨考慮某證券或市場，所使用的也都是該證券或市場本身的統計資料。可是，我們也可以引用某種經過驗證的跨市關係（intermarket relationship），做爲交叉參考的依據。這往往可以取得不錯的效果。當某個市場會相當穩定地影響另一個市場，這兩個市場之間就會存在價格互動關係。譬如說，股票價格與短期利率就是最明顯的例子。本書第25章曾經詳細討論，短期利率趨勢如何領先股票價格。

我們不知道短期利率領先的時間有多長，也不知道後續的股價走勢幅度有多大。關於這些問題，我們可以研究貨幣市場價格

——短期利率的顛倒——和其移動平均之間的穿越關係。當貨幣市場價格呈現上升趨勢，我們要觀察股票價格的反應。根據推理，貨幣市場價格趨勢向上發展，股票市場應該會進入多頭行情。可是，這必須等待S&P綜合股價指數向上穿越移動平均才能確認。

這有點像是對溺水者做人工呼吸。我們知道，人工呼吸對於溺水者是有好處的，就如同利率下降對於股票價格是有好處的。可是，我們不知道人工呼吸必須做多久，也不知道對於溺水者是否眞有效，除非他甦醒過來，而且能夠自行呼吸。就這個比喻來說，股票價格如果能夠有效反應利率下降的話，應該要向上穿越移動平均。

讓我們看看兩者之間的關係，請參考走勢圖29-12。1981年10月，商業票據殖利率（倒置）向上穿越其12個月移動平均（圓圈標示），顯示當時的利率環境對於股票市場有利。可是，股票市場一直到1982年8月才見底。當S&P向上穿越其12個月移動平均（A點），顯示股票市場對於利率下降產生正面的回應。就目前這個例子來說，這個穿越發生在1982年8月。接著，殖利率與股價都維持多頭走勢，這套系統也是如此，直到兩者之一跌破移動平均，這是發生在1983年6月（B點）。隨後，到了1985年1月（C點），又恢復多頭走勢。

最後，倒置的殖利率在1987年初跌破移動平均（D點）。股票市場持續走高，但交易系統已經不再看多。多數情況下，賣出訊號應該等到S&P跌破移動平均。就目前這個例子來說，當大盤指數跌破均線時，1987年的崩盤已經結束了。貨幣市場價格一旦跌破均線，持有股票的風險已經提高，所以最好還是分兩部分處

走勢圖29-12　S&P綜合股價指數vs.3個月期商業票據殖利率

（取自Martin Pring, Breaking the Black Box, McGraw-Hill, New York, 2002）

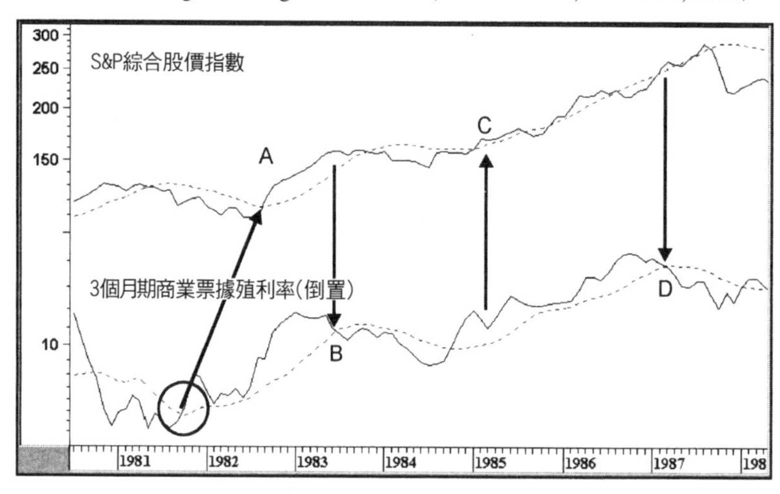

理。換言之，當貨幣市場價格跌破均線時，先結束一半多頭部位，剩餘一半則留待S&P跌破均線時處理。

請參考圖29-5，其中顯示1948年到1991年之間的風險-報酬關係。座標縱軸衡量報酬（年度化報酬率），橫軸衡量風險（波動率，volatility，譯按：也就是報酬分配的標準差）。最好的交易系統應該儘可能往左上角（西北角）移動，因爲該處代表報酬很高而風險很低。我們目前考慮的這套股票／利率系統，是標示爲「有利環境」的星號，年度化報酬率接近25%，報酬的波動率只有5%左右，績效非常理想。至於標示爲「整體期間」的星號，則代表買進-持有策略，年度化報酬率稍低於10%，波動率則稍高於12%。最後，「不利環境」則代表股票／利率系統不看多的期間，這可能是股票價格與殖利率都低於移動平均，或殖利率低於移動

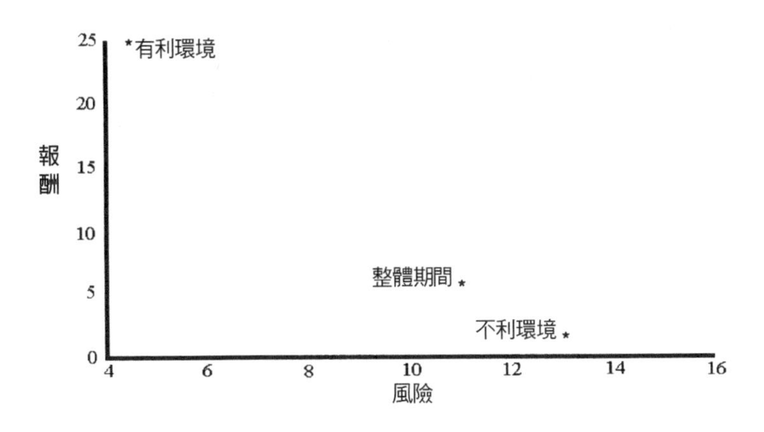

圖29-5　風險-報酬關係：S&P綜合股價指數vs.3個月期業票據殖利率
（取自Martin Pring, Breaking the Black Box, McGraw-Hill, New York, 2002）

平均而S&P仍然高於移動平均。總之，讀者不能察覺兩者之間的差別：此套系統看多情況下的高報酬-低風險期間，以及系統不看多情況下的低報酬-高風險期間。所以，這套系統不僅是報酬績效很好，而且賺取相關報酬所承擔的風險也很低。

可是，當股票市場仍然位在移動平均之上，但利率已經上升而穿越移動平均，那該如何呢？關於此種情況，這套系統並沒有說明如何處理。如果股價高於移動平均，則股票市場仍然呈現上升趨勢。可是，利率一旦呈現上升趨勢，股票市場的下一波跌勢就可能是空頭市場的第一隻腳。所以，S&P綜合指數遲早會跌破移動平均而迫使我們結束多頭部位；既然如此，如果我們能夠在低風險情況下賺取高報酬，爲何要冒險呢？

對於短線玩家來說，可能會認爲這套系統毫無用處。事實上，情況並非如此。短線交易者如果知道當時的市況明顯偏多，就理解放空訊號很可能導致虧損。這種情況下，空頭部位不僅背離主要趨勢，而且是在股票市場最偏多的環境下放空。另外，各位也可以根據短期買進訊號建立多頭部位。請注意，當這套系統看多的時候，股票市場並非不可能發生嚴重的修正（事實上，1971年就曾經出現這類例子），但多頭部位畢竟比較容易獲利。

信用擴張

本章討論的系統測試，都完全採用現金交易，沒有涉及融資。有些人或許想要在擴張信用的情況下進行測試。就理論上來說，擴張信用會讓績效倍增，但實際上未必如此。舉例來說，走勢圖29-13顯示某10天簡單移動平均穿越系統現金交易的結果，走

走勢圖29-13　美國世紀黃金基金，1989～1998

（取自Martin Pring, Breaking the Black Box, McGraw-Hill, New York, 2002）

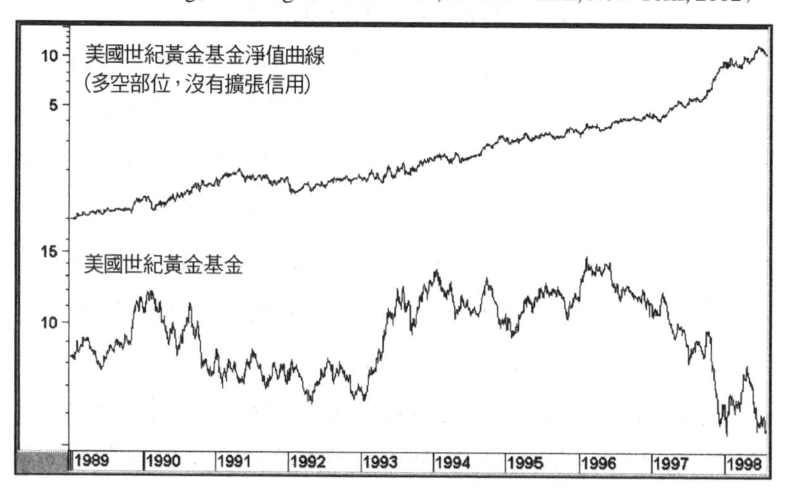

勢圖29-14則顯示融資10%的操作情況。由於剛開始進行的幾筆交易發生虧損，所以信用交易帳戶大約在1年左右就爆掉了。記住，信用擴張是雙面利刃。

走勢圖29-14 美國世紀黃金基金，1989～1998

（取自Martin Pring, Breaking the Black Box, McGraw-Hill, New York, 2002）

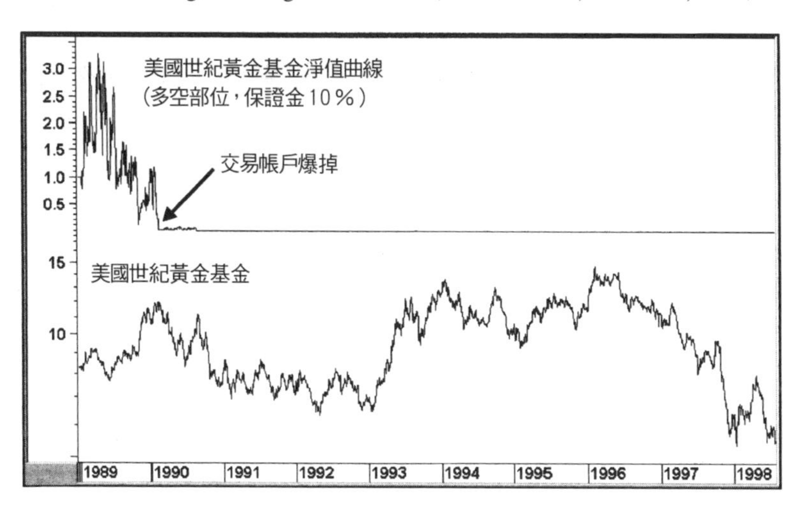

彙總

- 交易系統有兩種運用方式：不假思索地執行每個訊號；把訊號當作一種濾網，使得交易系統變成另一種技術指標。
- 機械性交易系統的主要效益，是排除人爲主觀看法，嚴格遵守紀律。
- 沒有任何交易系統能夠始終有效，務必要瞭解自動化交易系統的缺失，如此才能預先排除。

- 交易系統設計上，應該考慮市況有兩種：趨勢明確與橫向走勢。
- 任何交易系統都不完美，所以實際運用之前，務必要儘可能做測試。
- 交易系統的運用，應該分散風險，因爲任何證券都有某些期間不適合採用特定交易系統。
- 信用擴張會強化交易結果，不論是獲利或虧損。實際績效通常取決於好壞訊號的時間排列順序。

全球股票市場的技術分析

全球各地的人，都基於類似理由購買股票，所以技術分析原則適用於每個股票市場。不幸地，有關交易的統計數據，很多國家提供的資訊不夠完整，或許有礙較細膩的技術分析，不過這方面的進步還是頗快速的。幾乎所有的國家都可以提供價格、廣度和成交量的資料。另外，有關利率和產業的資訊，也很容易取得。

本章討論是以長期趨勢爲主，但相關分析可以很容易地運用於中期和短期趨勢。

辨識全球性主要趨勢

走勢圖30-1(a)與(b)是摩根史丹利資本國際（Morgan Stanley Capital International，MSCI）提供的世界股票指數（World Stock Index），是由許多國家績優股構成的市值加權指數。這項指數是以美元計值，一般金融媒體普遍提供該指數的資料。另外，道瓊公司（Dow Jones）與《金融時報》（Financial Times）也提供世界股價指數，但MSCI的資料運用更普及，其歷史可以回溯到1960年代。關於海外股票市場的趨勢分析，世界股價指數是理想的起點，就如同S&P綜合股價指數與道瓊工業指數，是分析美國股票市場的理想著手點一樣。這是因爲所有個別股票市場大致上會呈現相同的走向，就如同道瓊指數可以反映多數美國股票的主要趨勢。整體而言，隨著通訊科技進步與全球化趨勢發展，個別國家股票市場彼此之間的互動變得更緊密，各國股票市場與經濟循環也變得更具一致性。1987年崩盤似乎代表世界市場整合的重要關鍵，幾乎所有市場當時都同時崩跌。大約10年之後，亞洲金融危機更普遍影響全球各地，使得世界金融市場的統合趨勢更明確。

1980年代與1990年代，美國市場推出許多有關國際或個別國家的封閉型與開放型股票共同基金，凸顯了投資人邁向國際化的發展。可是，各國之間的發展，還是會因爲種種原因而產生差異，譬如說：任何特定時刻，個別國家的經濟狀況可能處在不同擴張階段，或某個國家的成長（或衰退）狀況明顯超過其他國家。因此，由於長期經濟、金融與政治狀況的不同，個別國家受到全球股票多頭行情的影響可能很短暫，甚至根本沒有影響，譬如：1986年到1990年之間的香港。另外，由於市場結構不同，個別國家股票市場的表現可能有很大的差別。舉例來說，芬蘭與瑞典股票市場在1990年代末期的表現特別傑出，因爲這兩個國家的掛牌股票大多屬於科技類股。至於那些天然資源豐富的國家，股票市場的表現則與商品價格走勢有很大的關連。所以，就經濟循環發展的時間順序來說，英國股票通常會領先，加拿大、澳洲與南非市場則會最後下跌。如同MSCI世界股價走勢圖顯示的，國際股市也存在4年期的經濟循環（參考走勢圖30-1的箭頭標示）。循環谷底發生在1962年、1966年、1970年、1974年、1978年、1982

走勢圖30-1 (a) MSCI世界股價指數，1964～1985與4年期經濟循環低點
（資料取自www.pring.com）

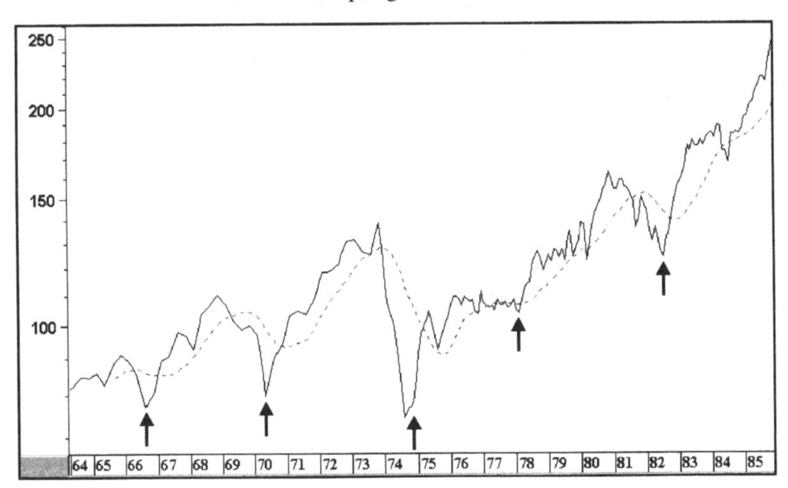

走勢圖30-1 (b) MSCI世界股價指數，1985～2001與4年期經濟循環低點
（資料取自www.pring.com）

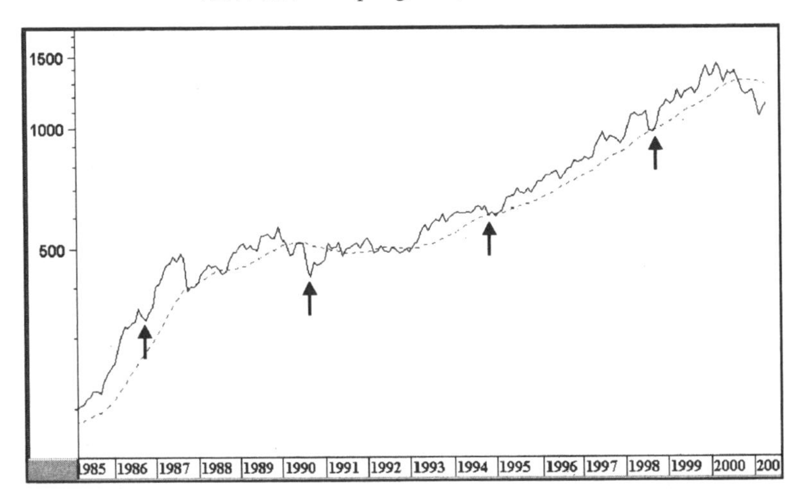

年、1986年、1990年、1994年和1998年，大約都相隔4年。我說「大約」，因為谷底並不是落在相同月份。另外，1986年的谷底幾乎不能稱為谷底，比較像是為期6個月的橫向交易區間。所以，對於極長期多頭市場來說（譬如1980年代的行情），循環低點未必是很好的買點，因為隨後的獲利空間並不大。1994年的情況也是如此，橫向修正的走勢更明顯。

走勢圖30-2並列MSCI世界股價走勢與其18個月ROC。實線箭頭（向下）代表ROC指標進入30％超買區域，而重新折返中性區的穿越賣出訊號。兩個虛線箭頭（向上）則代表ROC指標進入－30％超賣區域，而重新折返中性區的穿越買進訊號。這類訊號通常代表群眾心態已經發展到太極端，全球股票市場可能產生修正。對於這份圖形涵蓋的40年期間來說，有些訊號相當不錯。可

走勢圖30-2　MSCI世界股價指數，1960～2001與18個月ROC
（資料取自www.pring.com）

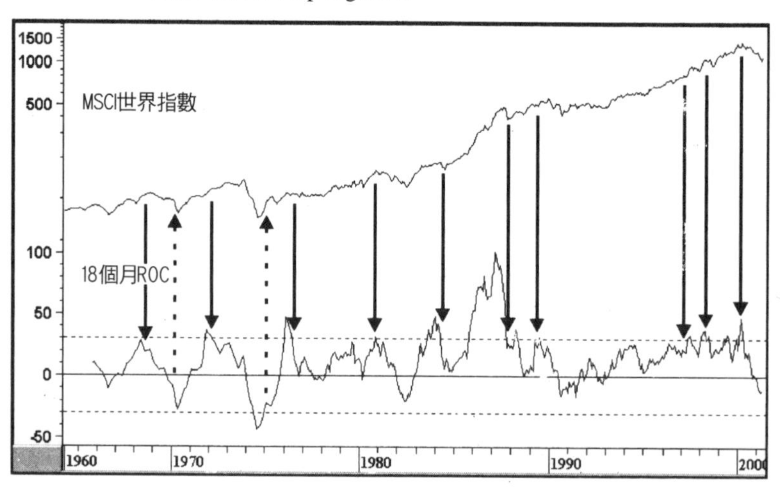

是，也有些失敗訊號，譬如1984年與1987年的賣出訊號太遲，1990年代末期的兩個賣出訊號，隨後並沒有出現跌勢。

創新高家數與擴散指數

世界指數也可以計算股價創新高家數資料。走勢圖30-3是利用MetaStock套裝軟體繪製的圖形。就這個例子來說，股價創新高與新低家數，是根據特定一籃個別股票計算。計算期間不是一般的52週，此處採用13週期間，然後運用6週簡單移動平均做平滑化。13週是52週（1年）的1/4，運用結果相當不錯。圖形上的箭頭，標示創新高淨家數超買／超賣穿越與趨勢線突破的訊號。多數情況下，指標由＋7.5%超買區域穿越折返中性區，行情就會出現中期修正。可是，指標如果發展到＋10%才折返（譬如：1998

走勢圖30-3　MSCI世界股價指數，1993～2001與創新高淨家數指標
（資料取自www.pring.com）

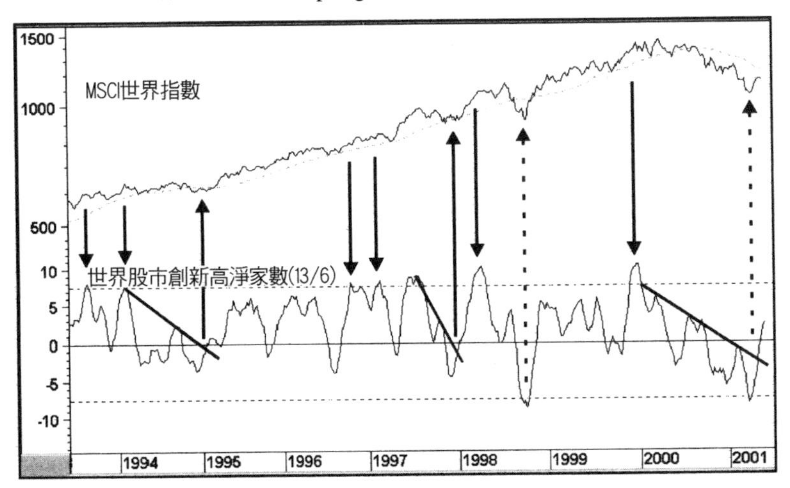

年與2000年的情況），隨後修正走勢的跌幅較大。

走勢圖30-4包含兩種擴散指標，都是根據一籃個別國家指數建構而成，中間小圖顯示指數高於6個月移動平均的市場個數，下側小圖則顯示指數高於12個月移動平均的市場個數。兩個指數都藉由6個月移動平均做平滑化，排除不必要的波動。垂直狀直線代表兩個指標由超賣區域折返的買進訊號，通常意味著世界指數會跟著出現主要漲勢。擴散指數的背離現象非常具有參考價值。

目前這個例子，沒有顯示很多背離，但有一個替別突出。請留意1973年的頭部，當MSCI處在多頭市場峰位，兩個擴散指標讀數實際上低於零（箭頭標示）。這意味著世界指數的強勢表現，是由少數幾個市場支撐，當時大部分國家的股票市場已經處於跌勢，因爲股價指數已經跌破6個月與12個月均線。

走勢圖30-4　MSCI世界股價指數，1968～2001與兩個擴散指標
（資料取自www.pring.com）

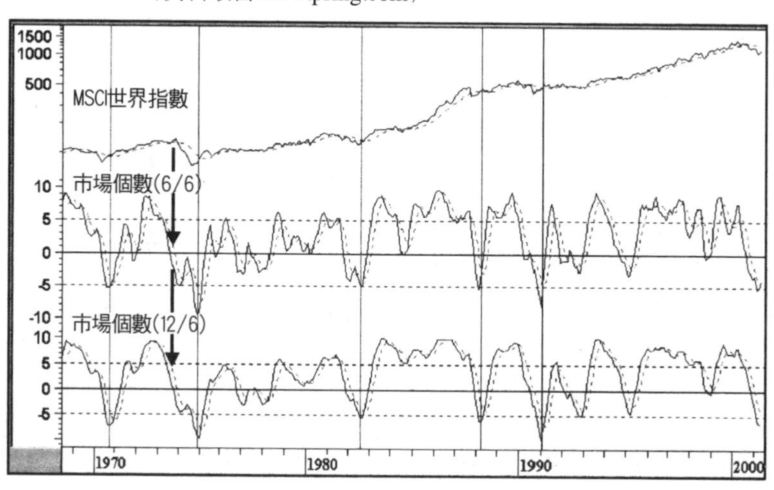

所以，我們有理由相信，多數國家的負面表現最終會影響世界指數。走勢圖30-5顯示另一種擴散指數，這是取股價指數，位在40週移動平均以上市場個數的百分率。原始資料再利用10天移動平均做平滑。同樣地，請注意1998年初的底部，該處也有明顯的背離現象：MSCI測試低點時，擴散指數只不過稍微跌破零線。另外，價格指數與擴散指數也可以繪製趨勢線。在正向背離與趨勢線突破之後，價格出現一波漲勢。另外，擴散指數由超買／超賣區重新折返中性區，也能有效顯示小型頭部和底部。

個別國家的選擇

有關國際股票市場的投資或交易，目前有幾種不同的管道可

走勢圖30-5　MSCI世界股價指數，1997～1998與短期擴散指標
（資料取自www.pring.com）

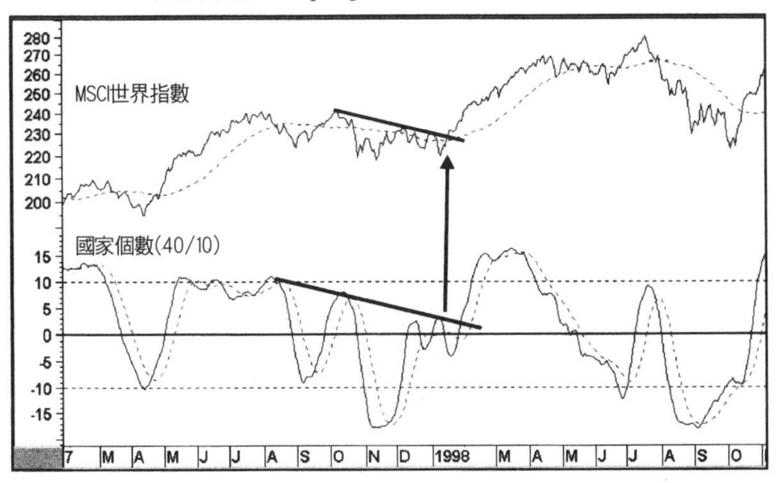

供運用。個別股票可以透過國際性證劵經紀商買賣，或運用美國存託憑證（ADRs）等。近年來，對於一些重要的股價指數，很多國家的交易所都提供期貨契約。另外，投資人也可以挑選個別國家或地區的封閉型或開放型股票共同基金。美國證交所（AMEX）提供一些主要股價指數的一籃股票組合，紐約證交所（NYSE）也有類似的交易工具。

想要挑選績效表現較好的國際股票市場，關鍵是採用本書（上冊）第16章介紹的相對強度（RS）分析。走勢圖30-6顯示S&P綜合股價指數與其相對於MSCI世界股價指數的RS曲線，另外還顯示KST指標。這份圖形涵蓋的期間內，RS曾經出現三次主要變動，請參考圖形標示的趨勢線突破。第一個賣出訊號發生在1985年；請注意，當時KST指標的RS只能勉強反彈到零線附近，稍後則跌破

走勢圖30-6　S&P綜合股價指數vs.MSCI世界股價指數，1978～1995
（資料取自www.pring.com）

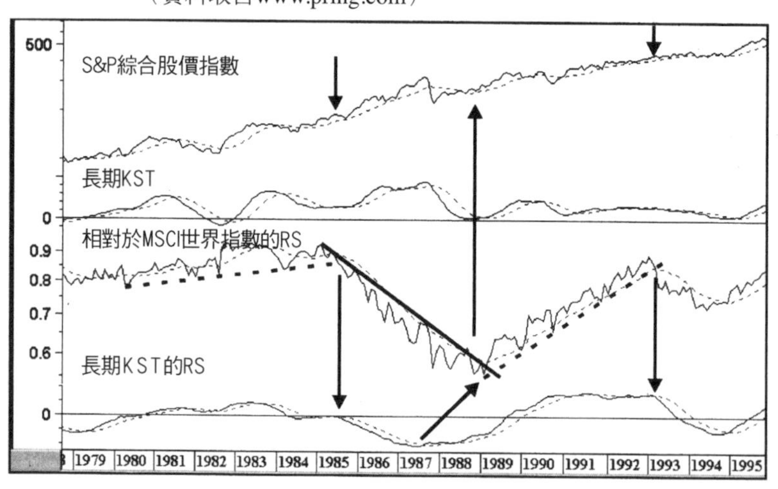

移動平均而發出賣出訊號。隨後幾年內，S&P股價指數雖然出現很不錯的漲勢，但RS持續下降，顯示其他國家的投資績效更理想。

次個反轉發生在1988年底，RS向上突破趨勢線。請注意，兩個KST都處在零線之上。最後，1993年初，兩個KST顯示賣出訊號，RS跌破上升趨勢線，S&P在隨後兩年內呈現相對弱勢表現。走勢圖30-7透過相同方式處理日經指數。日本股票市場的情況截然不同，因爲該市場在1990年到2001年之間，呈現極長期相對弱勢表現。在整個期間內，唯有1999年底出現明確的買進或賣出訊號，當時日經指數與其RS都突破下降趨勢線，KST保持在零線之上。雖說如此，但RS仍然維持相對疲弱趨勢，始終沒辦法穿越極長期下降趨勢線。在這份圖形的最末端，技術面似乎有改善，因爲KST的RS不僅出現正向背離，而且RS本身也向上穿越趨勢線。

走勢圖30-7　日經股價指數vs.MSCI世界股價指數，1991～2001
（資料取自www.pring.com）

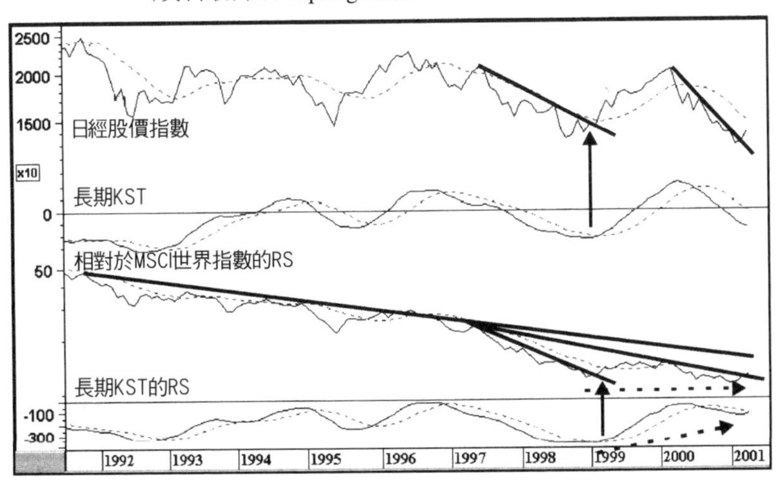

某些情況下，我們可以察覺某個別市場存在一些特殊的性質。就這方面來說，請參考走勢圖30-8，其中顯示德國DAX指數與其18個月ROC。ROC指標由超買區重新折返中性區的賣出訊號，在整個40年期間內，大體上可以顯示主要趨勢向下反轉。這些訊號當然不完美，但ROC重新向下穿越＋50％的賣出訊號相當穩定。

走勢圖30-9顯示澳洲所有普通股指數的情況，上側小圖爲商品研究局的現貨物料指數，垂直狀直線標示商品價格走勢的峰位（虛線）與谷底（實線）。澳洲股票市場的掛牌企業很多屬於天然資源類股，所以股價指數走勢與商品價格之間存在顯著的關連。所以，相較於MSCI世界股價指數，澳洲股價指數更能反映商品價格的榮枯狀態。

雖然有些例外情況，譬如1986～1989年期間，當時的商品價

走勢圖30-8　德國DAX股價指數與18個月ROC，1950～2001
（資料取自www.pring.com）

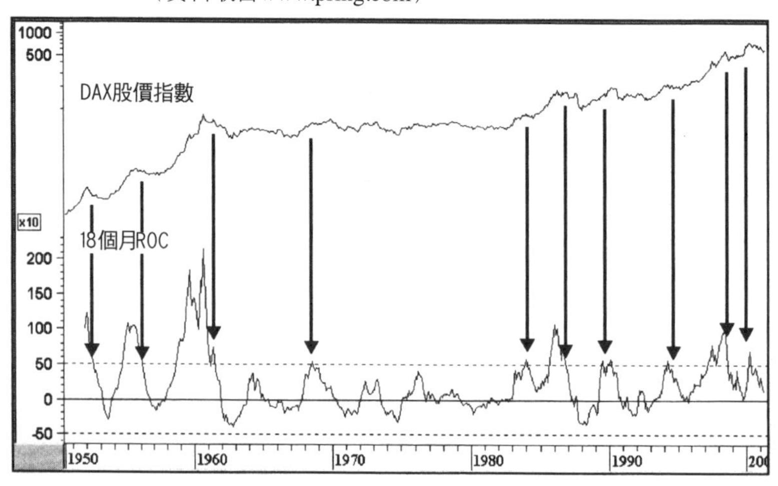

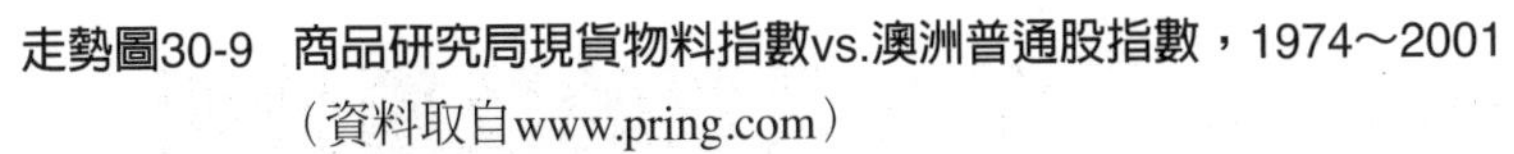

走勢圖30-9　商品研究局現貨物料指數vs.澳洲普通股指數，1974～2001
（資料取自www.pring.com）

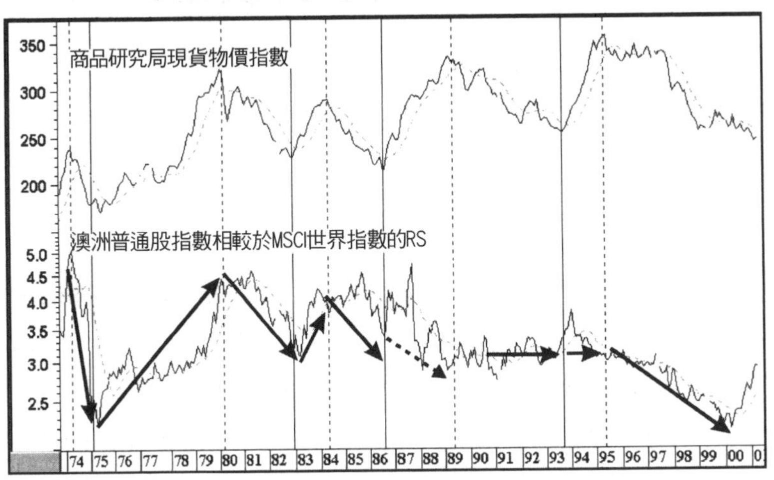

格上漲，但澳洲股市呈現相對弱勢表現，不過，大體上來說，澳洲股市與商品價格之間還是存在顯著關連。

彙整

- 全球股票市場明顯存在4年期循環。
- 由於科技進步與全球化發展趨勢，世界各個股票市場彼此之間的關係愈來愈密切。
- 運用於個別國家的股價指數，擴散指數、創新高淨家數與其他廣度指標，都有助於辨識世界股價指數的趨勢反轉。
- 分析個別國家相較於世界股價指數的相對表現，RS是最有效的工具。

個別股票的技術分析

關於個別股票的選擇，由上往下的方法（top-down approach）是一套有系統的選股方法。所謂「上」，是分析整體股票究竟是處於主要多頭或空頭行情。因為多數股票會隨著多頭行情而上漲，或隨著空頭行情而下跌；所以，第一步驟是判定整體環境的多、空趨勢。

第二步驟是評估個別產業的技術面狀況，因為屬於相同產業的股票通常會有一致性走勢。選定類股之後，最終才是挑選個別股票。接下來，我們準備討論這套方法。首先，讓我們提出一些特別值得注意的事項。

每位投資人都希望自己持有的股票，價格能夠快速上漲，但具有這種獲利潛能的股票，其風險程度往往也是多數人不願接受的。股票具備快速上漲潛能，貝他值（beta）通常也很高（換言之，股價對於大盤走勢非常敏感），流動性籌碼不多（換言之，市場流動性不高，價格對於成交量變動非常敏感），盈餘動能很強而造成本益比不斷向上修正。某些股票可能處於轉型期（轉機股），股價已經跌到極度偏低水準，一旦發生些許利多消息，股價便會呈現暴漲走勢。

這些都屬於基本面因素，不在本書討論範圍內。可是，我們必須注意，投資人在選股方面，會深受當時的流行趨勢影響。當價格被推升到不切實際的偏高水準，報章媒體不斷報導樂觀的消息，這代表所有市場參與者都已經瞭解相關的多頭論述。此時，每個希望買進的人，都已經買進，股票市場處於所謂「過份擁有」（overowned）狀態。這種情形曾經發生在1960年代末期的污染控制類股，1973年的所謂熱門成長股，1980年的石油類股，以及2000年春季的高科技股票。反之，當消息面非常惡劣時，企業盈餘能力似乎永遠不能恢復，或甚至可能破產，造成情況截然相反的所謂「擁有不足」（underowned）狀態。

1974年的房地產投資信託與1980年的輪胎類股，都是很典型的例子。當然，不是所有的股票都會經歷這類極端的循環，但我們還是需要瞭解這種心路歷程。過份擁有的狀態，通常會涵蓋數個循環，造成所謂極長期漲勢（secular rise）。同樣地，擁有不足的狀態，經常讓相關股票成為冷門股，需要多年時間才能解凍。

極長期觀點的選股策略

概論

選股程序理當由極長期觀點著手，然後逐步往短期方向移動。理想的情況下，應該先分析相關股票究竟是處於極長期漲勢或跌勢過程，藉以判定其流行的循環。走勢圖31-1顯示加拿大礦產公司Cominco由1970年代到上世紀末的價格發展，歷經幾個流行循環。類似如Cominco之類的天然資源股票，稱為景氣循環類股，因爲它們在一、兩個循環過程可以提供相當不錯的投資績效，但買進-持有策略罕能獲利。

由於全球經濟呈現長期成長的趨勢，所以多數股票都處於極長期上升趨勢，中間夾雜著溫和的長期修正。請參考Alberto Culver的股價發展（走勢圖31-2），其中包含幾個極長期趨勢。1991年，價格本身與RS曲線分別跌破上升趨勢線，這代表第一個極長期趨勢的結束。各位或許察覺RS曲線曾經在1985年短暫跌破趨勢線。有些人或許認爲，該趨勢線應該重新調整，但我認爲趨勢線最好是反應整體趨勢，而不是盲目地銜接修正低點。換言之，如果趨勢線穿越低點更能反映根本趨勢，則沒有必要銜接低點。

然後，1998年，我們看到4年期循環跌勢導致價格與RS分別突破上升趨勢線，而且幾乎在相同時間跌破104週（24個月）移動

走勢圖31-1 Cominco，1970～2001（資料取自Telescan）

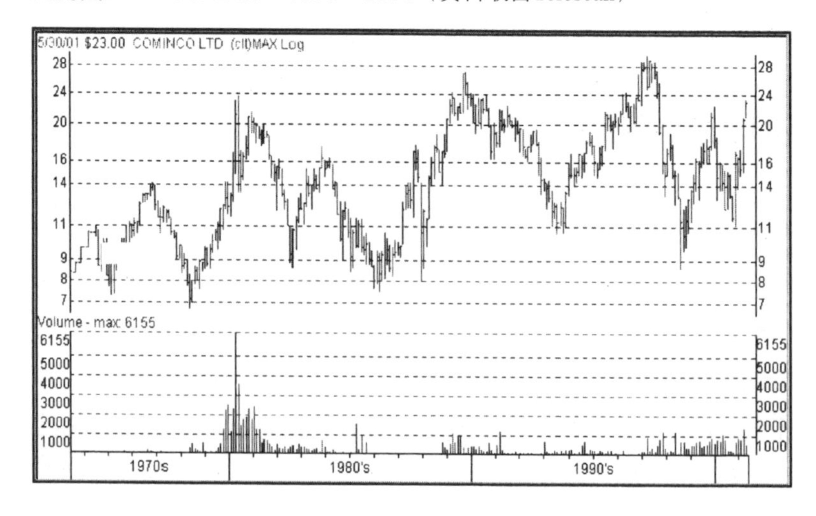

走勢圖31-2　Alberto Culver，1982～2001（資料取自www.pring.com）

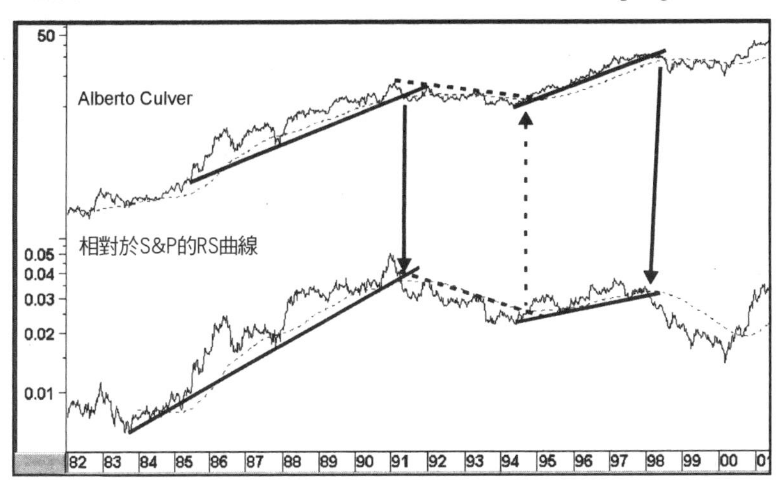

平均。本章走勢圖大多包涵RS曲線，理由有兩點。第一，RS趨勢與背離現象有助於判斷根本技術結構的強弱。第二，所購買的個別股票，其相較於大盤應該呈現相對強勢。

走勢圖31-3是很典型的例子。在這份走勢圖涵蓋的20年期間內，該股票始終處於極長期上升趨勢。表面上看起來似乎很不錯，但觀察其相對於大盤的RS曲線，很容易就發現該股票的相對表現處於極長期下降趨勢。價格走勢可以繪製兩條趨勢線，請特別注意虛線部分，這清楚說明趨勢線遭到穿越之後，其延伸線仍然可以發揮作用。我們看到，在1990年代中期到末期之間，股價數度彈升，但受到前述延伸趨勢線的壓制。即使到了本世紀初，價格已經向上突破，但折返走勢仍然在該延伸趨勢線獲得支撐。

最後，請觀察ADM案例（走勢圖31-4），極長期走勢在1998

走勢圖31-3 Reliant Energy，1980～2001（資料取自www.pring.com）

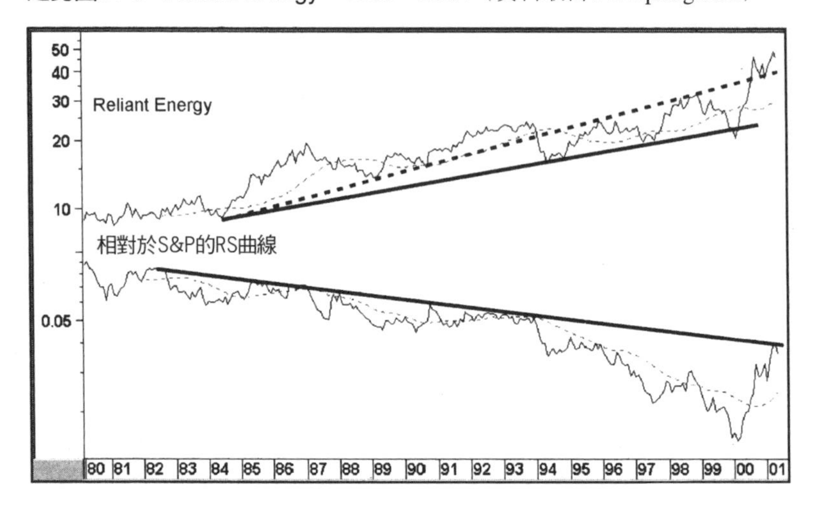

走勢圖31-4 ADM，1980～2001（資料取自www.pring.com）

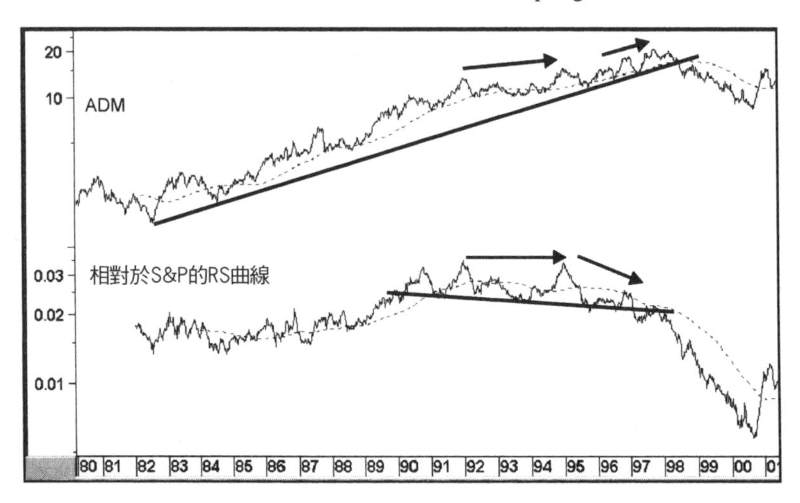

年向下突破，其RS曲線也完成頭肩頂排列。請留意，ADM技術面轉弱早有警訊，先是在1995年，價格創新高，但RS曲線沒有確認；其次，到了1997年，價格再創新高，但RS則呈現負向背離。

這些例子說明個別股票各有特性，歷經不同的生命週期。投資人如果能夠辨識極長期趨勢反轉與相對表現，就能夠藉由股票循環歷程而獲利。所以，極長期走勢圖是選股程序的理想起點。

主要價格型態（長期底部）

本書（上冊）第5章討論價格型態時，曾經談到排列的規模和大小，其與隨後價格走勢之幅度和時間的關係。底部規模愈大，後續漲勢愈可觀。頭部規模愈大，後續跌勢愈凶猛。

對於有耐心的長期投資人來說，選股的最理想方法之一，是瀏覽長期走勢圖（譬如：www.babson.com/charts/longterm.html的SRC Green Book），挑選那些剛由長期底部翻升，或突破後再度拉回長期底部的股票。

任何時候，我們都可以找到一些具備這種性質的股票。如果圖譜內有很多這類股票，例如：1940年代初期與1970年代末期，就意味著整體股票市場將展開極長期漲勢。

請參考走勢圖31-5，Andrew Corp在1991年完成了爲期6年的大底，隨後出現顯著的漲勢，幅度超過價格型態衡量目標。到了1997年，價格突破長達6年的上升趨勢線，顯示既有漲勢恐怕難以爲繼。就目前這個例子來說，隨後展開一段橫向盤整，但RS趨勢則明顯向下反轉。

走勢圖31-5　Andrew Corp，1980～2001（資料取自www.pring.com）

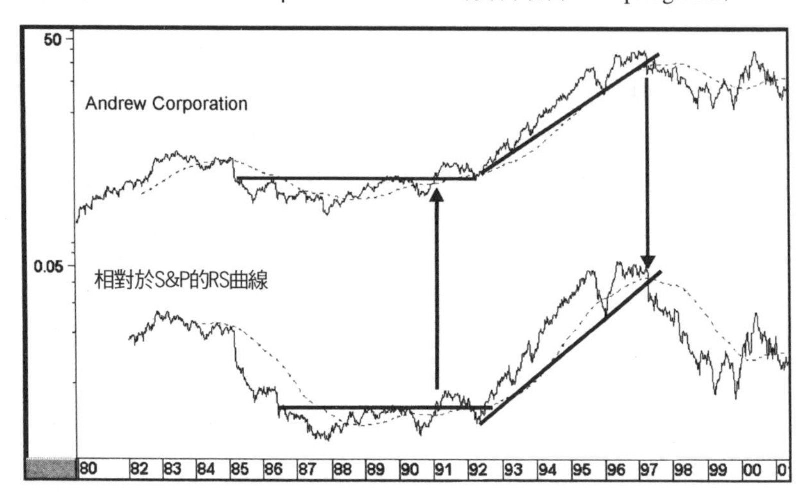

接著，請參考走勢圖31-6，Applied Materials在1992年底完成長達10年的底部而向上突破。價格漲勢至少持續到2001年春天，但RS在1998年與2000年兩度短暫跌破上升趨勢線。

主要多頭行情的基本選股原則

概論

所謂的多頭市場，是指多數股票通常都處於上漲狀態的一段延伸性期間。這段延伸性期間的長度，大約介於9個月到2、3年之間。空頭市場的情況則剛好相反，但涵蓋期間通常較短。不論是長期投資，或是爲期2、3個星期的短期交易，最好還是順著整體市場的主要趨勢方向建立部位。沒錯，當整體市場處於空頭行

走勢圖31-6 Applied Materials，1980～2001（資料取自www.pring.com）

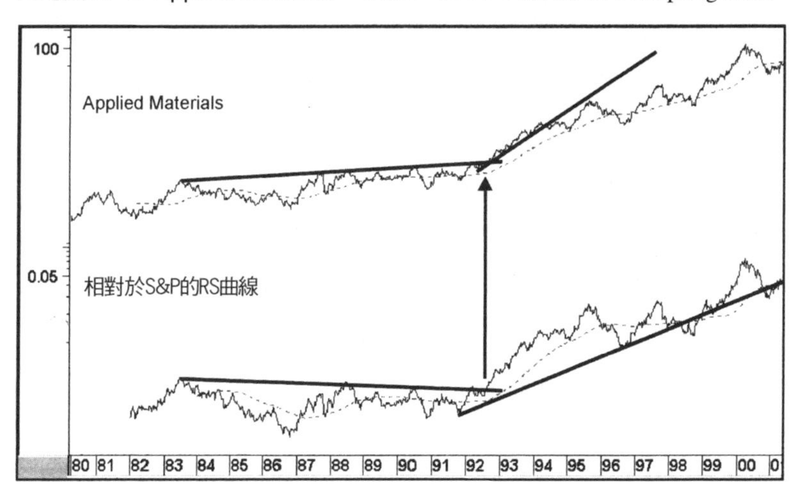

情，仍然有某些股票展現主要多頭走勢，但機率法則告訴我們，想要逆著整體大環境的發展方向進行操作，勝算要小得多。另外，股票市場有類股輪替的現象，在同一時間，許多不同股票會分別呈現多頭與空頭的走勢[1]。所以，當S&P之類的大盤指數出現空頭市場第一波跌勢時，某些循環落後類股，譬如礦產股，可能還處於多頭市場的最後一波漲勢。當股票市場處在這種循環階段，選股方面要顯得更困難，但股價仍然有很大的上檔空間。

不論是在整體市場多頭行情發展過程，或市場循環的各個階段，個別股票的表現往往有很大差異。這方面內容請參考本書第19章有關類股輪替的討論。

---

1. 請參考表19-1，顯示各類股所處市場循環的概略位置。

第一步驟是根據本書稍早講解的方法，判斷整體市場究竟是處於主要多頭或空頭行情。如果證據顯示多頭市場已經發展了一陣子，而且開始出現空頭市場的徵兆，那麼分析不妨由中期走勢低點著手。關於這點，我們稍後還會討論，但目前暫時假定有充分證據顯示新的多頭市場剛開始，相關徵兆包括：騰落線已經下跌一年多，利率呈現下跌的新趨勢，長期動能指標處於超賣狀態，媒體不斷渲染股票市場與整體經濟的利空消息，企業大量裁員，以及其他等等。

這些現象如果普遍存在，那麼股票市場很可能處於空頭市場低點附近。

空頭市場低點附近的選股策略

第二步驟是研究各類股的技術面狀況，尤其是循環領先類股，觀察它們是否處於絕對與相對的技術面強勢狀態。最後，挑選相關類股內條件最佳的個別股票。

就這方面來說，最明顯的著手點是引用本書第19章討論的方法，研究個別產業在類股輪替程序內的相對分析。所有類股的循環狀態不會一致。對於那些符合當前循環狀態的類股，反應也不會完全一致。分析能源、金融銀行類股與鋁業，有助於判斷股市循環當時處於通貨膨脹或緊縮階段。接著，分析那些符合當前循環狀態的類股，挑選最具潛力者。現在，假定我們很幸運，剛好找到空頭市場的低點。

1990年的底部符合這些條件。S&P綜合指數的下跌過程相對短暫，但在1990年底的行情底部，NYSE騰落日線已經下跌超過一年。1990年底，循環領先類股內，證券經紀商類股的情況不錯，而且《商業週刊》剛做了相當負面的報導（請參考本書第27章有關反向操作的描述）。

由技術面觀察，走勢圖31-7顯示KSTs在1991年初完成底部排列。在更早的1、2個月之前，RS曲線首先向上突破長達8年的下降趨勢線。如同RS曲線突破一樣，KSTs也同時突破稍短的趨勢線，並且向上穿越24個月移動平均。RS曲線本身也向上穿越24個月移動平均。兩個KSTs都發出多頭訊號。

請注意RS曲線的情況，相較於1987年的低點，1990年低點位置更低一些，但RS之KST指標的情況則非如此 [2]。正向背離更強化了多頭氣勢，顯示市場展現多頭趨勢的機會很大。垂直狀虛線標示位置，大約對應著趨勢反轉的突破點。至於個別股票的情況，請分別參考走勢圖31-8到31-13。

美林（Merrill Lynch）是規模最大的券商，當時情況請分別參考走勢圖31-8（相較於大盤）與31-9（相較於類股）。1991年初，美林證券絕對股價向上突破2年期下降趨勢線（虛線），相對於S&P綜合股價指數的RS則突破爲期8年的下降趨勢線。兩個KSTs也翻多，絕對指標完成頭肩底排列，顯示該股票適合買進。稍後，當絕對價格向上突破8年期下降趨勢線，股價走勢正式翻多。走勢圖31-9顯示，美林相對於S&P證券商類股指數之RS的4週移動

2. 各位的軟體如果不能繪製KST指標，可以採用各種組合的MACD。關於參數設定，只要曲線不要劇烈波動而足夠平滑就可以了。

走勢圖31-7　S&P證券商類股指數，1982～1993，三種技術指標
（資料取自www.pring.com）

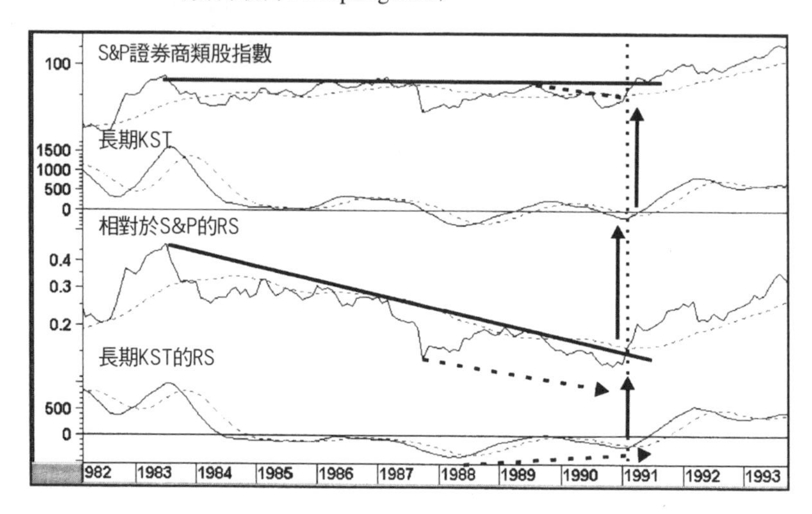

走勢圖31-8　美林證券，1983～1993，三種技術指標
（資料取自www.pring.com）

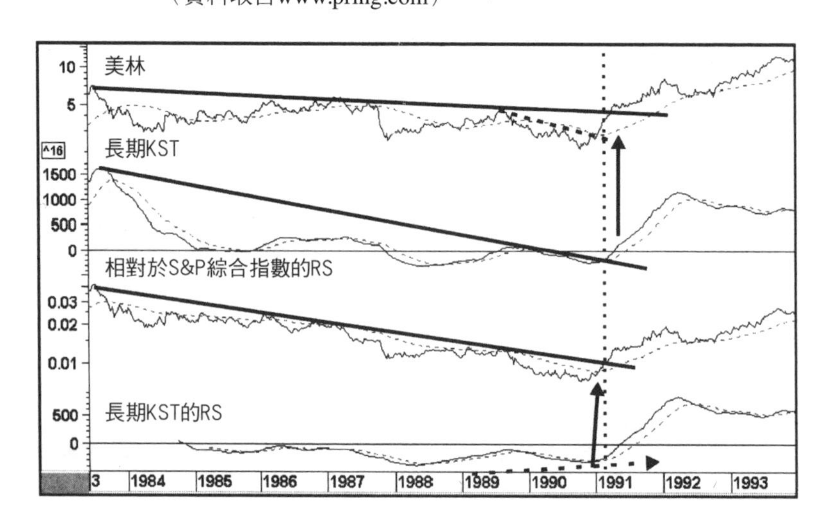

走勢圖31-9 美林證券，1986～1991，相對於券商指數
（資料取自www.pring.com）

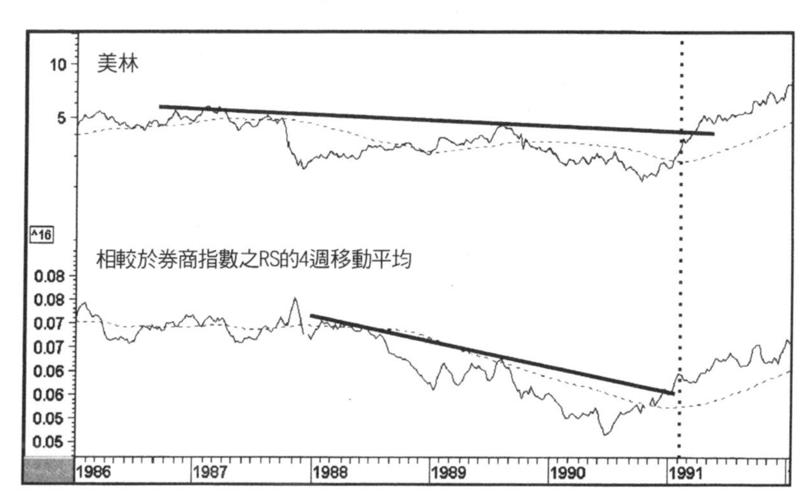

平均。讀數上升，代表美林的表現相對優於整體券商，反之亦然。1991年初，美林股價不論是相較於大盤指數或類股指數，RS曲線都突破趨勢線，意味著其表現相對優於大盤與類股。

Legg Mason也呈現多頭架構（請參考走勢圖31-10），不論絕對價格或相對價格都突破底部排列，兩者的KSTs也翻多。事實上，RS與其KST之間呈現正向背離。相較於美林由下降反轉為上升走勢，Legg Mason是由橫向走勢轉為上升走勢，上檔潛力似乎更大。可是，請觀察走勢圖31-11，Legg Mason相較於證券商類股指數的RS出現大頭部。不幸地，這在向上突破當時（垂直狀虛線標示位置）是不可能預知的。到了1991年春天，情況就很清楚了，RS曲線不僅出現大頭部，而且跌破65週EMA。

走勢圖31-10　Legg Maison，1986～1993，三種技術指標
（資料取自www.pring.com）

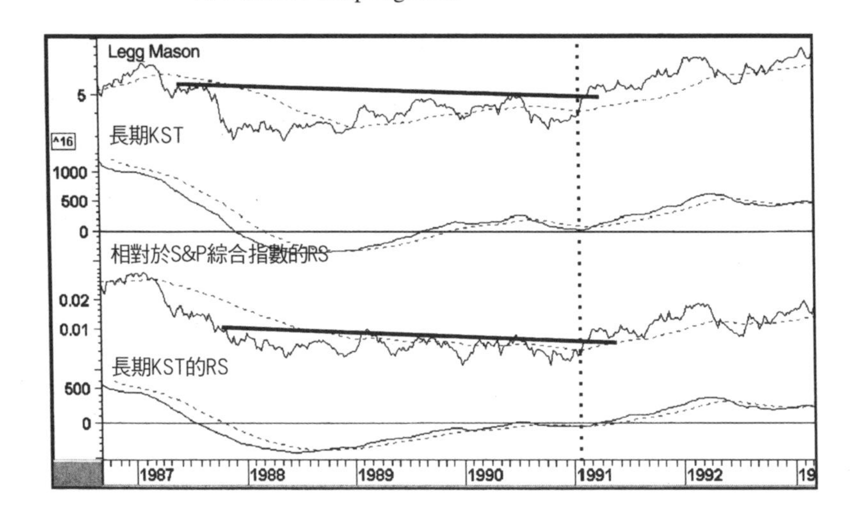

走勢圖31-11　Legg Maison，1986～1993，相對於券商指數
（資料取自www.pring.com）

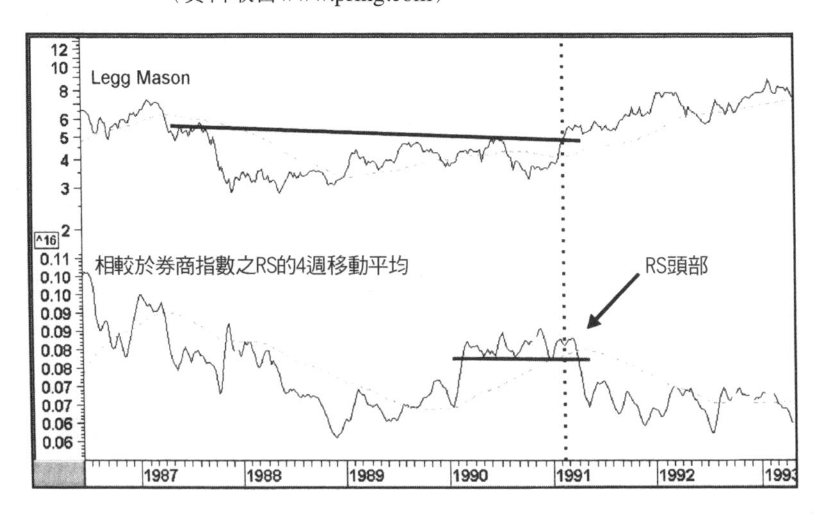

最後，Raymond James股價幾乎沒有受到1989～1990年空頭市場的影響（請參考走勢圖31-12和31-13）。在券商指數向上突破時，Raymond James的絕對與相對價格都完成大型底部排列（參考走勢圖31-12）。

不幸地，這支股票不同於美林，算不上是低風險買進機會，因爲絕對價格的長期KST是在稍微超買的區域反轉，因此相對缺乏吸引力。不過，由另一方面看，追隨強勢領導股總是比較保險的，因爲強者總是愈來愈強。當時，基本面狀況有利於整個證券商類股。究竟誰是眞正的強者，判斷基準是個股相較於證券商類股指數的RS曲線。請參考走勢圖31-13，該股票之RS向上突破之後，立刻加速遠離65週EMA，表現相對優於其他券商股票。

走勢圖31-12　Raymond James，1985～1997，三種技術指標
（資料取自www.pring.com）

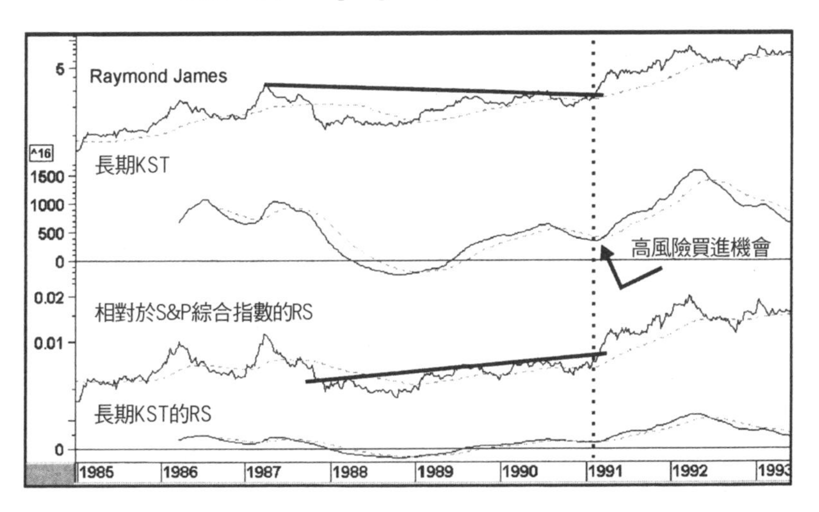

走勢圖31-13 Raymond James，1987～1993，相對於券商指數
（資料取自www.pring.com）

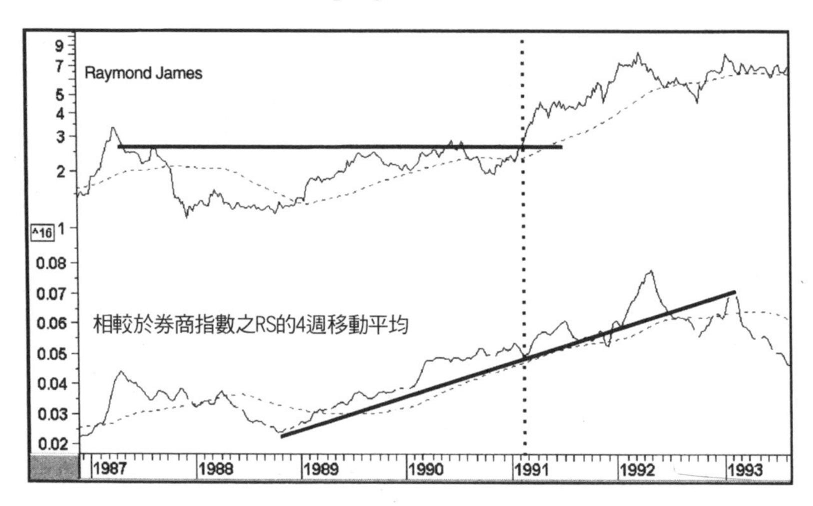

藉由循環變動選股

股票市場循環的發展過程，居於領導地位的類股會持續變動。我們可以藉由領先／落後類股的關係比率，分析這方面的變動。走勢圖31-14顯示這類比率關係的例子：產物保險vs.鋁業。當該比率曲線向上發展，意味著保險類股走勢相對優於鋁業，反之亦然。這條比率曲線的方向變動，可以顯示資金驅動-循環領先類股相較於盈餘驅動-循環落後類股的表現。

由這份圖形可以清楚看到，比率曲線的波動相當劇烈，訊號反覆的情況很多。爲了避免這種問題，辦法之一是藉由長期動能指標（譬如：KST）進行平滑化。走勢圖31-14運用KST與其移動平均的穿越訊號，顯示類股領先地位的變動（請參考箭頭標示）。

走勢圖31-14　產物保險／鋁業比率，1985～2001，長期KST指標
（資料取自www.pring.com）

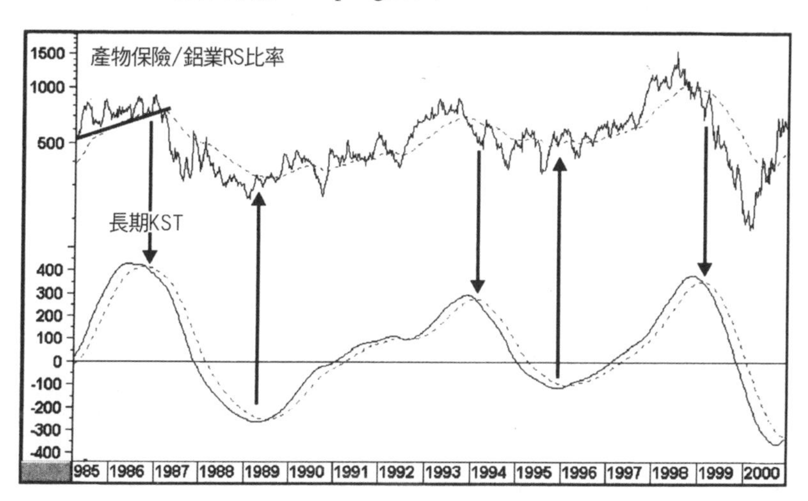

第一個訊號發生在1986年12月，KST向下穿越其移動平均，顯示循環落後類股呈現相對強勢。這個時候，我們看到很多鋼鐵、鋁業個股向上突破。

讓我們再看看另一種落後類股——半導體——的情況，請參考走勢圖31-15。半導體始終呈現相對弱勢，情況一直維持到1987年初，然後半導體指數本身，以及其相較於大盤指數的RS都向上突破，兩個KST指標也發出買進訊號。

請注意，如果讀者的套裝軟體不能繪製KST指標，不妨採用其他經過平滑的動能指標，譬如經過平滑的隨機指標、趨勢偏離指標等。就目前這個例子來說，半導體相對漲勢只持續了半年多；正常循環狀況下，這類趨勢應該維持1～3年。

走勢圖31-15　S&P半導體指數，1984～1988，三種技術指標
（資料取自www.pring.com）

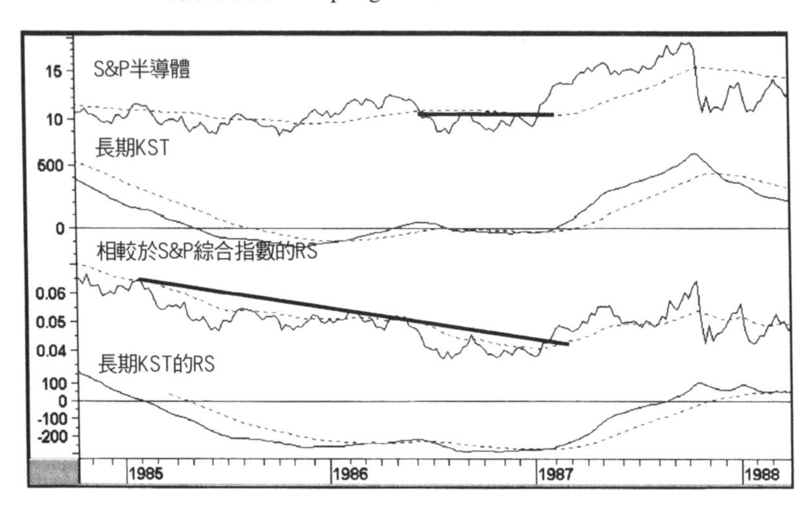

走勢圖31-16是半導體股票英特爾（Intel）的情況，其股價本身與相對於S&P的RS都向上突破趨勢線而發出買進訊號。另外，兩個KST也翻多，所以英特爾當時絕對值得考慮買進。

另一支半導體股票AMD（Advanced Micro）的情況看起來就不怎麼妙（走勢圖31-17）。沒錯，絕對價格向上突破趨勢線，而且兩個KST也翻多，但RS從來沒有突破下降趨勢線。

如果想投資半導體類股的話，AMD顯然不是適當對象，不妨觀察該股票相對於S&P半導體類股指數的RS（走勢圖31-18），股價在1990年之前都呈現相對弱勢。

走勢圖31-16　英特爾，1983～1988，三種技術指標
（資料取自www.pring.com）

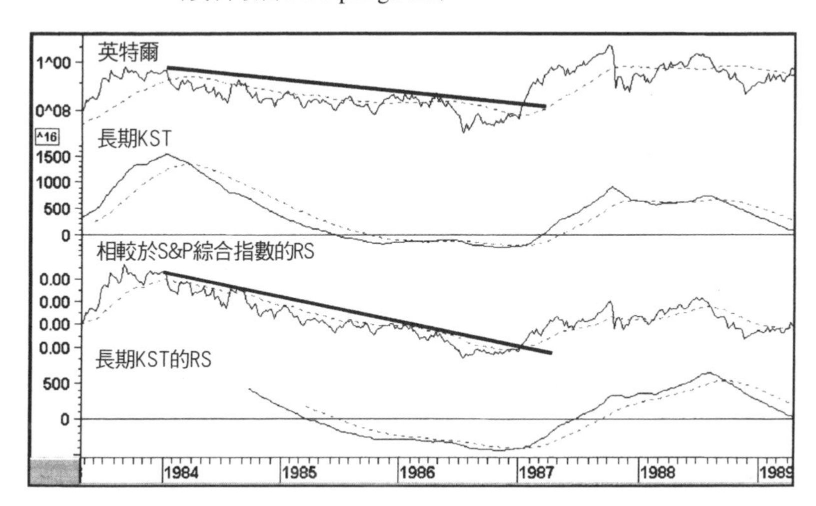

走勢圖31-17　Advanced Micro，1984～1990，三種技術指標
（資料取自www.pring.com）

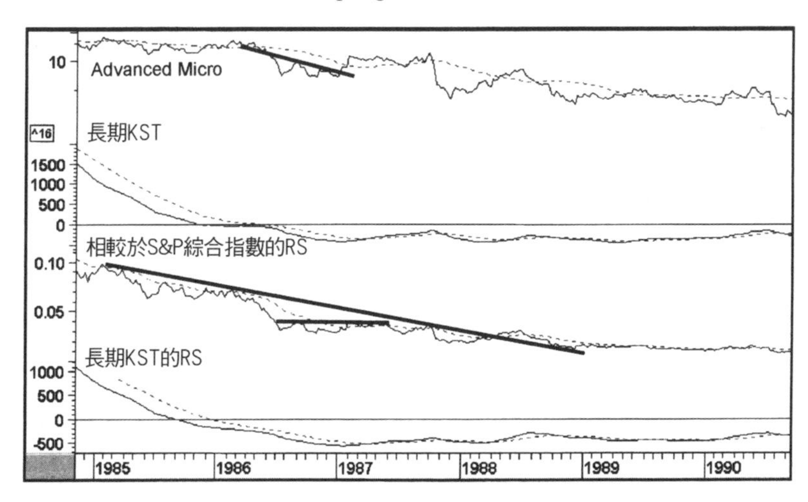

走勢圖31-18　Advanced Micro，1985～1991，相較於半導體指數
（資料取自www.pring.com）

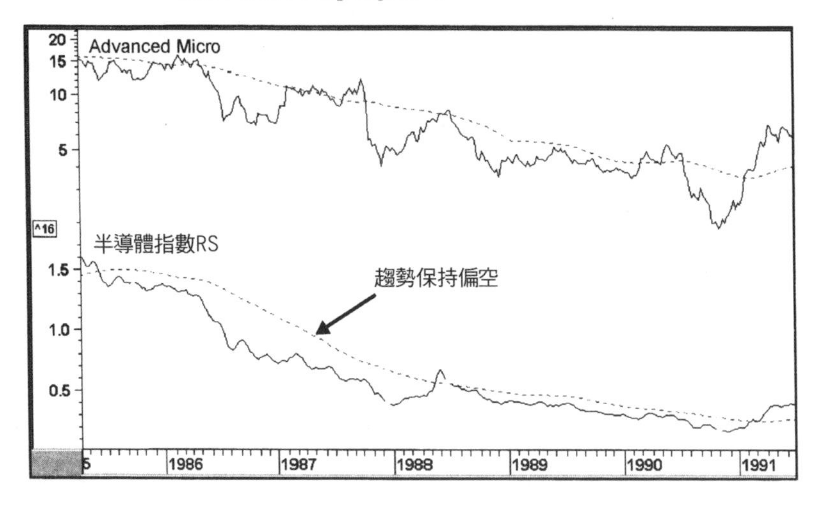

短期分析

短期交易者還需要作更進一步的分析，確定所想買進的股票具備短期技術優勢條件。

請參考走勢圖31-19，其中顯示McKesson絕對價格、短期KST與長期KST，全部是日線資料。長期KST採用的計算公式與月線相同，但數值乘以21（每個月的平均交易天數）。圖形上的垂直狀粗線，代表空頭-多頭階段的分水嶺（左側爲空，右側爲多）。短期KST標示的英文字母，代表零線或其稍下方的（穿越）買進訊號。除了短期KST之外，也可以使用其他經過平滑的短期擺盪指標，譬如：隨機指標、平滑化RSI、MACD等。

請注意，A-B-C-D等訊號都沒有出現顯著的價格漲勢，C可能是唯一例外，但訊號也很快反覆，這是因爲短期買進訊號發生在

走勢圖31-19 McKesson，1999～2001，兩個指標
（資料取自www.pring.com）

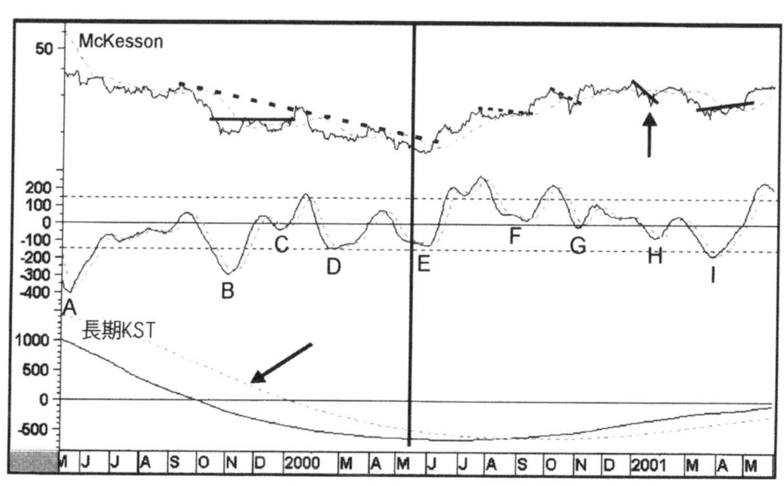

長期空頭環境裡。所以，最好的訊號通常是順勢訊號。這並不是說空頭市場的短期買進訊號一定會反覆，也不是說所有順勢訊號都一定成功。舉例來說，I點的買進訊號發生在長期多頭趨勢裡，但基本上也是錯誤訊號。我們可以排除這個訊號，因爲該處看不到趨勢線突破（不同於F-G-H的情況）。

由事後角度來看，E點的買進訊號最好，但訊號發生當時，長期KST還沒有向上穿越移動平均。然而，技術分析的解釋畢竟是有彈性的：只要長期KST走勢趨於平坦，而且價格本身或短期KST發出買進訊號（趨勢線突破），我們可以預期趨勢將翻多。就目前這個例子來說，價格突破長達8個月的下降趨勢線，短期KST翻多，而且其與價格之間出現兩次正向背離。因此，我們有理由相信長期KST會翻多。

某些情況下，電腦搜尋回報平滑化長期動能指標的買進訊號，但短期指標當時處在超買狀態。請參考走勢圖31-20（IBM），A點就是這種情況。對於長期投資人來說，這或許不構成困擾，不過對於短期交易者而言，價格超買將造成嚴重傷害。根據走勢圖31-20，長期KST向上穿越移動平均的第一個買進訊號發生當時，短期技術面處於超買狀態。次個買進機會發生在B點，價格當時突破短期趨勢線，短期KST發出買進訊號。這個訊號也不是很好，但進場價格起碼低於長期KST買進訊號的價位。

最好的訊號發生在X點，當時價格突破下降趨勢線，短期KST翻多。請注意，長期KST當時僅稍低於零線，意味著隨後可能出現快速漲勢。由於長期KST這個時候已經向上發展，我們有理由相信隨後會穿越移動平均。

走勢圖31-20　IBM，19993～1994，兩個指標（資料取自www.pring.com）

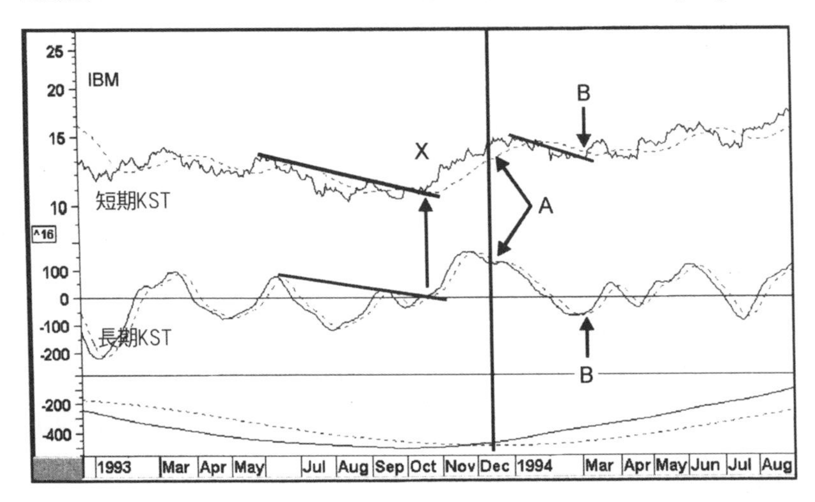

這當然不是說如此預期的長期買進訊號每次都會實現，但價格脫離空頭市場低點的第一波反彈，往往都是值得掌握的。

彙總

- 多數股票的持有狀態都會呈現循環發展，整個過程可能很漫長。所以，我們需要判斷一支股票究竟是處於極長期上升或下降趨勢，協助判斷持有狀態循環的發展階段。
- 對於長期投資人來說，如果能夠辨識股票夾著大量突破長期底部，而且RS長期趨勢翻多，通常代表重大獲利機會。
- 多頭市場雖然會帶動絕大部分的股票走高，但個別股票的表現還是有很大的差別。
- 整體股票市場一旦進入多頭行情，個別股票的選擇程序應該由類股著手，首先要挑選長期技術面處於理想狀態的類股。
- 一旦選定類股之後，接著要挑選該類股內表現相對強勁的個別股票。

後記

股票投資成功的關鍵在於：知識&行動。本書已經儘可能廣泛地討論「知識」的部分，但最後也希望就「行動」部份提供一些建議，因爲「知行合一」才能眞正提升勝算。

以下列舉者，是我們經常觸犯的錯誤，而對應原則可以糾正其中的明顯偏頗。

1. **長短兼顧**：技術指標的解釋，不應該只注重短期交易型態，永遠必須考慮長期意涵。
2. **客觀**：不應該只根據一、兩種「可靠」或「偏愛」的指標擬定投資決策。任何指標都可能出現錯誤訊號。所以應該儘可能參考所有可以取得的資訊。客觀也意味著交易和投資程序應該儘可能排除情緒成份。任何不正確的決策，幾乎都是因爲心理狀態不平衡造成的。所以，不論買進或賣出的時候，都應該儘可能降低情緒的影響。
3. **謙卑**：如何學習承認錯誤，這是人生最艱深的課題之一。市場全部參與者的整體知識，永遠會優於個人或部份群眾，這種知識會呈現在市場行爲上，並反映在各種指標。任何人如果試圖抗拒行情趨勢或市場裁定，絕對會自食其果。這種情況下，我們應該儘可能保持謙卑的心態，讓市場表達其裁定；嚴謹地分析各種指標的含意，往往可以瞭解市場未來的走勢。我們的分析偶爾會犯錯，市場未必會按照我們的預期發展。如果市場的意外發展已經否決了我們當初判斷所根據的基礎，就應該及早承認錯誤，並做應有的調整。

4. **毅力**：如果情況發展不順利，但只要我們認定的市場技術結構沒有改變，就應該堅持當初的判斷。
5. **獨立思考**：我們的分析結論如果不符合大眾觀點，未必代表相關判斷沒有根據。反之，千萬不可只因爲某種看法與群眾不同，便堅持其效力。換言之，不可爲了反對而反對。大眾的看法往往建立在錯誤假設之上，我們要檢視這些假設是否有效。
6. **單純**：效力往往來自單純性。由於市場是根據普通常識運作，所以最好的方法通常也是最單純的方法。分析者如果必須仰賴複雜的電腦程式或交易模型，很可能誤解了技術分析的根本意義，試圖藉由「知識」彌補自己的「無知」。
7. **明斷**：人們往往希望掌握市場的每個轉折點，精準預測每個走勢的期間與幅度。這種虛幻而不切實際的想法，必然導致失敗，喪失信心，名譽受損。所以，分析應該強調主要的轉折點，不可試圖猜測行情涵蓋的期間，因爲沒有任何已知方法，可以精準地做這類預測。

附錄　艾略特波浪理論

導論

艾略特波浪理論是由艾略特（R. N. Elliott）提出，最初是在1939年透過一系列文章發表於《世界財經雜誌》（Financial World）。艾略特波浪理論的基礎是：規律性是宇宙產生以來的自然法則。艾略特發現，自然界的所有循環——不論是潮汐起伏、天體運行、日夜交替、生死等——都會呈現永無止境的重複發展。這些循環都具備兩種力量：上升（成）與下降（敗）。

這套理論主要探討的，是價格發展的波浪型態，另外也談論比率與時間。此處所謂的「型態」，並不是指本書稍早談論的價格型態，而是指價格的波浪狀結構。「比率」則是指價格折返的比率，「時間」是指重要峰位和谷底之間的時間長度。

本書（上冊）第15章曾經談到費波納奇數列的一些相關技巧。艾略特波浪理論的比率和時間，大多也是引用費波納奇數列關係。

費波納奇數列

自然法則內蘊含著特殊的數值關係，這是13世紀義大利數學家費波納奇的發現。費波納奇數列是由兩個1開始，數列的每一項都是先前兩項的加總和：1, 1, 2, 3, 5, 8, 13, 21, 34, 55, 89, 144, 233, ……等，其中1＋1＝2，1＋2＝3，2＋3＝5，3＋5＝8，5＋8＝13，8＋13＝21，13＋21＝34……等。這些數據有些特殊性質：

1. 數列內任何一項，都是先前兩項的加總和。所以，3＋5＝8，5＋8＝13。
2. 數列任何一項除以隨後一項，商都介於0.618與1.0之間，而且該商會收斂到0.618。另外，數列任何一項除以先前一項，商都介於1.618與1.0之間，而且該商會收斂到1.618。
3. 1.618乘以0.618，結果等於1.0。

艾略特觀察自然界的重複循環現象，其與費波納奇數列之所以產生關連，是因爲後者與相關比率經常出現在自然界。

舉例來說，向日葵花有89條曲線，其中55條朝某方向，另外34條朝另一個方向；鋼琴的一個全音階是由13個鍵構成，其中8個是白鍵，5個是黑鍵；樹木的分枝永遠是以費波納奇數列爲基礎。此外還有無數其他例子。

波浪理論

艾略特將他對於自然界的觀察，結合費波納奇數列，用以分析金融市場，發現價格走勢循著5個上升浪和3個下降浪而進行。所以每個價格循環是由8波浪構成，請參考圖A-1（其中3、5、8都是費波納奇數字）。

對於圖A-1，上升階段有5波浪，其中第1、第3與第5浪屬於順勢浪，稱爲推動浪（impulse waves），第2與第4浪則屬於逆勢的修正浪（corrective waves）。至於下降階段，則由3波浪構成，通常標示爲英文字母 a、b與c。

在艾略特的概念裡，最長期循環稱爲「超級大循環」（grand supercycle）。每個超級大循環又可劃分爲8個超級循環（supercycles）波浪，而後者又可以進一步劃分爲循環（cycle）波浪。這類劃分可以持續不斷進行，成爲所謂的主要（primary）、中型（intermediate）、小型（minute）、微型（minuette）、次微型（subminuette）等波浪。這方面的相關細節相當繁瑣，但循環的基本結構如圖A-1與A-2。

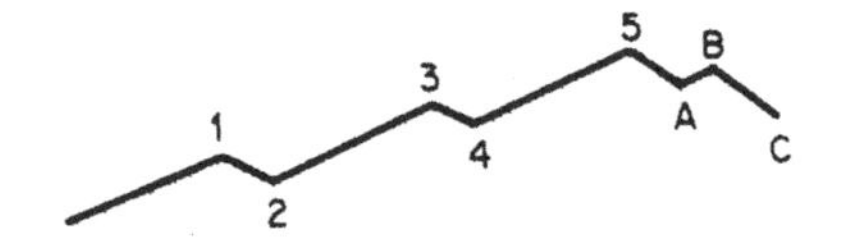

圖A-1　典型的循環

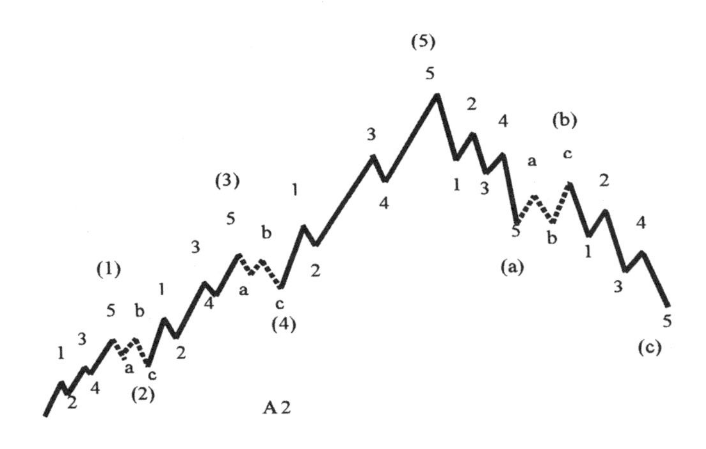

圖A-2　完整循環與其次波浪

圖A-3與圖A-4是艾略特對於美國股票市場歷史走勢循環的看法。圖A-3顯示第一個5波浪的超級大循環起始於1800年。某些艾略特理論專家認爲，這個超級大循環的峰位落在20世紀末。

由於波浪理論只是一種格式，所以無從判定修正浪（換言之，第II浪與第IV浪）將發生的時間。雖說如此，循環峰位與谷底的間隔時間，經常屬於費波納奇數字，其發生頻率或許不能以巧合解釋。表A-1列示這些時間長度。

就近年來的例子觀察，1966年與1974年底不的間隔爲8年，1968年與1976年頭部的間隔也是8年，1968年與1973年頭部的間隔是5年。

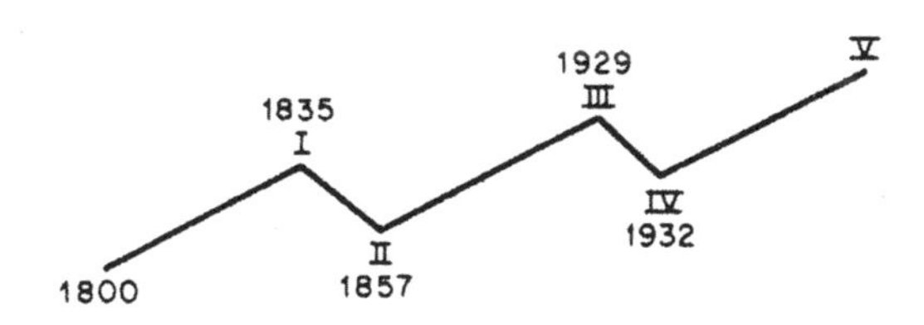

圖A-3　超級大循環

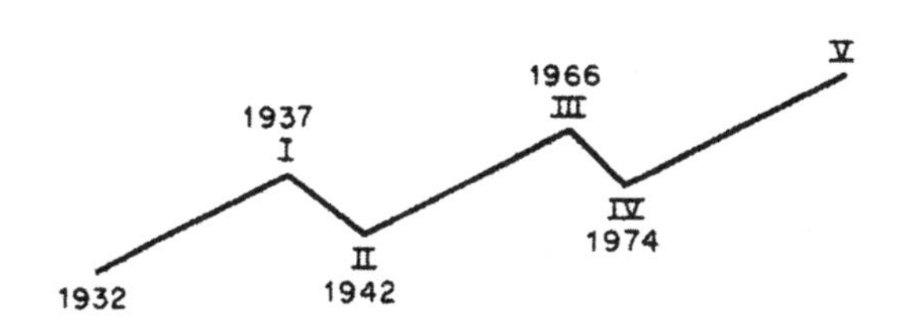

圖A-4　超級循環

表A-1　股票市場峰位與谷底之時間長度

起始年份	位置	終止年份	位置	循環長度（年）
1916	頭部	1921	底部	5
1919	頭部	1924	底部	5
1924	底部	1929	頭部	5
1932	底部	1937	頭部	5
1937	頭部	1942	底部	5
1956	頭部	1961	頭部	5
1961	頭部	1966	頭部	5
1916	頭部	1924	底部	8
1921	底部	1929	頭部	8
1924	底部	1932	底部	8
1929	頭部	1937	頭部	8
1938	底部	1946	頭部	8
1949	底部	1957	底部	8
1960	底部	1968	頭部	8
1962	底部	1970	底部	8
1916	頭部	1929	頭部	13
1919	頭部	1932	底部	13
1924	底部	1937	頭部	13
1929	頭部	1942	底部	13
1949	底部	1962	底部	13
1953	底部	1966	底部	13
1957	底部	1970	底部	13
1916	頭部	1937	頭部	21
1921	底部	1942	底部	21
1932	底部	1953	底部	21
1949	底部	1970	底部	21
1953	底部	1974	底部	21
1919	頭部	1953	底部	34
1932	底部	1966	頭部	34
1942	底部	1976	頭部	34
1919	頭部	1974	底部	55
1921	底部	1976	頭部	55

艾略特理論的最大問題，是解釋缺乏客觀性。事實上，許多波浪理論專家（包括艾略特本人在內），有時候很難斷定波浪的起點和終點。就費波納奇時間長度來說，雖然某些數據經常出現，但很難據此做預測；因爲我們事先不知道究竟哪個數據將發生在

某頭部和頭部之間，或某底部和底部之間，或其他等等，發生位置有無限多種可能性。

我們在此只是很膚淺地介紹這套理論，由某種角度來說，有句諺語「一知半解非常危險」（a little knowledge is a dangerous thing）非常適用於波浪理論。主觀判斷就是一種非常危險的潛在威脅，因爲市場投資或交易本身很容易受到主觀情緒的影響。基於這個緣故，我們認爲艾略特理論在實務運用上的用途很有限。讀者如果有興趣做進一步研究，可以參考這方面的經典著作：佛洛斯特（Frost）和普烈西特（Prechter）的《艾略特波浪原理》（Elliott Wave Principle, Gainsville, GA, New Classics Library, 1978）。

Advance/Decline (A/D) line〔騰落線〕 騰落線是根據特定時間單位（通常爲天或週）的資料所計算的數值，並以此累計而成，結果可以繪製爲一條連續曲線。騰落線與大盤指數通常會朝相同方向發展。如果大盤指數創新高而沒有經過騰落線確認，這是技術面弱勢徵兆；反之，大盤指數創新低而騰落線沒有確認，則是技術面強勢徵兆。

Advisory services〔投資顧問刊物〕 私人投資顧問機構發行的刊物，評論金融市場的發展，預測未來的走勢，通常必須付費訂閱。

Bear trap〔空頭陷阱〕 技術訊號顯示價格指數或個股價格已經由上升趨勢反轉向下，結果卻是錯誤訊號。

Breadth (in the market)〔市場廣度〕 廣度指標衡量市場構成股票參與某種走勢的家數（百分率）。股票多頭走勢中，如果參與漲勢的股票家數持續減少，該漲勢就值得懷疑。反之，行情下跌過程裡，如果參與跌勢的股票家數持續減少，則屬於多頭徵兆。

Bull trap〔多頭陷阱〕 技術訊號顯示價格指數或個股價格已經由下降趨勢反轉向上，結果卻是錯誤訊號。

Customer free balances〔客戶可運用資金餘額〕 客戶在經紀商開立之帳戶內，存入而尚未動用的資金總額。所謂「可運用」資金，是指可以用來購買證券的現金。

Cyclical investing〔循環性投資方式〕 根據長期或主要市場趨勢發展，藉以決定買賣股票之時機的投資方式。股票循環大體上與4年期經濟循環對應，通常也是決定股價主要趨勢的因素。

Divergence〔背離〕 缺乏確認的情況。負向背離發生在市場頭部，正向背離發生在市場底部。背離現象的重要性，取決於背離涵蓋的時間長短，以及背離的普遍性（呈現背離之指標的數量）。

Insider〔內線〕 直接或間接持有上市公司10%以上股權的任何人，還有上市公司的董事或重要主管。

Margin〔保證金〕 投資人融資買進證券所支付的現金，餘額則向經紀商融通。保證金是指股票市場價值與融資款項之間的差額。

Margin call〔追繳保證金〕 經紀商要求客戶補繳現金或抵押證券。經紀商之所以提出這類要求，是因為客戶保證金帳戶的淨值低於交易所或經紀商規定的最低水準。這種現象所以發生，通常識因為客戶所抵押之證券的價值下跌。

Members〔會員〕 證券交易所的會員，有權利在交易所場內為自己或客戶買賣證券。

Momentum〔動能〕 價格上漲或下跌所具備的根本力量。在圖形上，動能表示為波動狀曲線，圍繞在水平均衡線的上下震盪。動能是一種通稱，涵蓋許多不同的指標，例如：變動率（ROC）、相對強弱指數（RSI）、隨機指標（stochastic）…等。

Moving average (MA)〔移動平均〕 簡單移動平均是婁某單位時間內之數列的平均值。價格向上或向下穿越移動平均，分別代表買進或賣出訊號。移動平均通常也具備支撐／壓力功能。

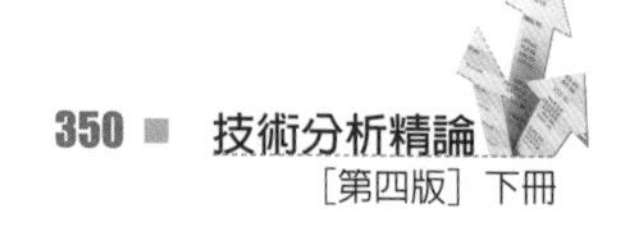

Moving average convergence divergence (MACD)〔移動平均收斂發散指標〕 一種擺盪指標，衡量兩條簡單或指數移動平均間的差值。

Nonconfirmation〔缺乏確認〕 當市場的大多數價格指數與技術指標都顯示行情持續創新高或新低，這代表市場是處於「彼此吻合」（in gear）的狀態。舉例來說，如果道瓊工業指數創新高，但騰落線並沒有創新高，這就是一種缺乏確認的情形。如果其他價格指數或技術指標也沒有確認，則是明顯的空頭徵兆，直到缺乏確認現象消失爲止。

Odd lots〔畸零股〕 股數少於100股。畸零股交易通常不會顯示在報價螢幕。

Odd-lot shorts〔畸零股放空數量〕 通常只有小額投資人才會買賣畸零股，所以畸零股放空數量相對於畸零股總成交量的比率若偏高，代表市場底部浮現的徵兆。反之，這項百分率如果偏低，則是行情做頭的徵兆。

Option〔選擇權〕 選擇權是一種交易工具，持以者可以在特定期間內，根據固定價格，買進或賣出某數量根本證券的權利。賣權（put）代表賣出的權利，買權（call）代表買進的權利。近年來，很多證券交易所都針對掛牌股票提供選擇權交易，所以投資人可以透過選擇權做多或做空根本股票。

Overbought〔超買〕 對於價格水準的看法，這可能是指整體大盤或特定指標在一段強勁漲勢之後所造成的情況。由於價格暫時出現過份延伸的情形，所以需要經過下跌或橫向的調整。

Oversold〔超賣〕 超賣的情況和超買剛好相反，意味著價格暫時向下過份延伸。

Price/earnings ratio〔**本益比**〕　股票價格對每股盈餘的比率；換言之，公司總市值除以年度總盈餘的比率。

Price patterns〔**價格型態**〕　當市場趨勢發生反轉時，價格經常會呈現所謂的反轉型態。型態規模愈大愈重要。市場頭部的反轉型態，稱爲出貨型態；換言之，在此階段內，股票由精明參與者轉移到無知參與者。市場底部的反轉型態，稱爲承接型態。如果價格型態指代表既有趨勢的暫時停頓，而稍後會持續發展，則稱爲連續型態。

Rally〔**反彈**〕　市場經過一段下跌或整理之後，所出現的急漲走勢。

Reaction〔**折返走勢**〕　價格漲勢之後所發生的暫時性弱勢表現。

Relative strength (RS) comparative〔**相對強度；RS**〕　RS是以某種價格除以另一種價格的比率。一般來說，除數代表「市場」，例如：道瓊工業指數或商品研究局現貨物料指數。RS處於上升狀態，代表特定指數或個股價格（被除數）的表現相對優於「市場」。

Relative strength indicator (RSI)〔**相對強弱指數**〕　衡量價格內部動能的擺盪指標。設計上，RSI讀數介於0與100之間。RSI可以根據任何時間單位計算，但通常是以14天爲單位。請留意，RSI與RS千萬不要弄混淆，RS是衡量兩種價格的相對表現。

Secondary distribution or offering〔**批股**〕　股票初次發行之後，公司重新銷售相關股票。這項銷售不是經過證券交易所進行，而是委託某經紀商或一群經紀商負責。批股是根據股定價格進行，價格通常稍低於市場價格。

Security〔**證券**〕　一種通稱，泛指公開進行交易的價值工具，包括：股票、債券、外匯、商品、市場指數等。

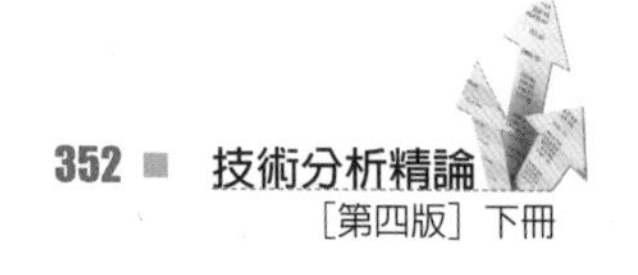

Short covering〔空頭回補〕 買回先前放空的股票。

Short-interest ratio〔融券餘額比率〕 融券餘額相對於單月平均每天成交量的比率。偏高讀數（1.8以上）代表多頭徵兆，但自從股價指數期貨與選擇權交易趨於普遍後，這項指標的參考價值已大不如前了。

Short position (interest)〔空頭部位餘額〕 某證券交易所在特定時間的未回補空頭部位總數量。這項數據按月公布。

Short selling〔放空〕 放空通常是一種投機行爲。交易者如果認爲股價將下跌，可以向經紀商借取股票而趁著高價賣出（希望將來能夠低價回補而獲利）。根據多數證交所的規定，放空必須在股價向上跳動的時候才能進行。

Specialist〔專業報價商〕 股票交易所的會員，對於交易所掛牌交易的某特定股票，專業報價商承諾以最有效率的方式，執行所有的交易委託單，藉以維持相關股票的正常交易運作。

Trendlines〔趨勢線〕 趨勢線是一條直線，銜接一系列不斷下降的峰位，或一系列不斷上升的谷底。趨勢線所銜接的點數愈多，涵蓋的期間愈長，所張開的角度愈平緩，重要性也愈高。趨勢線突破未必代表趨勢已經反轉，因爲價格也可能呈現橫向發展。

Yield curve〔殖利率曲線〕 殖利率曲線代表各種不同到期時間的利率水準；換言之，座標橫軸代表到期時間，縱軸代表利率水準。正常情況下，到期時間愈短，利率愈低。所以，3個月期國庫券殖利率通常低於20年期公債。殖利率曲線的斜率，代表到期時間每變動一單位，殖利率所發生的變動量。銀根緊縮的時候，短期利率可能高於長期利率，這種現象稱爲「逆向殖利率曲線」。

Achelis, Steven B. *Technical Analysis A to Z*, Probus, Homewood, Ill. 1995.

Appel, G. *Winning Stock Market Systems*, Signalert Corp., Great Neck, N.Y., 1974.

Arms, Richard W. *The Arms Index (TRIN)*, Dow Jones-Irwin, Homewood, Ill., 1989.

__________. *Volume Cycles in the Stock Market: Market Timing Through Equivolume-Charting*, Dow Jones-Irwin, Homewood, Ill., 1983.

Ayres, L. P. *Turning Points in Business Cycles*, August M. Kelly, New York, 1967.

Benner, S. *Benner's Prophecies of Future Ups and Downs in Prices*, Chase and Hall, Cincinnati, 1875; reprinted in *Journal of Cycle Research*, vol. 8, no. 1, January 1959.

Bernstein, J. *The Handbook of Commodity Cycles: A Window on Time*, John Wiley and Sons, Inc., New York, 1982.

Bressert, Walter *The Power of Oscillator Cycle Combinations*, Bressert and Associates, Tucson, Ariz. 1991.

Bretz, W. G. *Juncture Recognition in the Stock Market*, Vantage Press, New York, 1972.

Bulkowski, Thomas N. *Encyclopedia of Chart Patterns*, John Wiley and Sons, Inc., New York, 2000.

Colby, Robert W., and Thomas A. Meyers. *The Encyclopedia of Technical Market Indicators*, Dow Jones-Irwin, Homewood, Ill., 1988.

Coppock, E. S. C. *Practical Relative Strength Charting*, Trendex Corp., San Antonio, Tex. 1960.

De Villiers, Victor. *The Point and Figure Method of Anticipating Stock Price Movements*, 1933 (available from Traderslibrary.com).

Dewey, E. R. *Cycles: The Mysterious Forces That Trigger Events*, Hawthorne Books, New York, 1971.

Dewey, E.R., and E. F. Dakin. *Cycles: The Science of Prediction*, Henry Holt, New York, 1947.

Dorsey, Thomas J. *Point and Figure Charting*, John Wiley and Sons, Inc., New York, 1995.

Drew, G. *New Methods for Profit in the Stock Market*, Metcalfe Press, Boston, 1968.

Edwards, Robert D., and John Magee. *Technical Analysis of Stock Trends*, John Magee, Springfield, Mass., 1957.

Eiteman, W. J., C. A. Dice, and D. K. Eiteman. *The Stock Market*, McGraw-Hill, Inc., New York, 1966.

Elder, Alexander. *Trading for a Living*, John Wiley and Sons, Inc., New York, 1994.

Fosback, N. G. *Stock Market Logic: A Sophisticated Approach to Profits on Wall Street*, The Institute for Econometric Research, Fort Lauderdale, Fla., 1976.

Frost, A. J., and Robert R. Prechter. *The Elliott Wave Principle: Key to Stock Market Profits*, New Classics Library, Chappaqua, N.Y., 1978.

Gann, W. D. *Truth of the Stock Tape*, Financial Guardian, New York, 1932.

Gartley, H. M. *Profits in the Stock Market*, Lambert Gann Publishing, Pomeroy, Wash., 1981.

Gordon, William. *The Stock Market Indicators*, Investors Press, Palisades Park, N.J., 1968.

Granville, J. *Strategy of Daily Stock Market Timing*, Prentice Hall, Englewood Cliffs, N.J., 1960.

Greiner, P., and H. C. Whitcomb. *Dow Theory, Investors' Intelligence*, New York, 1969.

Hamilton, W. D. *The Stock Market Barometer*, Harper & Bros., New York, 1922.

Hayes, Timothy. *The Research Driven Investor*, McGraw-Hill, New York, 2001.

Hurst, J. M. *The Profit Magic of Stock Transaction Timing*, Prentice Hall, Englewood Cliffs, N.J., 1970.

Jiler, W. *How Charts Can Help You in the Stock Market*, Commodity Research Publishing Corp., New York, 1961.

Kaufmann, Perry. *New Commodity Trading Systems*, John Wiley and Sons, Inc., New York, 1987.

__________. *Smarter Trading*, McGraw-Hill, New York, 1995.

Krow, H. *Stock Market Behavior*, Random House, New York, 1969.

McMillan, Lawrence G. *McMillan on Options*, John Wiley and Sons, Inc., 1996.

Merrill, A. A. *Filtered Waves: Basic Theory*, Analysis Press, Chappaqua, N.Y., 1977.

Murphy John J. *Intermarket Technical Analysis*, John Wiley and Sons, Inc., New York, 1991.

__________. *Technical Analysis of the Financials Markets*, New York Institute of Finance, New York, 1999.

Nelson, S. *ABC of Stock Market Speculation*, Taylor, New York, 1934.

Nison, Steve. *Japanese Candlestick Charting Techniques*, New York Institute of Finance, New York, 1991.

Pring, Martin J. *The All Season Investor*, John Wiley and Sons, Inc., New York, 1991.

____________. *Breaking the Black Box* (book and CD-ROM tutorial combination), McGraw-Hill, New York, 2002.

____________. *How to Forecast Interest Rates*, McGraw-Hill, Inc., New York, 1981.

____________. *How to Select Stocks* (book and CD-ROM tutorial combination), McGraw-Hill, New York, 2002.

____________. *International Investing Made Easy*, McGraw-Hill, Inc., New York, 1981.

____________. *Introduction to Candlestick Charting* (book and CD-ROM tutorial combination), McGraw-Hill, New York, 2002.

____________. *Introduction to Technical Analysis* (book and CD-ROM tutorial combination), McGraw-Hill, New York, 1998.

____________. *Investment Psychology Explained.* John Wiley and Sons, Inc., New York, 1991.

____________. *Learning the KST: An Introductory CD-ROM Tutorial*, www.pring.com, 1997.

____________. *Martin Pring on Market Momentum*, McGraw-Hill, Inc., New York, 1995.

____________. *Technician's Guide to Daytrading* (book and CD-ROM tutorial combination), McGraw-Hill, New York, 2002.

____________. *Momentum Explained, vol. I* (book and CD-ROM tutorial combination), McGraw-Hill, New York, 2002.

____________. *Momentum Explained, vol. II* (book and CD-ROM tutorial combination), McGraw-Hill, New York, 2002.

Rhea, Robert. *Dow Theory*, Barrons, New York, 1932.

Shuman, J. B., and D. Rosenau. *The Kondratieff Wave*, World Publishing, New York, 1972.

Smith, E. L. *Common Stocks and Business Cycles*, William Frederick Press, New York, 1959.

____________. *Common Stocks as a Long-Term Investment*, Macmillan, New York, 1939 (now available in reprint from Fraser, Burlington, Vt., 1989).

____________. *Tides and the Affairs of Men*, Macmillan, New York, 1932.

財金書籍專賣店

James Fraser

Fraser Publishing Co.

P.O. Box 494

Burlington, VT 05402

(802) 658-0322

Traderslibrary.com

Traderspress.com

技術分析協會

技術分析師國際協會（International Federation of Technical Analysts，簡稱IFTA，www.IFTA.org，由此可以找到全球各地的技術分析師協會）。

有用的參考網站

Bigcharts.com 市場評論，走勢圖，類股資訊

Wealth-lab.com 走勢圖、討論與自動化交易系統績效排名，還有一套獨特的系統測試軟體。

Quote.com 延遲市場報價資訊與收盤走勢圖

Quote.Yahoo.com 美國股票、國際指數等圖形服務

Investorlinks.com 有關金融網站的訊息

寰宇圖書分類

技　術　分　析

分類號	書　名	書號	定價
1	波浪理論與動量分析	F003	320
2	亞當理論	F009	180
3	股票K線戰法	F058	600
4	市場互動技術分析	F060	500
5	陰線陽線	F061	600
6	股票成交當量分析	F070	300
7	操作生涯不是夢	F090	420
8	動能指標	F091	450
9	技術分析&選擇權策略	F097	380
10	史瓦格期貨技術分析（上）	F105	580
11	史瓦格期貨技術分析（下）	F106	400
12	甘氏理論：型態－價格－時間	F118	420
13	市場韻律與時效分析	F119	480
14	完全技術分析手冊	F137	460
15	技術分析初步	F151	380
16	金融市場技術分析（上）	F155	420
17	金融市場技術分析（下）	F156	420
18	網路當沖交易	F160	300
19	股價型態總覽（上）	F162	500
20	股價型態總覽（下）	F163	500
21	包寧傑帶狀操作法	F179	330
22	陰陽線詳解	F187	280
23	技術分析選股絕活	F188	240
24	主控戰略K線	F190	350
25	精準獲利K線戰技	F193	470
26	主控戰略開盤法	F194	380
27	狙擊手操作法	F199	380
28	反向操作致富	F204	260
29	掌握台股大趨勢	F206	300
30	主控戰略移動平均線	F207	350
31	主控戰略成交量	F213	450
32	盤勢判讀技巧	F215	450
33	巨波投資法	F216	480
34	20招成功交易策略	F218	360
35	主控戰略即時盤態	F221	420
36	技術分析・靈活一點	F224	280
37	多空對沖交易策略	F225	450
38	線形玄機	F227	360
39	墨菲論市場互動分析	F229	460
40	主控戰略波浪理論	F233	360
41	股價趨勢技術分析——典藏版（上）	F243	600
42	股價趨勢技術分析——典藏版（下）	F244	600
43	量價進化論	F254	350
44	技術分析首部曲	F257	420
45	股票短線OX戰術（第3版）	F261	480
46	統計套利	F263	480
47	探金實戰・波浪理論（系列1）	F266	400
48	主控技術分析使用手冊	F271	500
49	費波納奇法則	F273	400
50	點睛技術分析一心法篇	F283	500
51	散戶革命	F286	350
52	J線正字圖・線圖大革命	F291	450
53	強力陰陽線(完整版)	F300	650
54	買進訊號	F305	380
55	賣出訊號	F306	380
56	K線理論	F310	480
57	機械化交易新解：技術指標進化論	F313	480
58	技術分析精論（上）	F314	450
59	技術分析精論（下）	F315	450
60	趨勢交易	F323	420
61	艾略特波浪理論新創見	F332	420
62	量價關係操作要訣	F333	550
63	精準獲利K線戰技(第二版)	F334	550
64	短線投機養成教育	F337	550
65	XQ洩天機	F342	450
66	當沖交易大全(第二版)	F343	400
67	擊敗控盤者	F348	420
68	圖解B-Band指標	F351	480
69	多空操作秘笈	F353	460

智慧投資

分類號	書名	書號	定價
1	股市大亨	F013	280
2	新股市大亨	F014	280
3	金融怪傑（上）	F015	300
4	金融怪傑（下）	F016	300
5	新金融怪傑（上）	F022	280
6	新金融怪傑（下）	F023	280
7	金融煉金術	F032	600
8	智慧型股票投資人	F046	500
9	瘋狂、恐慌與崩盤	F056	450
10	股票作手回憶錄	F062	450
11	超級強勢股	F076	420
12	非常潛力股	F099	360
13	約翰·奈夫談設資	F144	400
14	股市超級戰將（上）	F165	250
15	股市超級戰將（下）	F166	250
16	與操盤贏家共舞	F174	300
17	掌握股票群眾心理	F184	350
18	掌握巴菲特選股絕技	F189	390
19	高勝算操盤（上）	F196	320
20	高勝算操盤（下）	F197	270
21	透視避險基金	F209	440
22	股票作手回憶錄（完整版）	F222	650
23	倪德厚夫的投機術（上）	F239	300
24	倪德厚夫的投機術（下）	F240	300
25	交易·創造自己的聖盃	F241	500
26	圖風勢——股票交易心法	F242	300
27	從躺椅上操作：交易心理學	F247	550
28	華爾街傳奇：我的生存之道	F248	280
29	金融投資理論史	F252	600
30	華爾街一九〇一	F264	300
31	費雪·布萊克回憶錄	F265	480
32	歐尼爾投資的24堂課	F268	300
33	探金實戰·李佛摩投機技巧（系列2）	F274	320
34	金融風暴求勝術	F278	400
35	交易·創造自己的聖盃（第二版）	F282	600
36	索羅斯傳奇	F290	450
37	華爾街怪傑巴魯克傳	F292	500
38	交易者的101堂心理訓練課	F294	500
39	兩岸股市大探索（上）	F301	450
40	兩岸股市大探索（下）	F302	350
41	專業投機原理 I	F303	480
42	專業投機原理 II	F304	400
43	探金實戰·李佛摩手稿解密（系列3）	F308	480
44	證券分析第六增訂版（上冊）	F316	700
45	證券分析第六增訂版（下冊）	F317	700
46	探金實戰·李佛摩資金情緒管理（系列4）	F319	350
47	期俠股義	F321	380
48	探金實戰·李佛摩18堂課（系列5）	F325	250
49	交易贏家的21週全紀錄	F330	460
50	量子盤感	F339	480
51	探金實戰·作手談股市內幕（系列6）	F345	380
52	柏格頭投資指南	F346	500
53	股票作手回憶錄-註解版（上冊）	F349	60
54	股票作手回憶錄-註解版（下冊）	F350	60
55	探金實戰·作手從錯中學習	F354	38
56	趨勢誡律	F355	42

共同基金

分類號	書名	書號	定價
1	柏格談共同基金	F178	420
2	基金趨勢戰略	F272	300
3	定期定值投資策略	F279	350
4	理財贏家16問	F318	28
5	共同基金必勝法則-十年典藏版（上）	F326	42
6	共同基金必勝法則-十年典藏版（下）	F327	38

投資策略

分類號	書名	書號	定價
1	股市心理戰	F010	200
2	經濟指標圖解	F025	300
3	經濟指標精論	F069	420
4	股票作手傑西・李佛摩操盤術	F080	180
5	投資幻象	F089	320
6	史瓦格期貨基本分析（上）	F103	480
7	史瓦格期貨基本分析（下）	F104	480
8	操作心經：全球頂尖交易員提供的操作建議	F139	360
9	攻守四大戰技	F140	360
10	股票期貨操盤技巧指南	F167	250
11	金融特殊投資策略	F177	500
12	回歸基本面	F180	450
13	華爾街財神	F181	370
14	股票成交量操作戰術	F182	420
15	股票長短線致富術	F183	350
16	交易，簡單最好！	F192	320
17	股價走勢圖精論	F198	250
18	價值投資五大關鍵	F200	360
19	計量技術操盤策略（上）	F201	300
20	計量技術操盤策略（下）	F202	270
21	震盪盤操作策略	F205	490
22	透視避險基金	F209	440
23	看準市場脈動投機術	F211	420
24	巨波投資法	F216	480
25	股海奇兵	F219	350
26	混沌操作法 II	F220	450
27	傑西・李佛摩股市操盤術 (完整版)	F235	380
28	股市獲利倍增術 (增訂版)	F236	430
29	資產配置投資策略	F245	450
30	智慧型資產配置	F250	350
31	SRI 社會責任投資	F251	450
32	混沌操作法新解	F270	400
33	在家投資致富術	F289	420
34	看經濟大環境決定投資	F293	380
35	高勝算交易策略	F296	450
36	散戶升級的必修課	F297	400
37	他們如何超越歐尼爾	F329	500
38	交易，趨勢雲	F335	380
39	沒人教你的基本面投資術	F338	420
40	隨波逐流～台灣50平衡比例投資法	F341	380
41	李佛摩操盤術詳解	F344	400
42	用賭場思維交易就對了	F347	460
43	企業評價與選股秘訣	F352	520

程式交易

分類號	書名	書號	定價
1	高勝算操盤（上）	F196	320
2	高勝算操盤（下）	F197	270
3	狙擊手操作法	F199	380
4	計量技術操盤策略（上）	F201	300
5	計量技術操盤策略（下）	F202	270
6	《交易大師》操盤密碼	F208	380
7	TS程式交易全攻略	F275	430
8	PowerLanguage 程式交易語法大全	F298	480
9	交易策略評估與最佳化（第二版）	F299	500
10	全民貨幣戰爭首部曲	F307	450
11	HSP計量操盤策略	F309	400
12	MultiCharts快易通	F312	280
13	計量交易	F322	380
14	策略大師談程式密碼	F336	450

期貨

分類號	書名	書號	定價
1	期貨交易策略	F012	260
2	股價指數期貨及選擇權	F050	350
3	高績效期貨操作	F141	580
4	征服日經225期貨及選擇權	F230	450
5	期貨賽局（上）	F231	460
6	期貨賽局（下）	F232	520
7	雷達導航期股技術（期貨篇）	F267	420
8	期指格鬥法	F295	350
9	分析師關鍵報告（期貨交易篇）	F328	450

選擇權

分類號	書名	書號	定價
1	股價指數期貨及選擇權	F050	350
2	股票選擇權入門	F063	250
3	技術分析&選擇權策略	F097	380
4	認購權證操作實務	F102	360
5	選擇權訂價公式手冊	F142	400
6	交易，選擇權	F210	480
7	選擇權策略王	F217	330
8	征服日經225期貨及選擇權	F230	450
9	活用數學・交易選擇權	F246	600
10	選擇權交易總覽（第二版）	F320	480
11	選擇權安心賺	F340	420

債券貨幣

分類號	書名	書號	定價
1	貨幣市場&債券市場的運算	F101	520
2	賺遍全球：貨幣投資全攻略	F260	300
3	外匯交易精論	F281	300
4	外匯套利 ①	F311	480

財　務　教　育

分類號	書　名	書號	定價	分類號	書　名	書號	定價
1	點時成金	F237	260	5	貴族・騙子・華爾街	F287	250
2	蘇黎士投機定律	F280	250	6	就是要好運	F288	350
3	投資心理學（漫畫版）	F284	200	7	黑風暗潮	F324	450
4	歐尼爾成長型股票投資課（漫畫版）	F285	200	8	財報編製與財報分析	F331	320

財　務　工　程

分類號	書　名	書號	定價	分類號	書　名	書號	定價
1	固定收益商品	F226	850	3	可轉換套利交易策略	F238	520
2	信用性衍生性&結構性商品	F234	520	4	我如何成為華爾街計量金融家	F259	500

金　融　證　照

分類號	書　名	書號	定價	分類號	書　名	書號	定價
1	FRM 金融風險管理（第四版）	F269	1500				

國家圖書館出版品預行編目(CIP)資料

技術分析精論 / Martin J. Pring 著 ; 黃嘉斌譯.
-- 二版. -- 臺北市 : 麥格羅希爾, 寰宇, 2011, 08
冊 ; 公分. -- (寰宇技術分析 ; 314-315)
譯自 : Technical analysis explained: the successful investor's guide to spotting investment trends and turning points, 4th ed.
ISBN 978-986-157-807-1 (上冊 ; 平裝). --
ISBN 978-986-157-808-8 (下冊 ; 平裝)

1. 投資分析

563. 5　　100014580

寰宇技術分析 315

技術分析精論第四版 (下)

作　者　Martin J. Pring
譯　者　黃嘉斌
主　編　柴慧玲
美術設計　黃雲華
合作出版暨發行所　美商麥格羅．希爾國際股份有限公司台灣分公司
台北市 100 中正區博愛路 53 號 7 樓
TEL: (02) 2311-3000　FAX: (02) 2388-8822
http://www.mcgraw-hill.com.tw

寰宇出版股份有限公司
台北市 106 大安區仁愛路四段 109 號 13 樓
TEL: (02) 2721-8138　FAX: (02) 2711-3270
E-mail: service@ipci.com.tw
http://www.ipci.com.tw

總 代 理　寰宇出版股份有限公司
劃撥帳號　第 1146743-9 號
登 記 證　局版台省字第 3917 號
出版日期　西元 2011 年 8 月 二版一刷
西元 2014 年 4 月 二版二刷
印　刷　普賢王印刷有限公司
定　價　新台幣 450 元

ISBN：978-986-157-808-8

網路書店：【博客來】www.books.com.tw
【PChome 24h】http://24h.pchome.com.tw/

※ 本書如有缺頁、破損、裝訂錯誤，請寄回本公司更換。